高职高专国家示范性院校"十三五"规划教材

新形态一体化课改教材

可编程控制器应用技术
项目化教程

主　编　田　华

副主编　杨文彬

参　编　杨代强

西安电子科技大学出版社

内容简介

本书是西安职业技术学院教学名师与中航工业集团公司首席技能专家合作完成的项目化课程教材。教材内容充分结合企业生产实际，以八个精心提炼的工作项目为线索，分基础篇、应用篇和提高篇，介绍了可编程控制器应用技术。八个工作项目具体为：恒温厂房空气处理机组的控制，十字路口交通信号灯的控制，电镀生产线行车的自动控制，压缩空气微热再生干燥器的自动控制，装配线上运料小车的自动控制，冷却水塔的状态监控，搬运机械手的自动控制，供水系统的PLC控制系统设计与实现。

本书适合高职高专院校相关专业使用。通过本书的学习，可有效增强学生的职业素养，提高学生的实用生产技能。

图书在版编目(CIP)数据

可编程控制器应用技术项目化教程/田华主编．—西安：西安电子科技大学出版社，2017.9(2017.11重印)

(高职高专国家示范性院校"十三五"规划教材)

ISBN 978-7-5606-4668-8

Ⅰ．①可… Ⅱ．①田… Ⅲ．①可编程序控制器—教材 Ⅳ．①TM571.6

中国版本图书馆CIP数据核字(2017)第212704号

策　　划　李惠萍　毛红兵

责任编辑　蔡雅梅　雷鸿俊

出版发行　西安电子科技大学出版社(西安市太白南路2号)

电　　话　(029)88242885　88201467　　邮　　编　710071

网　　址　www.xduph.com　　电子邮箱　xdupfxb001@163.com

经　　销　新华书店

印刷单位　陕西天意印务有限责任公司

版　　次　2017年9月第1版　2017年11月第2次印刷

开　　本　787毫米×1092毫米　1/16　印张　12.5

字　　数　294千字

印　　数　3001～6000册

定　　价　25.00元

ISBN 978-7-5606-4668-8/TM

XDUP 4960001-2

前　言

在职业教育改革的进程中，以项目为导向的理实一体化课程教学的改革将在诸多专业课程中推广。探索更符合生产实际的项目化课程教材建设，并能对其他课程的改革起到一定的指导或借鉴作用，是一项十分重要的工作。本书通过在这方面的努力，力求体现以下特点：

（1）**紧贴企业生产实际，突出实践能力培养。**为突出实践能力的实用性和深入化，本书的编者从专业服务的岗位(群)工作任务入手，依据典型工作任务的能力要求，分析、归纳、总结了项目的适用领域，再经科学分析提炼转化为专家视角观察下的职业素养和职业技能学习领域，据此形成了理实一体化课程的构建基础。对教学项目的选取和设计，考虑了项目的规模及知识含量、前后内容联系与衔接以及行业企业相关文化范围的创设等多方面因素，以促使学生产生自主学习、协作学习的兴趣。

（2）**兼顾职业道德修养，突出职业操守养成实践。**项目教学强调师生互动、敬业乐群、协调配合等企业团队的品德修养，书中所设计的项目有利于培育学生的团队协作能力，并提出了相关要求。同时，本书设计了项目评分表，针对不同的技能和职业道德素养提出了不同的评价要求。

（3）**结合技能竞赛，突出实践能力培养。**职业技能竞赛项目通常从企业的现实需要出发，依据企业最新的技术标准和要求设置，高度融合了生产中的技术应用及实际案例，充分体现了科技的前沿性、专业的综合性、选手的创新性。因此，本书将相关技能大赛的考核标准及考核方式融入项目教学的设计中，编写了大量企业实际案例，融教、学、做于一体，更大程度地增强了学生的动手能力，提高了学生的综合竞争能力。

（4）**融合现代信息技术手段，提升学生的自学能力。**在编写本书时，编者充分考虑了学生自主学习环节的设计。学生可根据项目背景及控制要求，利用现代信息技术手段，进行相关知识的搜集以及与他人进行信息共享。这样可大大激发学生学习的自主性，并提升其自学能力。

本书在使用中应注意以下几点：

(1) 本书以三菱FX2N系列可编程控制器为例进行编写，读者应在支持FX2N系列的软件及设备上进行操作。

(2) 本书在使用中，学生是主体，教师只起指导作用。各个项目的实施是让学生以团队形式协作学习并自主完成的。

(3) 建议本课程成绩采用过程性考核，即对每个项目进行过程考核，在考核中应体现学生的知、素、能等全面技能。

(4) 建议本课程成绩考核由学生自评、学生互评及教师评价几部分构成，形成一个多元化的评价机制，评价时要尽可能做到实事求是。

本书共八个项目，项目一、二、三、四、五由田华编写，项目六、八由杨文彬编写，项目七及项目五、项目六的部分内容由杨代强编写。

本书在编写过程中参考了相关专家、教师的教材和专著，成书时得到了学院领导和相关同事的大力支持和帮助。在此，对他们表示衷心的感谢！

由于项目化课程教材改革还需要进一步深化，且涉及专业素能范围较广，而编者学识水平有限，书中疏漏之处在所难免。愿本书能对广大师生学习和工作有一定帮助，并热忱欢迎同仁及读者朋友批评指正。

编　者

于西安职业技术学院

2017年5月

目　录

第一部分　基础篇

第二部分　应用篇

第三部分 提 高 篇

第一部分　基础篇

项目一　恒温厂房空气处理机组的控制

知识目标

(1) 了解PLC的产生、发展、组成、分类、工作原理及编程元件。

(2) 掌握PLC基本指令的使用及梯形图与指令表的相互转化。

(3) 掌握用继电器线路转化法设计PLC程序。

(4) 掌握定时器及计数器的用法。

能力目标

(1) 学会PLC编程软件的使用。

(2) 学会电机控制类程序的设计。

(3) 学会PLC的基本编程、外部接线及调试。

素质目标

(1) 通过学习本项目，使学生具备一定的自学能力。

(2) 在项目进行过程中，培养学生具有良好的沟通交流能力和团队协作精神。

(3) 使学生逐步具备发现问题、分析问题和解决问题的素质。

(4) 培养学生正确的劳动价值观。

1.1 项 目 背 景

由于金属材料存在热胀冷缩的特性，因此在不同的环境温度下加工相同的零件时，其精度存在一定的差异。某企业为消除环境温度对零件加工精度的影响，改建了一座恒温厂房，采用中央空调系统使其环境温度长期恒定在26℃(±2℃)。改建后的恒温厂房空气处理系统示意图如图1.1所示。

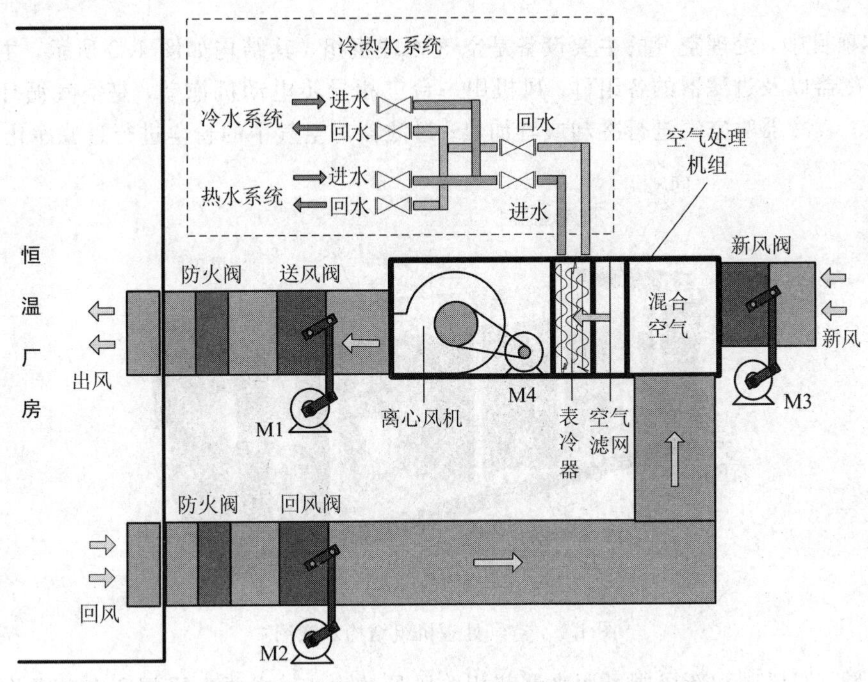

图1.1　恒温厂房空气处理系统示意图

1.2 控 制 要 求

离心风机由一台30 kW的三相异步电动机拖动，采用Y-△降压启动。为了减小启动电流，要求风机启动时先自动关闭回风阀、送风阀和新风阀，启动完毕后再自动开启回风阀和送风阀。机组运行过程中可以通过调节新风阀的开启度控制新风风量。回风阀、送风阀和新风阀各自由一台三相异步电动机拖动，通过电动机的正反转实现阀门的开启或关闭，阀门开启或关闭到极限位置后自动停止。各阀门的位置状态可用指示灯显示。空气过滤器累计工作3000小时则需要发出警报，以提醒运行管理人员清洗或更换滤芯。当机组停止运行或者厂房内发生火灾、防火阀动作后，要求送风机停止送风，回风阀、送风阀和新风阀关闭。

1.3 项目实施

1.3.1 资讯搜集

搜集中央空调空气处理机的相关资料，并分组讨论。

1.3.2 信息共享

在本项目中，处理空气的主要设备是空气处理机组，其结构如图 1.2 所示，主要包括风机、表冷器以及过滤器的各组件。风机用一台三相异步电动机拖动，是空气循环系统的动力部分；表冷器对空气进行冷却或者加热；过滤器对空气中的粉尘进行过滤净化。

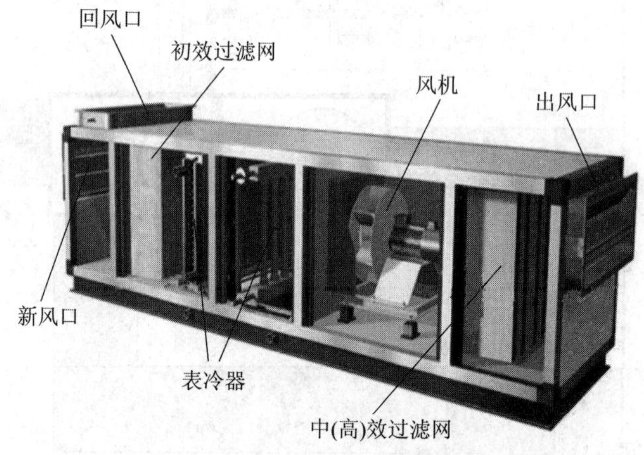

图 1.2 空气处理机组结构示意图

送风阀、回风阀和新风阀可用来调节相关风量的大小，主要由风阀和电动操作机构组成。风阀安装在通风管道上，电动操作机构由一台小功率三相异步电动机拖动。电动风阀的结构如图 1.3 所示。

图 1.3 电动风阀

防火阀是用于自动阻断来自火灾区的热气流、火焰的阀门。防火阀在安装完成投入使用时，逆时针扳动手柄，使温感器头部轴销卡住手柄开口，此时阀门打开，气流正常通过阀门。当管道中的气流温度超过温感器的动作值(70℃)时，温感器熔断动作，电动操作机构内部扭簧带动阀门叶片关闭，阻断了热气流或火焰的通过，防止火灾的蔓延。防火阀的结构如图 1.4 所示。

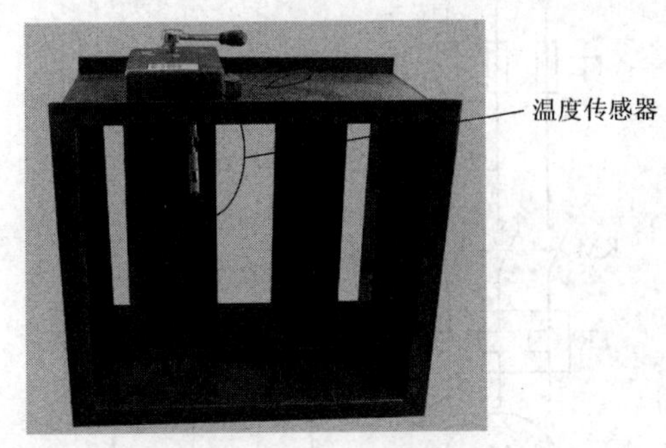

图 1.4　防火阀

空气处理的基本工作过程如图 1.1 中的箭头所示。室外的新风与室内的一部分回风混合后，经过滤器滤掉空气中的粉尘、烟尘、黑烟和有机粒子等有害物质，干净的空气经表冷器进行冷却或加热(夏季表冷器内循环的是冷冻水，冷却空气；冬季表冷器内循环的是热水，加热空气)，达到工艺要求的温度，然后由风机送入厂房，如此循环。

1.3.3　项目解析

三相异步电动机具有结构简单、坚固耐用、运行可靠、价格低廉、维护方便等优点，被广泛地用于驱动各种金属切削机床、起重机、锻压机、传送带、铸造机械、功率不大的通风机及水泵等。三相异步电动机的基本控制包括点动、长动、正反转、行程控制、顺序控制等。

本项目中送风机、送风阀、回风阀、新风阀的控制其实就是对三相异步电动机进行不同功能的控制。经分析，本项目可分解为以下五个子任务：

(1) 送风阀和回风阀的控制。

(2) 新风阀的控制。

(3) 送风机的控制。

(4) 过滤器的延时报警。

(5) 阀门位置状态的信号指示。

1.3.4　子任务分析与完成

一、送风阀和回风阀的控制

送风阀和回风阀主要由风阀和电动操作机构组成。风阀安装在通风管道上，电动操作机构由一台小功率三相异步电动机拖动，通过电动机的正反转控制阀门的开启或关闭，阀门开启或关闭到极限位置后自动停止。

1. 继电器控制

1) 电机的启保停控制

送风阀和回风阀收到开启或者关闭信号后开始动作，到达极限位置后停止，该动作可连续不断地执行。因此该任务需要用到电动机的连续控制，又称为启保停控制。其电气原理图如图 1.5 所示。

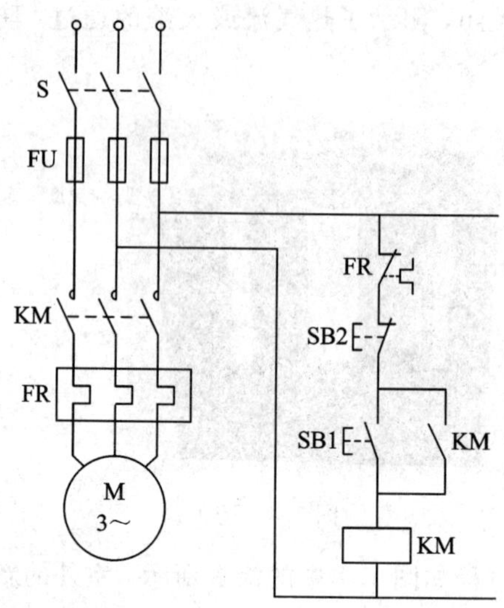

图 1.5　三相异步电动机启保停控制电气原理图

2）正反转控制

启保停控制可以使电动机连续运行，但只能使电动机绕一个方向运转。实现阀门的开启和关闭需要进行两个相反方向的操作，所以应采用电动机的正反转控制。

(1) 简单的正反转控制。

图 1.6 为三相异步电动机正反转控制电路图。经分析可见，图 1.6 存在以下缺点：KM1 和 KM2 线圈不能同时通电，因此不能同时按下 SB2 和 SB3，也不能在电动机正转时按下反转启动按钮，或在电动机反转时按下正转启动按钮；如果操作错误，将引起主回路电源短路。

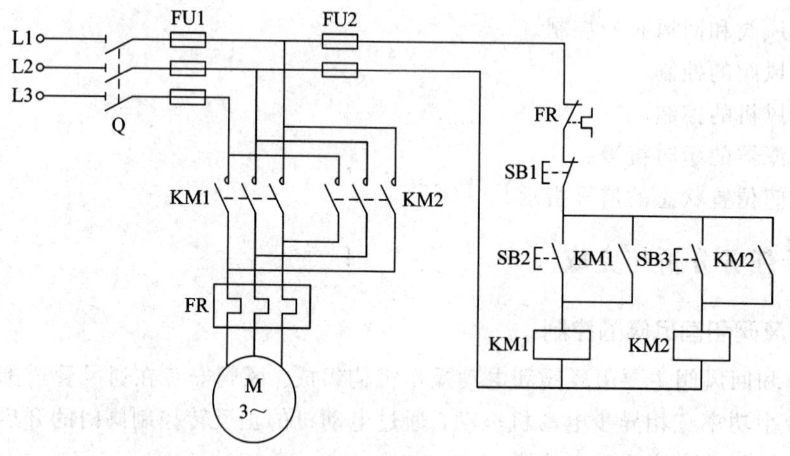

图 1.6　三相异步电动机正反转控制电路图

(2) 带接触器互锁的正反转控制电路。

图 1.7 为带电气互锁的正反转控制电路图。将接触器 KM1 的辅助常闭触点串入 KM2 的线圈回路中，从而保证在 KM1 线圈通电时，KM2 线圈回路总是断开的；将接触器 KM2 的辅助常闭触点串入 KM1 的线圈回路中，从而保证在 KM2 线圈通电时，KM1 线圈回路

总是断开的。因此，接触器的辅助常闭触点 KM1 和 KM2 保证了两个接触器线圈不能同时通电，这种控制方式称为互锁或联锁，两个辅助常开触点称为互锁触点或联锁触点。但该电路仍存在以下缺点：在具体操作时，若电动机处于正转状态需要反转，则必须先按停止按钮 SB1，使互锁触点 KM1 闭合后，再按下反转启动按钮 SB2，才能使电动机反转；若电动机处于反转状态需要正转，则必须先按停止按钮 SB1，使互锁触点 KM2 闭合后，再按下正转启动按钮 SB2，才能使电动机正转。

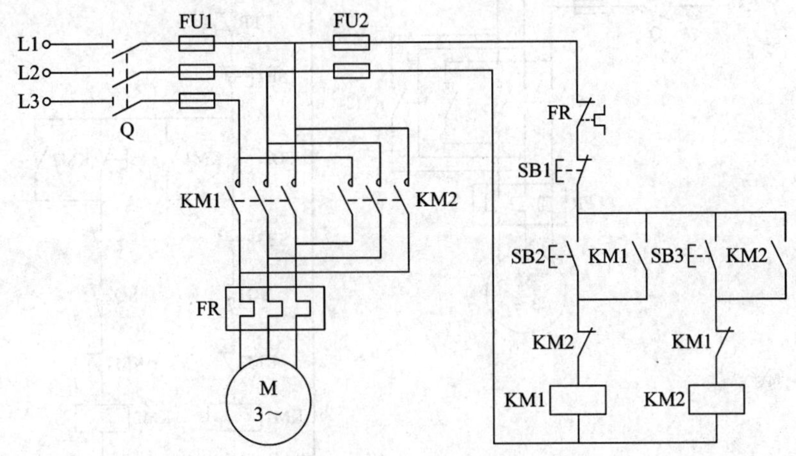

图 1.7　带电气互锁的正反转控制电路图

(3) 同时具有电气互锁和机械互锁的正反转控制电路。

图 1.8 为具有电气互锁和机械互锁的正反转控制电路图。如图 1.8 所示，电路采用复式按钮，即将 SB2 按钮的常闭触点串接在 KM3 的线圈电路中，将 SB2 的常闭触点串接在 KM1 的线圈电路中。这样，无论何时，只要按下反转启动按钮，在 KM2 线圈通电之前 KM1 会首先断电，从而保证了 KM1 和 KM2 不同时通电；从反转到正转的操作方式与之相同。这种由机械按钮实现的互锁也称为机械互锁或按钮互锁。

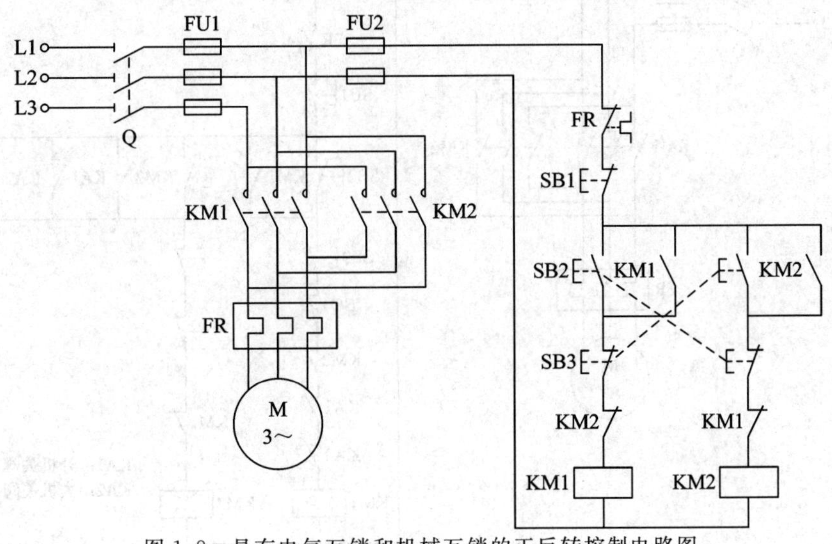

图 1.8　具有电气互锁和机械互锁的正反转控制电路图

(4) 带限位的双重互锁。

具有双重互锁的正反转控制其安全性高，但需要按下停止按钮方可停止动作。任务中，要求阀门开启或者关闭到位置后均能自动停止，因此，除了停止按钮，电路中还应该具有极限位置停车装置，如图 1.9 所示。

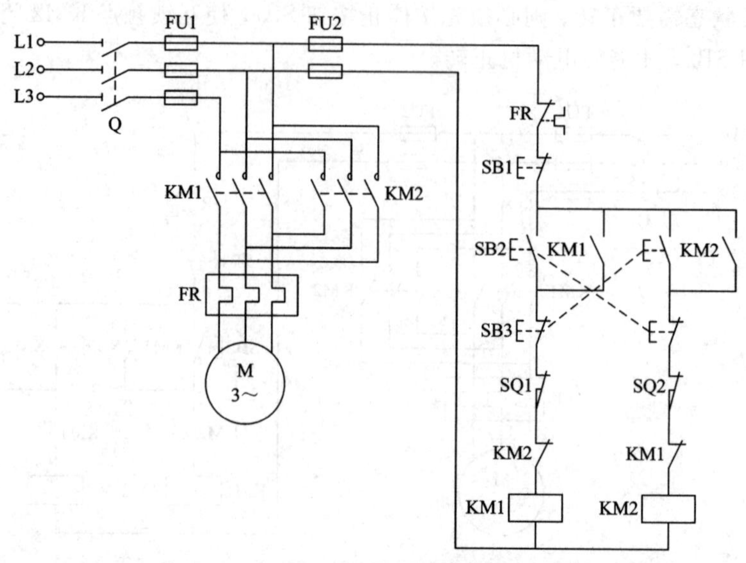

图 1.9 带限位的双重互锁正反转控制电路

3) 阀门的自动关闭控制

本项目中，要求送风阀、回风阀和新风阀均能自动关闭。关闭动作有两次，一次是送风机启动前，另一次是停机时。关闭阀门可靠电机的反转实现。因此，只需对上述正反转控制电路稍作修改，即可实现任务中的控制要求，如图 1.10 所示。

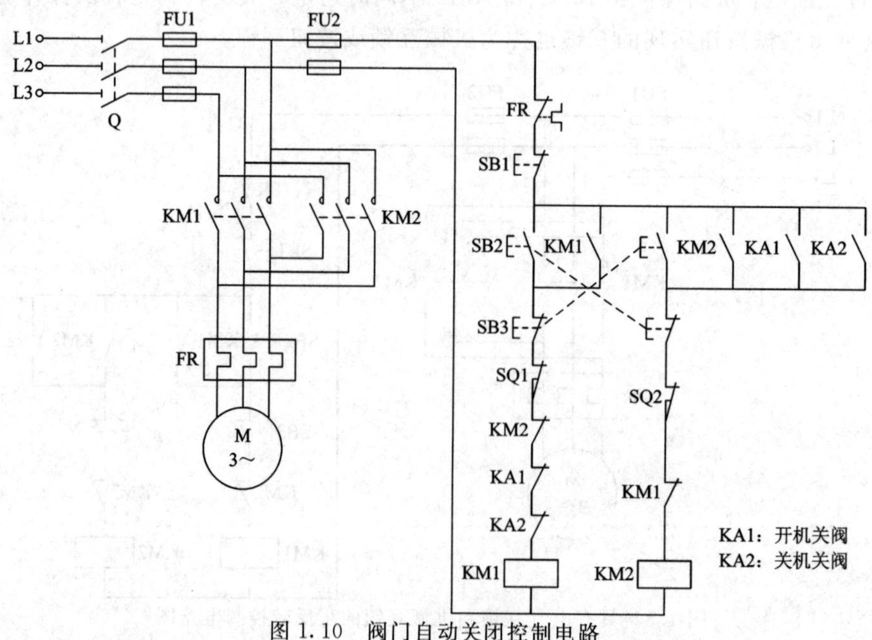

图 1.10 阀门自动关闭控制电路

4）阀门的自动开启控制

本项目中，要求送风阀、回风阀在风机启动后自动打开。因此，还需要在图 1.10 所示的正反转控制电路中增加开阀的控制功能，如图 1.11 所示。

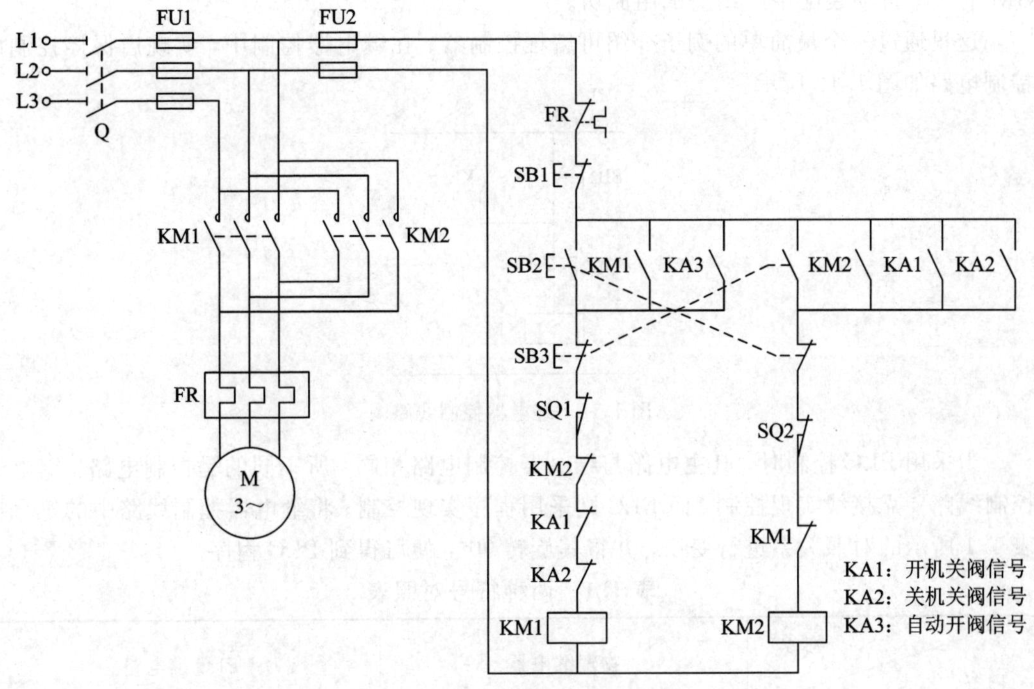

图 1.11　阀门自动开启控制电路

2. 可编程控制器控制

通过以上过程实践可知，当工艺或控制要求稍作变化时，应对继电器线路进行很大改动，靠硬接线构成的逻辑关系灵活性差，接线复杂，适应性差，维修困难；用机械触点控制，可靠性低，体积大，不易实现机电一体化。为了解决以上问题，需要一种新的控制技术，要求其不但灵活、通用、易变、易修，而且经济、可靠。

计算机技术的发展为可编程控制器(PLC)提供了条件。首先提出 PLC 概念的是美国最大的汽车制造厂家——通用汽车公司(GM)。1968 年，该公司提出用一种新型控制装置替代继电器控制，这种控制装置可将计算机的通用、灵活、功能完备等优点与继电器控制的简单、易懂、操作方便、价格便宜等特点结合起来，而且可使不熟悉计算机操作的电气人员也能方便使用。美国通用汽车公司(GM)公开招标，提出了以下十项招标指标：

(1) 编程简单，可在现场方便地编辑并修改程序。

(2) 价格便宜，其性价比要高于继电器控制系统。

(3) 体积要明显小于继电器控制柜。

(4) 可靠性要明显高于继电器控制系统。

(5) 具有数据通信功能。

(6) 输入可以是 AC 115 V。

(7) 输出为 AC 115 V、2 A 以上。

(8) 硬件维护方便，最好是插件式结构。

(9) 扩展时，原有系统只需进行很小改动。

(10) 用户程序存储器容量至少可以扩展到 4 KB。

根据这十项指标，1969 年美国数字设备公司(DEC)研制出了世界上第一台 PLC，并在 GM 的汽车自动装配生产线上试用成功。

这里通过一个最简单的例子介绍可编程控制器。在继电器控制中，实现启保停控制的控制电路如图 1.12 所示。

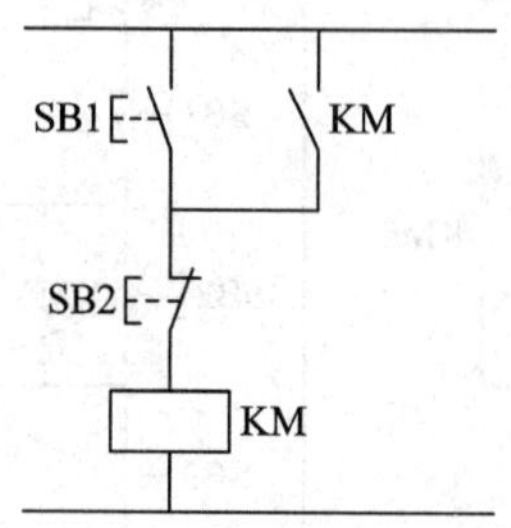

图 1.12　继电器控制线路图

当采用 PLC 控制时，其主电路与继电器控制电路相同，所不同的是控制电路，继电器控制线路要靠接线实现控制，而 PLC 则采用程序实现控制。将继电器控制线路中的符号按表 1.1 所示的对照关系进行变换，并将其旋转 90°，便可得到 PLC 程序。

表 1.1　两种符号对照表

内容 \ 对象		物理继电器	PLC 继电路
线圈			
触点	常开		
	常闭		

编写程序最常用的是梯形图语言，如图 1.13 所示。梯形图中出现的 X、Y 为 PLC 编程元件，属于软继电器。

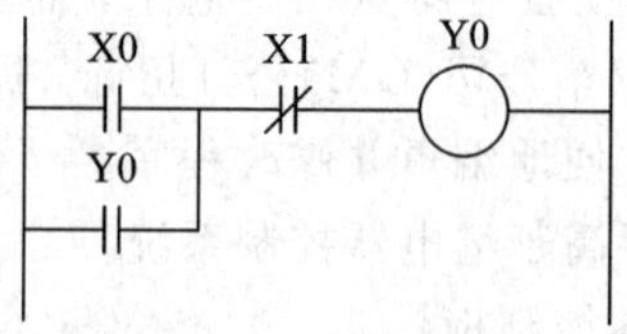

图 1.13　梯形图

可编程控制器内部有许多具有不同功能的器件，这些器件是由电子电路和存储器组成的。例如，输入继电器 X 是由输入电路和映像输入接点的存储器组成的；输出继电器 Y 是由输出电路和映像输出接点的存储器组成的；定时器 T、计数器 C、辅助继电器 M、状态继电器 S、数据寄存器 D、变址寄存器 V/Z 等都是由存储器组成的。为了与通常的硬器件有所区别，通常把前述器件称为软器件，属于等效概念抽象模拟的器件，并非实际的物理器件。在工作过程中，应特别注重器件的功能，因此器件的名称一般是按其功能给出的，如输入继电器 X、输出继电器 Y 等。而每个器件都有确定的地址编号，这对编程十分重要。

需要指出的是，不同厂家、甚至同一厂家不同型号的可编程控制器的编程元件的数量和种类都不一样。下面以 FX2N 小型可编程控制器为例介绍编程器件。

1）可编程控制器编程元件

（1）输入继电器 X。

输入继电器与 PLC 的输入端相连，是 PLC 接受外部开关信号的接口。与输入端子连接的输入继电器属于光电隔离的电子继电器，其线圈、常开接点、常闭接点与传统硬继电器表示方法相同。输入继电器可提供无数个常开接点、常闭接点供编程时使用。FX2N 系列输入继电器采用八进制地址编号，地址编号为 X0～X267，最多可达 184 点。

图 1.14 所示为输入继电器电路图。编程时应注意，输入继电器只能由外部信号驱动，而不能在程序内部使用指令驱动，其接点也不能直接输出信号带动负载。

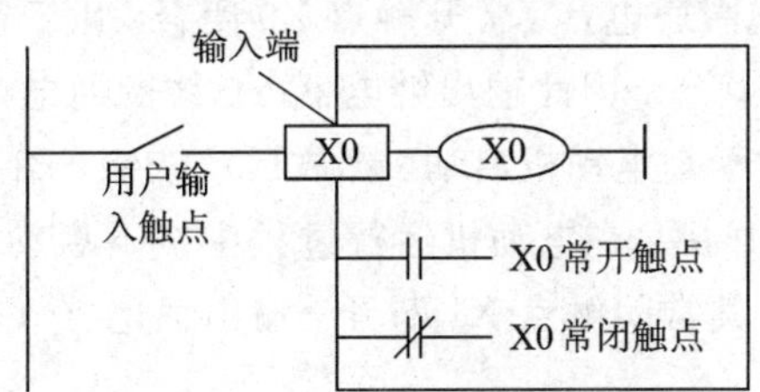

图 1.14 输入继电器电路图

（2）输出继电器 Y。

输出继电器的输出端是 PLC 向外部传送信号的接口。外部信号无法直接驱动输出继电器，输出继电器只能在程序内部由指令驱动。当输出接点接到 PLC 的输出端子时，其接通和断开取决于输出线圈的通、断状态。图 1.15 为输出继电器的等效电路。每个输出继电器可提供无数对常开和常闭接点供编程使用。输出继电器的地址编号也是八进制，地址编号为 Y0～Y267，最多可达 184 点。

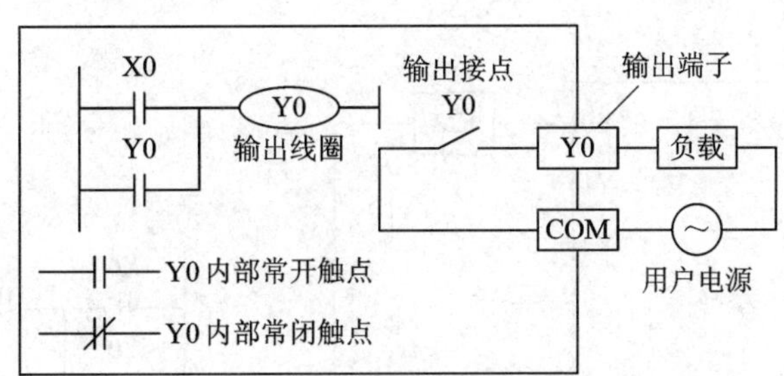

图 1.15 输出继电器等效电路图

图 1.16 所示的电路图是对应图 1.13 所示梯形图的 PLC 外部接线图，图中只表示出了一部分输入和输出端子。X0、X1 和 X2 是输入端子，Y0、Y1 和 Y2 是输出端子，输入及输出端子各有自己的公共端 COM。

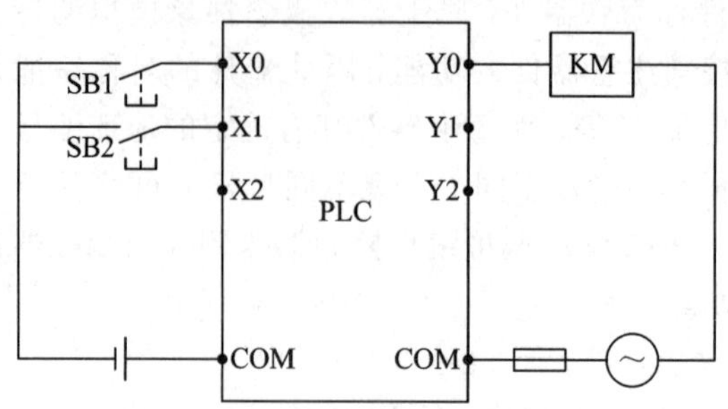

图 1.16　PLC 外部接线图一

当启动按钮 SB1 闭合时，X0 输入端子所对应的输入继电器线圈通电，其触点相应动作；当停止按钮 SB2 闭合时，X1 输入端子所对应的输入继电器线圈通电，其触点相应动作。当 Y0 输出端子对应的输出继电器线圈通电时，外部负载 KM 的线圈通电。

根据上述关系，分析图 1.13 程序，启、停电动机的过程是：按下启动按钮 SB1，X0 输入端子对应的输入继电器线圈通电，其常开触点 X0 闭合。由于没有按下启动按钮 SB2，所以其常闭触点 X1 处于闭合状态。因此输出继电器 Y0 线圈通电，则 KM 通电。KM 的主触点接在电动机的主电路中，于是电动机启动。释放启动按钮 SB1 后，由于 Y0 线圈通电，其常开触点 Y0 闭合，起自锁作用。在电动机运行过程中按下启动按钮 SB2，X1 输入端子对应的输入继电器线圈通电，其常闭触点 X1 断开；输出继电器 Y0 线圈断电，使 KM 断电，电动机停止转动。

以上即为 PLC 通过程序实现控制的原理。需要注意的是：由于 PLC 是通过程序来实现控制的，在梯形图中，┤├仅表示某一存储单元的状态，仅由外接线情况决定该存储单元的内容(电平高低)，因而在继电器线路对应的梯形图中，元件的常开、常闭状态不能以继电器线路中连接的常开、常闭元件来决定，而要以外接线情况来确定。也就是说，外接线情况决定了程序的内容。

不难看出，上述实例的梯形图与继电器线路完全对应。这是由于图 1.16 中输入全部采用常开接入。如果将外接线图稍作修改，如图 1.17 所示，则梯形图就会相应发生变化，如图 1.18 所示。

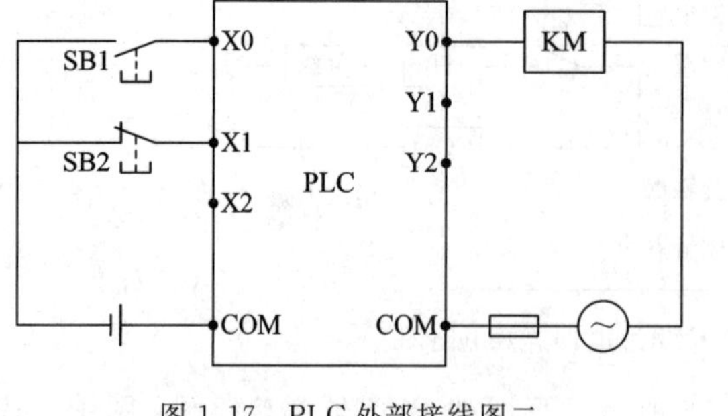

图 1.17　PLC 外部接线图二

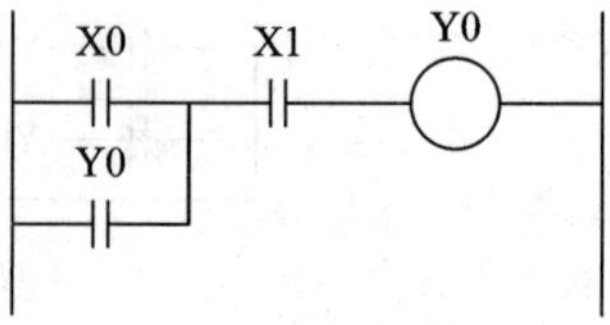

图 1.18　梯形图

梯形图作为 PLC 的一种程序语言，从 PLC 诞生至今一直很受欢迎，是使用频率最多的可编程控制器语言。梯形图之所以如此受欢迎，主要是因为其具有形象、直观、简单、易学等优点，对企业中熟悉继电器控制线路的电气工程技术人员是非常亲切的，特别适用于开关量控制。

(3) 送风阀和回风阀的控制。

前文介绍了采用继电器控制线路实现控制任务的方法，根据上述方法可以很容易地运用 PLC 实现对送风阀和回风阀的控制。

① 送风阀的控制。

送风阀控制 I/O 分配如表 1.2 所示。

表 1.2　送风阀控制 I/O 分配表

输入设备	输入编号	输出设备	输出编号
热继电器 FR	X0	开阀接触器 KM1	Y0
停止按钮 SB1	X1	关阀接触器 KM2	Y1
开阀按钮 SB2	X2		
关阀按钮 SB3	X3		
开阀限位 SQ1	X4		
关阀限位 SQ2	X5		

送风阀 PLC 外部接线图如图 1.19 所示。

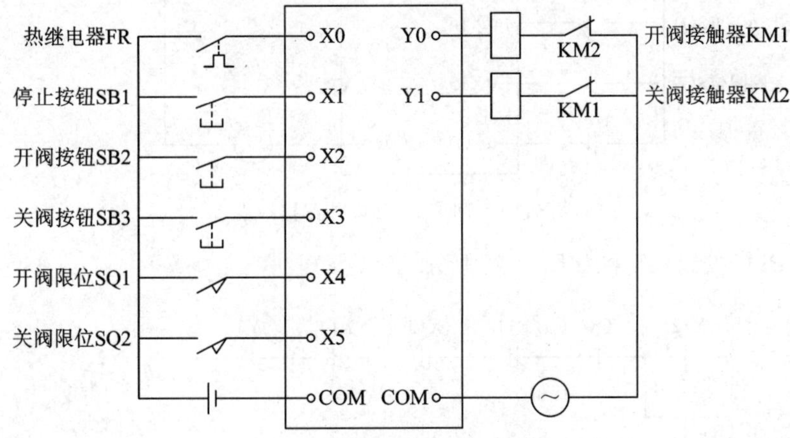

图 1.19　送风阀 PLC 外部接线图

送风阀 PLC 控制梯形图如图 1.20 所示。

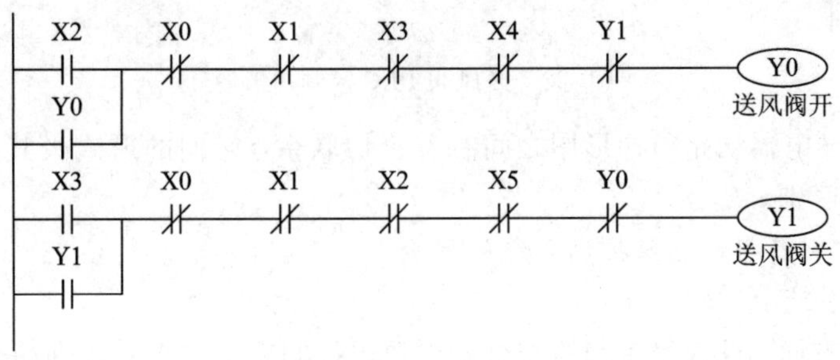

图 1.20　送风阀 PLC 控制梯形图

② 回风阀的控制。

回风阀控制 I/O 分配如表 1.3 所示。

表 1.3 回风阀控制 I/O 分配表

输入设备	输入编号	输出设备	输出编号
热继电器 FR	X10	开阀接触器 KM1	Y2
停止按钮 SB1	X11	关阀接触器 KM2	Y3
开阀按钮 SB2	X12		
关阀按钮 SB3	X13		
开阀限位 SQ1	X14		
关阀限位 SQ2	X15		

回风阀 PLC 外部接线图如图 1.21 所示。

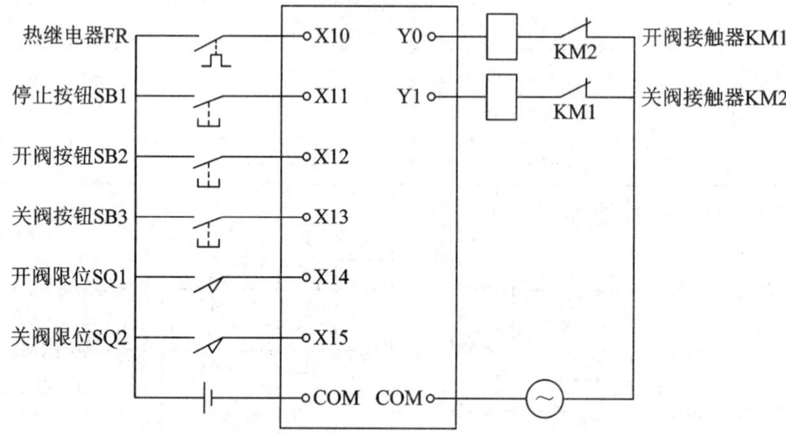

图 1.21 回风阀 PLC 外部接线图

回风阀 PLC 控制梯形图如图 1.22 所示。

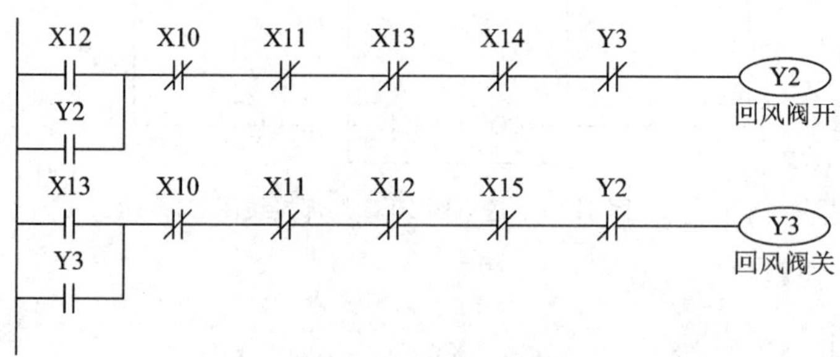

图 1.22 回风阀 PLC 控制梯形图

不难看出，继电器线路与梯形图之间有着密切联系，它们的形式极其相似，但其实质上存在着本质的区别。

2）可编程控制器与继电器控制系统的区别

(1) 从控制系统上比较。

在控制系统方面，可编程控制器与继电器逻辑控制系统的主要区别如表 1.4 所示。

表 1.4　可编程控制器与继电器逻辑控制系统比较

比较项目	继电器逻辑控制系统	可编程控制器
控制逻辑	接线逻辑，体积大，接线复杂，修改困难	存储逻辑，体积小，连线少，控制灵活，易于扩展
控制速度	通过触点的开闭实现控制作用。动作速度为几十毫秒，易出现触点抖动	由半导体电路实现控制作用，每条指令执行时间在微秒级，不会出现触点抖动
限时控制	由时间继电器实现，精度差，易受环境、温度影响	用半导体集成电路实现，精度高，时间设置方便，不受环境、温度影响
触点数量	4～8 对，易磨损	任意多个，永不磨损
工作方式	并行工作	串行循环扫描
设计与施工	设计、施工、调试必须按顺序进行，周期长，修改困难	在系统设计后，现场施工与程序设计可同时进行，周期短，调试、修改方便
可靠性与可维护性	寿命短，可靠性与可维护性差	寿命长，可靠性高，有自诊断功能，易于维护
价格	使用机械开关、继电器及接触器等，价格便宜	使用大规模集成电路，初期投资较高

（2）从编程语言上比较。

① 继电器控制线路图中的继电器都是真实存在的物理继电器，PLC 梯形图中的继电器则属于软继电器。PLC 梯形图中的某些编程元件只是沿用了继电器的名称，如输入继电器、输出继电器、保持继电器、中间继电器等。但是，这些继电器并不是真实的物理继电器，而是软继电器。PLC 中的继电器与 PLC 用户程序存储器中数据存储区的元件映像寄存器的具体基本单元相对应。如果某个基本单元为“1”状态，则表示与这个基本单元相对应的继电器“线圈得电”；反之，如果某个基本单元为“0”状态，则表示与这个基本单元相对应的继电器“线圈断电”。因此，即可根据数据存储区中某个基本单元的状态是“1”还是“0”，判断与之对应的继电器线圈是否得电。

② 继电器控制线路分析时用到的动合、动断概念，在 PLC 梯形图中仍然有所保留。动合触点和动断触点的接通或断开，取决于其线圈是否得电（这对于熟悉继电器控制线路的电气技术人员来说是最基本的概念）。在梯形图中，当程序扫描到某个继电器触点时，会检查其线圈是否得电，即检查与之对应的基本单元的状态是“1”还是“0”。如果该触点是动合触点，则取其原状态；如果该触点是动断触点，则取其反状态。例如，如果输出继电器 Y0 的基本单元的状态是“1”（表示线圈得电），则当程序扫描到 Y0 的动合触点时，就取它的原状态“1”，表示动合触点接通，当程序扫描到 Y0 的动断触点时，取它的反状态“0”，表示动断触点断开，反之亦然。

③ 继电器的触点个数是有限的，而 PLC 的触点可以无限次地使用。PLC 梯形图中的各种继电器触点的串、并联连接，实质上是将对应这些基本单元的状态依次提取出来，进行“逻辑与”、“逻辑或”等逻辑运算。而计算机对进行这些逻辑运算的次数是没有限制的。因此，可在编制程序时无限次使用各种继电器的触点，且可根据需要采用动合或动断的形式。但要注意，在梯形图程序中同一个继电器号的线圈一般只能使用一次（不允许双线圈

输出）。

④ 继电器线路中的母线应连接电源，而PLC的母线并不连接电源。在继电器控制线路图中，左、右两侧的母线为电源线，在电源线中间的各个支路上都加有电压，当支路满足接通条件时，就会有电流流过接点和线圈。而在PLC梯形图中，左侧(或两侧)的垂直公共线为逻辑母线，每一个支路均从逻辑母线开始，到线圈或其他输出功能即右侧母线结束。在梯形图中，逻辑母线上不加电源，元件和连线之间也并不存在电流，但它确实在传递信息。在分析梯形图逻辑关系时，可借助继电器控制电路图的分析方法，想象左、右两侧母线是两根电源线，在梯形图中有一个假想的“概念电流”，从左母线通过两根母线之间的编程元件的触点和线圈等流向右母线。在梯形图中，流过的电流不是物理电流，而是“概念电流”，“概念电流”只能从左向右流动。

⑤ 继电器-接触器控制线路的触点状态取决于其线圈中有无电流流过。在继电器控制电路中，若不连接接触器线圈，只连接其触点，则触点永远不会动作。PLC的输入继电器是由外部信号驱动的，在梯形图中只能使用输入继电器的触点，而不使用其线圈。PLC梯形图中，输出线圈只对应存储器中输出映像区的相应位，不能用该编程元件(如中间继电器的线圈、定时器、计数器等)直接驱动现场执行机构，必须通过指定的输出继电器，经I/O接口上对应的输出单元(或输出端子)，才能驱动现场执行机构。

3）可编程控制器的特点

通过前面的对比，可编程控制器的特点显而易见。

(1) 抗干扰能力强，可靠性高。

继电器控制系统中，器件的老化、脱焊、触点的抖动以及触点电弧等现象是不可避免的，这大大降低了系统的可靠性。继电器控制系统的维修工作不仅耗资费时，而且停产维修所造成的损失也不可估量。而在PLC控制系统中，大量的开关动作是由无触点的电子电路完成的，加之PLC在硬件和软件方面都采取了强有力的措施，如滤波、隔离、屏蔽、自诊断、自恢复等，使产品具有极高的可靠性和抗干扰能力，平均无故障时间达到几万小时甚至几十万小时以上。因此PLC被誉为“专为适应恶劣的工业环境而设计的计算机”。

(2) 灵活性和通用性强。

继电器控制系统的控制电路要使用大量的控制电器，需要通过人工布线、焊接、组装来完成电路的连接。其致命的缺点是，如果工艺要求稍有改变，控制电路必须改变硬接线，耗时且费力。PLC则利用存储在设备内的程序实现各种控制功能。因此，在PLC控制的系统中，当控制功能改变时只需修改程序即可，PLC外部接线改动极少，甚至可不必改动。一台PLC可以用于不同的控制系统中，只需改变其中的程序即可。其灵活性和通用性是继电器控制电路所无法比拟的。

(3) 编程语言简单易学，编程方法简单。

PLC采用面向用户的工作方式，充分考虑了工程技术人员的技能与习惯，采用了易于理解和掌握的梯形图语言。这种梯形图语言继承了传统继电器控制线路的表达形式(如线圈、触点、动合、动断)，与继电器控制线路图十分相似，对于企业中熟悉继电器控制线路图的电气工程技术人员来说是非常亲切的，它形象直观，容易掌握，不需要专门的计算机知识，技术人员只要掌握一定的电工技术和继电器控制系统理论，即可在短期内基本掌握编程方法。因此，无论是在生产线的设计中，还是在传统设备的改造中，电气工程技术人员都特别愿意使用 PLC。

(4) 与外部设备连接简单，使用方便。

PLC 的输入接口可以直接与各种输入设备(如按钮、各种传感器等)连接，其输出接口具有较强的驱动能力，可以直接与继电器、接触器、电磁阀等强电负载连接，接线简单，使用非常方便。

(5) 体积小，结构紧凑，易于实现机电一体化，安装、维护方便。

可编程控制器体积小，质量轻，功耗低，便于安装。由于其具有很强的抗干扰能力，能适应各种恶劣的环境，因而 PLC 已成为实现机电一体化理想的控制装置。通常可编程控制器都有自诊断、故障报警、故障显示等功能，便于技术人员操作和检查，技术人员可以通过更换模块插件迅速排除故障。可编程控制器的结构紧凑，与被控对象的硬件接线方式简单，接线少，易于维护。

(6) 设计、施工、调试周期短。

用可编程控制器完成一项控制工程时，由于其硬、软件齐全，因此设计和施工可同时进行。PLC 用软件编程取代了继电器硬接线以实现控制功能，使控制柜的设计及安装接线的工作量大为减少，缩短了施工周期。同时，用户程序大都可以在实验室模拟调试，调试完成后再将 PLC 控制系统在生产现场进行联机统调，使得调试方便、快速、安全，因此大大缩短了设计和投运周期。

4) 可编程控制器的发展

随着微处理器的出现，大规模、超大规模集成电路技术迅速发展，数据通信技术也在不断进步，PLC 也得以迅速发展。PLC 的发展过程大致可分以下三个阶段。

(1) 早期 PLC(20 世纪 60 年代末至 70 年代中期)。

早期的 PLC 一般称为可编程逻辑控制器，主要是作为继电器控制装置的替代物而出现的，其主要功能是执行原先由继电器完成的顺序控制、定时等功能，将继电器的“硬接线”控制方式变为“软接线”方式。

早期的 PLC 在硬件上以准计算机的形式出现，在 I/O 接口电路上作了改进，以适应工业控制现场的要求。装置中的器件主要采用分立元件和中小规模集成电路，存储器采用磁芯存储器。另外还采取了一些措施，以提高 PLC 的抗干扰能力。

在软件编程方面，采用了电气工程技术人员所熟悉的继电器控制线路，即梯形图。因此，早期 PLC 的性能要优于继电器控制装置，其优点包括简单易懂、便于安装、体积小、能耗低、有故障指示、能重复使用等。梯形图作为 PLC 特有的编程语言一直沿用至今。

(2) 中期 PLC(20 世纪 70 年代中期至 80 年代中、后期)。

20 世纪 70 年代初期出现了微处理器，由于其体积小、功能强、价格便宜，很快被用于 PLC。美国、日本、德国等一些厂家先后开始采用微处理器作为 PLC 的中央处理单元(CPU)，使 PLC 的功能增强、工作速度加快、体积减小、可靠性提高、成本下降。

在硬件方面，除了保持其原有的开关模块以外，中期 PLC 增加了模拟量模块、远程 I/O模块、各种特殊功能模块，扩大了存储器的容量，增加了各种逻辑线圈的数量，还提供了一定数量的数据寄存器，使 PLC 应用范围得以扩大。

在软件方面，除了保持其原有的逻辑运算、计时、计数等功能以外，中期 PLC 还增加了算术运算、数据处理和传送、通信、自诊断等功能，指令系统大为丰富，系统可靠性也得到了提高。

(3) 近期PLC(20世纪80年代中、后期至今)。

进入20世纪80年代中、后期，由于超大规模集成电路技术的迅速发展，微处理器的市场价格大幅度下跌，使得各种类型PLC所采用的微处理器的档次普遍提高。另外，为了进一步提高PLC的处理速度，各制造厂商纷纷研制了专用逻辑处理芯片。因此，PLC在软、硬件功能上都发生了巨大变化。

现代PLC不仅能够完全胜任对多数开关量信号的逻辑控制功能，还具有很强的数学运算、数据处理、运动控制、PID控制等模拟量信号处理能力。同时，PLC的联网通信能力也大大增强，可以构成功能完善的分布式控制系统，实现工厂自动化管理。在发达的工业化国家，现代PLC广泛应用于各工业部门。

目前，世界上一些著名电器生产厂家几乎都在生产PLC，使得PLC种类繁多、型号各异，产品功能日趋完善，换代周期越来越短。中国目前应用较多的PLC是从日本、美国、德国等国家进口的产品，典型机型有：日本三菱电气公司的F系列、FX系列，日本立石公司的OMRON C系列，美国AB公司的PLC-5系列，德国西门子公司的S5、S7系列。

5) 可编程控制器的分类

目前，国内外可编程控制器的生产厂家很多，所生产的可编程控制器更是多种多样，一般从以下几个方面进行分类。

(1) 根据I/O点数分类。

PLC的输入、输出点数表明PLC可从外部接收输入信号或向外部发出输出信号的个数，实际上也就是PLC的输入、输出端子数。输入、输出端子的数目一般称为PLC的输入、输出点数，简称I/O点数。根据I/O点数的多少可将PLC分为小型机、中型机和大型机。

① 小型机。

I/O点数(总数)在256点以下的可编程控制器称为小型机。一般只具有逻辑运算、定时、计数和移位等功能，适用于小规模开关量的控制，可实现条件控制、顺序控制等。有些小型PLC(如立石的P型机、三菱的F1系列、西门子的S5-100U等)，也增加了一些算术运算和模拟量处理等功能，能适应用户更广泛的需要。目前的小型PLC一般也具有数据通信等功能。

小型机的特点是价格低，体积小，可用于控制自动化单机设备以及开发机电一体化产品。

② 中型机。

I/O点数在256～1024点之间的可编程控制器称为中型机。它除了具备逻辑运算功能外，还增加了模拟量输入/输出、算术运算、数据传送、数据通信等功能，可完成既有开关量又有模拟量的复杂控制。中型机的软件比小型机丰富，在已固化的程序内，一般还具有PID(比例、积分、微分)调节、整数/浮点运算等功能模块。

中型机的特点是功能强，配置灵活，适用于具有诸如温度、压力、流量、速度、角度、位置等模拟量控制和大量开关量控制的复杂机械，以及连续生产过程控制场合。

③ 大型机。

I/O点数在1024点以上的可编程控制器称为大型机。大型PLC的功能更加完善，包括数据运算、模拟调节、联网通信、监视记录、打印等。大型机的内存容量超过640 KB，监控系统采用 CRT 显示，能够表示生产过程的工艺流程、各种曲线、PID 调节参数选择图等，能进行中断控制、智能控制、远程控制等。

大型机的特点是 I/O 点数众多，控制规模宏大，组网能力强，可用于大规模的过程控制，用以构成分布式控制系统或整个工厂的集散控制系统。

按点数分类并没有一个严格的标准，有时还可分为超小型机、小型机、中型机、大型机和超大型机 5 种类型，分界线也不是固定不变的，它会随整体趋势的发展而改变。

(2) 根据结构形式分类。

① 整体式。

整体式又叫单元式或箱体式，这种可编程控制器的 CPU 模块、I/O 模块和电源被置于同一个箱体机壳内，结构非常紧凑。整体式 PLC 体积极小，价格低廉，小型可编程控制器一般采用整体式结构。整体式可编程控制器提供多种不同 I/O 点数的基本单元和扩展单元供用户选择，基本单元和扩展单元之间采用扁平电缆连接。各单元的输入点与输出点的比例一般是固定的(如 3∶2)，有的可编程控制器具有全输入和全输出型的扩展单元。选择不同的基本单元和扩展单元，可以满足用户的不同需求。整体式可编程控制器一般配有许多专用的特殊功能单元，如模拟量 I/O 单元、位置控制单元、数据输入/输出单元等，使可编程控制器的功能得到了扩展。如 OMRON 公司的 C20P、C40P、C60P 系列产品，三菱公司的 F1 系列产品等，都属于整体式可编程控制器。图 1.23 为 FX2N－64MR 整体式机型外观图。

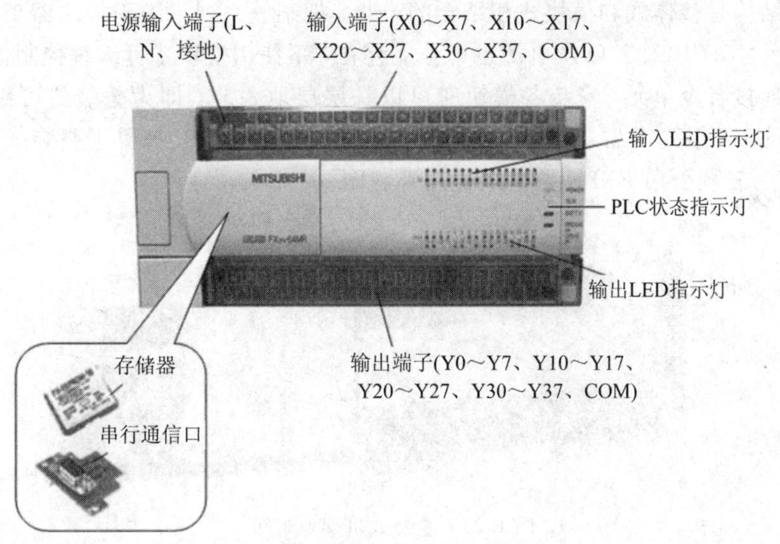

图 1.23　整体式机型外观图

② 模块式。

模块式又叫积木式，大、中型可编程控制器和部分小型可编程控制器采用模块式结构。模块式可编程控制器采用搭积木的方式组成系统，它由框架和模块组成。模块被插在模块插座上，而模块插座则被焊接在框架中的总线连接板上。一般可编程控制器厂家都会备有不同槽数的框架供用户选择，各框架之间以扩展电缆相连。有的可编程控制器不具备框架，各种模块则安装在基板上。用户可以选择不同档次的 CPU 模块、I/O 模块以及特殊模块，对硬件配置的选择余地也较大，维修时更换模块也很方便；但模块式结构的缺点是体积比较大，结构较复杂，造价高。

模块式PLC各部分以单独的模板分开设置，如电源模板、CPU模板、输入模板、输出模板及其他智能模板等。这种PLC一般设有机架底板(有些PLC为串行连接，没有底板)，在底板上开有若干插槽，使用时，将各种模板直接插入机架底板即可。模块式结构的PLC配置灵活，装配方便，维修简单，易于扩展，可根据控制要求灵活配置所需模板，以构成功能不同的各种控制系统。一般大、中型PLC均采用模块式结构。如OMRON公司的C200H、C1000H系列产品，西门子公司的S5-100U、S7-300系列产品等，都属于模块式可编程控制器。图1.24为模块式机型外观图。

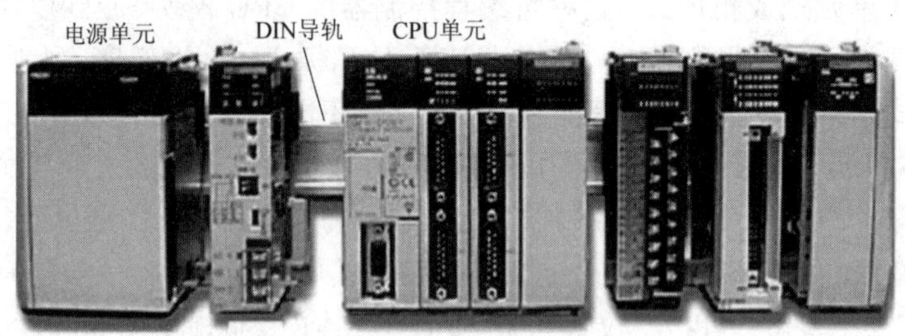

图1.24 模块式机型外观图

③ 叠装式。

叠装式结构是整体式和模块式相结合的产物。把某一系列可编程控制器工作单元的外形制成同一尺寸，CPU、I/O及电源也可独立存在，不使用模块式可编程控制器中的母板，而采用电缆连接各个单元，安装各模块时可以一层层地叠装，即为叠装式可编程控制器。如三菱公司的FX系列产品、西门子公司的S7-200型产品等，都属于叠装式可编程控制器。图1.25为三菱公司FX2N叠装式机型外观图。

图1.25 叠装式机型外观图

显然，整体式PLC结构紧凑，体积小，重量轻，价格低，容易装配在工业控制设备的内部，比较适合于生产机械的单机控制；整体式PLC的缺点是主机的I/O点数固定，使用不够灵活，维修也较麻烦。模板式一般用于规模较大，输入/输出点数较多且点数比较灵活的场合；模块式PLC的缺点是结构较复杂，各种插件多，因而增加了造价。叠装式PLC具有前两者的优点，从近年来的市场情况看，整体式及模块式有结合为叠装式的趋势。

6) 可编程控制器的应用

可编程控制器作为一种通用的工业控制器，可用于所有工业领域。当前，国内外已广泛地将可编程控制器成功地应用于机械、汽车、冶金、石油、化工、轻工、纺织、交通、电力、电信、采矿、建材、食品、造纸、军工、家电等各个领域，并且取得了相当可观的技术经济效益。

下面列举一些可编程控制器的部分应用实例。

(1) 电力工业：输煤系统控制，锅炉燃烧管理，灰渣和飞灰处理系统，汽轮机和锅炉的启停程序控制，化学补给水、冷凝水和废水的程序控制，锅炉缺水报警控制，水塔水位远程控制等。

(2) 机械工业：数控机床，自动装卸机，移送机械，工业用机器人控制，自动仓库控制，铸造控制，热处理，输送带控制，自动电镀生产线程序控制等。

(3) 汽车工业：移送机械控制，自动焊接控制，装配生产线控制，铸造控制，喷漆流水线控制等。

(4) 钢铁工业：加热炉控制，高炉上料、配料控制，钢板卷取控制，飞剪控制，料场进料、出料自动分配控制，包装和搬运控制，翻砂造型控制等。

(5) 化学工业：化学反应槽批量控制，化学水净化处理，自动配料，化工流程控制，气囊硫化机控制，煤气燃烧控制，V 带单鼓成型机控制等。

(6) 食品工业：发酵罐过程控制，配比控制，净洗控制，包装机控制，搅拌控制等。

(7) 造纸工业：纸浆搅拌控制，抄纸机控制，卷取机控制等。

(8) 轻工业：玻璃瓶厂炉体配料及自动制瓶控制，注塑机程序控制，搪瓷喷花控制，制鞋生产线控制，啤酒瓶贴标机控制等。

(9) 纺织工业：手套机程序控制，落纱机控制，高温高压染缸群控制，羊毛衫针织横机程序控制等。

(10) 建材工业：水泥生产工艺控制，水泥配料及水泥包装控制等。

(11) 公用事业：大楼电梯控制，大楼防灾机械控制，剧场、舞台灯光控制，隧道排气控制，新闻转播控制等。

(12) 交通运输业：电动轮胎起重机控制，交通灯控制，汽车发电机力矩和转速校验，电梯控制等。

(13) 木材加工：单板干燥机控制，人造板生产线控制，胶板热压机控制等。

由此，可了解到可编程控制器应用发展速度之快，应用范围之广。PLC 控制技术代表了当今电气控制技术的世界先进水平，它已与 CAD/CAM、工业机器人并列成为工业自动化的三大支柱产业。

7) 可编程控制器的发展趋势

经过几十年的迅速发展，PLC 的功能越来越强大，应用范围也越来越广泛，其足迹已遍及国民经济的各个领域，形成了能够满足各种需求的 PLC 应用系统。随着市场需求的不断提高，PLC 的发展体现出以下趋势。

(1) 向小型化、微型化和大型化、多功能两个方向发展

PLC 的主要应用领域是自动化领域，不同的企业对自动化的要求、规模及投资数额都不相同，存在着不同层次的需求。因此，PLC 将朝两个方向发展：一是向小型化、微型化的方向发展，以适应小型企业技术改造的需求，提供性价比更高的小型 PLC 控制系统；二是向大型化、多功能方向发展，为大、中型企业提供高水准的 PLC 控制系统。这两个方向的共同特点是，现代 PLC 的结构和功能不断改进，产品更新换代周期越来越短，并不断地

向高性能、高速度、高性价比方向发展。

(2) 过程控制功能不断增强。

在PLC发展的初期，PLC只能完成开关量逻辑控制。随着PLC技术的发展，出现了模拟量I/O模块和专门用于模拟量闭环控制(过程控制)的智能PID模块。现代PLC的模拟量控制功能日益强大，除了专门用于模拟量闭环控制的PID指令和智能PID模块外，一些PLC还具有模糊控制、自适应控制和参数自整定功能，使调试时间减少，控制精度提高。在过程控制方面，已经很难分清PLC与工业控制计算机、分散控制系统之间的界限。

(3) 大力开发智能型I/O模块。

智能I/O模块是以微处理器和存储器为基础的功能部件，其CPU与PLC的主CPU并行工作，占用主CPU的时间很少，有利于提高PLC的扫描速度。智能I/O模块主要包括模拟量I/O、高速计数输入、中断输入、运动控制、热电偶输入、条形码阅读器、多路BCD码输入/输出、模糊控制器、PID回路控制、通信等模块。

智能I/O模块本身就是一个微型计算机系统，有很强的信息处理能力和控制功能，有的模块甚至可以自成系统，单独工作。它们可以完成PLC的主CPU难以兼顾的功能，简化某些控制领域的系统设计和编程，提高PLC的适应性和可靠性。

(4) 与个人计算机日益紧密结合。

个人计算机价格便宜，有很强的数据运算、处理和分析能力。目前，个人计算机主要用作PLC的编程器、操作站或人/机接口终端等。在工业控制现场，可以将PLC与加固型工业计算机连接在同一网络上，这种网络价格低、用途广，已得到了广泛使用。

将可编程控制器计算机化，使大型可编程控制器具备个人计算机的功能，是另一发展趋势。这类PLC采用功能强大的微处理器和大容量的存储器，将逻辑控制、模拟量控制、数学运算和通信功能紧密结合在一起。在功能和应用方面，可编程控制器与个人计算机、工业控制计算机、分散控制系统互相渗透、互相融合，使控制系统的性价比不断提高。

(5) 编程语言趋向标准化。

与个人计算机相比，可编程控制器硬件、软件的体系结构是封闭的，而非开放的。在硬件方面，各厂家的CPU模块和I/O模块互不通用，通信网络和通信协议往往也不是专用的。各厂家PLC的编程语言和指令系统的功能和表达方式也不甚相同，因此各厂家的可编程控制器互不兼容。为了解决这一问题，IEC(国际电工委员会)制定了可编程控制器标准IEC1131，其中IEC1131-3中制定了编程语言的标准。

目前，已有越来越多的工控产品厂商推出了符合IEC1131-3标准的PLC指令系统或在个人计算机上运行的软件包，并提供了多种编程语言供用户选择。一些公司准备以个人计算机为基础，在Windows平台上开发符合IEC1131-3标准的全新一代开放体系结构的可编程控制器。

(6) 通信与联网能力不断增强。

可编程控制器的通信和联网功能使PLC与PLC之间、PLC与个人计算机等其他智能设备之间能够进行数字信息交换，形成一个统一的整体，实现分散控制或集中控制。现在，几乎所有的PLC产品都有通信联网功能，通过双绞线、同轴电缆或光纤，信息可以传送到几十公里远的地方；通过Modem和互联网，可以使PLC与世界上其他地方的计算机装置进行通信。

目前，有些PLC使用专用的通信协议进行通信，或使用较多厂商支持的通信协议和通信标准，如现场总线。为了尽量减少用户在通信编程方面的负担，PLC的通信功能正在日趋完善。未来，设备之间的通信将能够自动周期性地进行，不需要用户为通信编程，用户只需在组成系统时进行一些硬件或软件上的初始化设置即可。

8）可编程控制器的性能指标

PLC的性能指标可分为硬件指标和软件指标两大类。不同厂家生产的PLC产品其技术性能各不相同、各具特色。下面介绍一些PLC基本的、常见的技术性能指标。

(1) 输入/输出点数(I/O点数)。

输入/输出点数是指PLC外部输入、输出端子数，这是PLC最重要的一项技术指标。

(2) 扫描速度。

扫描速度一般以执行1千字(kWord)指令所需的时间来衡量，也可采用执行一步指令所需的时间来衡量。

(3) 内存容量。

内存容量一般指用户程序的存储量，内存容量越大，说明PLC可运行的程序越多、越复杂。

(4) 指令执行时间。

指令执行时间是指CPU执行一步指令所需的时间。一般执行一步指令需要几秒至十几微秒。

(5) 指令系统。

指令系统的指令种类和指令数量是衡量PLC软件功能强弱的重要指标，PLC的指令一般可分为基本指令和高级指令两部分。

(6) 内部寄存器。

PLC内部有许多寄存器用以存放变量状态、中间结果、数据等，还包括许多内部继电器，如内部辅助继电器、定时器/计数器、移位寄存器、特殊功能继电器等。这些寄存器和以寄存器形式出现的内部继电器可以向用户提供许多特殊功能或简化整个系统设计。因此，寄存器的配置情况是衡量PLC硬件功能的一个重要指标。

(7) 其他。

除了以上的基本性能指标以外，不同的PLC还有一些其他指标，如输入/输出方式、软件支持、高功能模块、网络功能、通信功能、远程I/O、工作环境和电源等级等。

9）可编程控制器的型号

在PLC的正面，一般都会注有表示该PLC型号的内容，通过这些内容即可获知该PLC的基本信息。FX系列PLC的型号命名基本格式如图1.26所示。

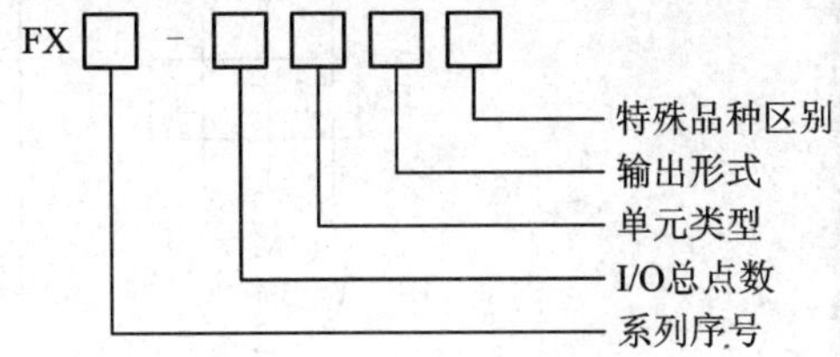

图1.26　PLC型号命名格式

图 1.26 中，系列序号包括：0、0S、0N、2、2C、1S、2N、2NC。

I/O 总点数包括：10～256。

单元类型包括：M 指基本单元；E 指输入/输出混合扩展单元及扩展模块；EX 指输入专用扩展模块；EY 指输出专用扩展模块。

输出形式包括：R 指继电器输出；T 指晶体管输出；S 指晶闸管输出。

特殊品种区别包括：D 指 DC 电源，DC 输入；A1 指 AC 电源，AC 输入；H 指大电流输出扩展模块(1A/1 点)；V 指立式端子排的扩展模块；C 指接插口输入/输出方式；F 指输入滤波器 1 ms 的扩展模块；L 指 TTL 输入扩展模块；S 指独立端子(无公共端)扩展模块。

若特殊品种项无符号，说明通指 AC 电源、DC 输入、横排端子排。对于不同的输出类型，其输出点电流也不同：继电器输出型，每个输出点的电流是 2 A；晶体管输出型，每个输出点的电流是 0.5 A；晶闸管输出型，每个输出点的电流是 0.3 A。

例如：FX2N－48MRD 是 FX2N 系列，输入/输出总点数为 48 点，继电器输出，DC 电源、DC 输入的基本单元。又如，FX－4EYSH 是 FX 系列，输入点数为 0 点，输出点数为 4 点，晶闸管输出，大电流输出扩展模块的基本单元。

FX 还有一些特殊的功能模块，如模拟量输入/输出模块、通信接口模块及外围设备等，使用时可以参照 FX 系列 PLC 产品手册。

二、新风阀的控制

送风系统运行时，加入适量的新风可以增加环境的舒适度，新风的输入量可以通过新风阀进行调节。新风阀如图 1.27 所示。

新风阀的工作原理与送(回)风阀相同，要实现手动调节新风量的大小，系统除了应具有正反转、限位停止外，还要求控制电路具有点动控制功能。

1. 用继电器控制线路实现新风阀的控制

1) 点动控制

点动控制电气原理图如图 1.28 所示。

图 1.27　新风阀

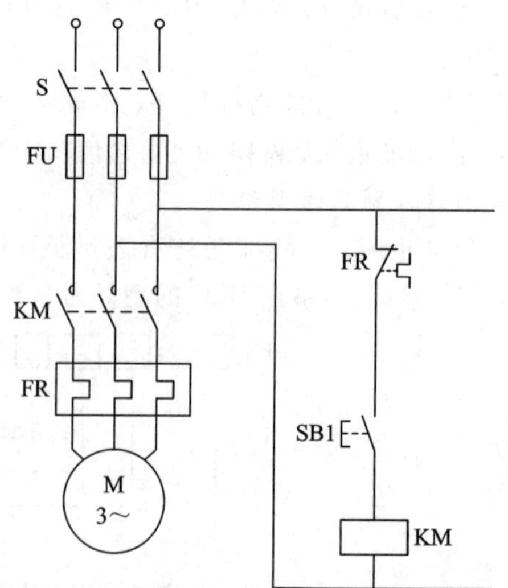

图 1.28　三相异步电动机点动控制电气原理图

图 1.28 中，闭合开关 S，三相电源被引入控制电路，但此时电动机还不能启动。按下按钮 SB1，接触器 KM 线圈通电，电路中的衔铁吸合，常开主触点接通，电动机定子接入三相电源启动运转。松开按钮 SB1，接触器 KM 线圈断电，电路中的衔铁松开，常开主触点断开，电动机因断电而停止转动。

2）长动加点动控制

正反转电路中的长动加点动控制如图 1.29 所示。

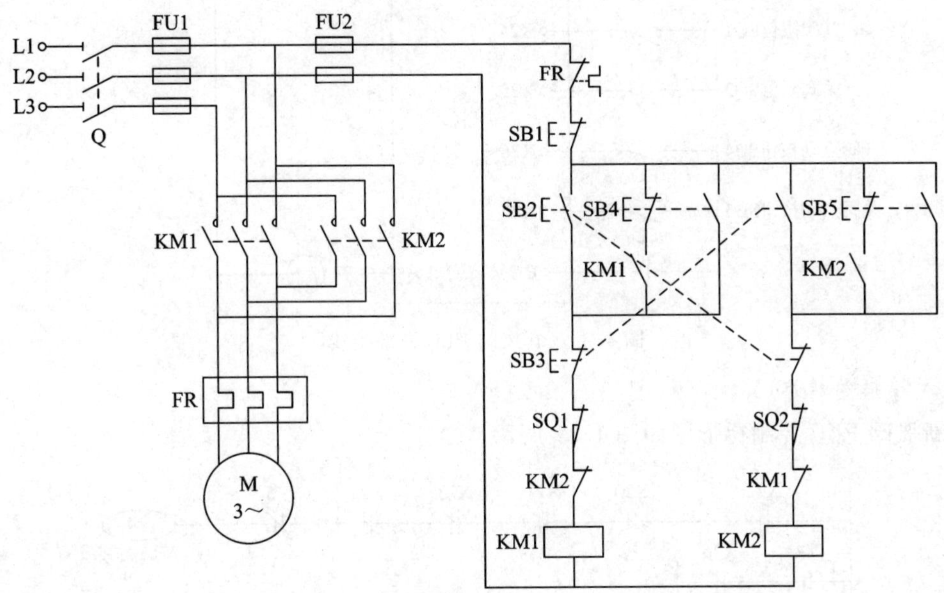

图 1.29　长动加点动的正反转控制电路

2. 用 PLC 实现新风阀的控制

1）I/O 分配

新风阀控制 I/O 分配如表 1.5 所示。

表 1.5　新风阀控制 I/O 分配表

输入设备	输入编号	输出设备	输出编号
热继电器 FR	X20	开阀接触器 KM1	Y4
停止按钮 SB1	X21	关阀接触器 KM2	Y5
开阀按钮 SB2	X22		
关阀按钮 SB3	X23		
开阀限位 SQ1	X24		
关阀限位 SQ2	X25		
开阀点动按钮 SB4	X26		
关阀点动按钮 SB5	X27		

2）外接线

新风阀 PLC 外部接线图如图 1.30 所示。

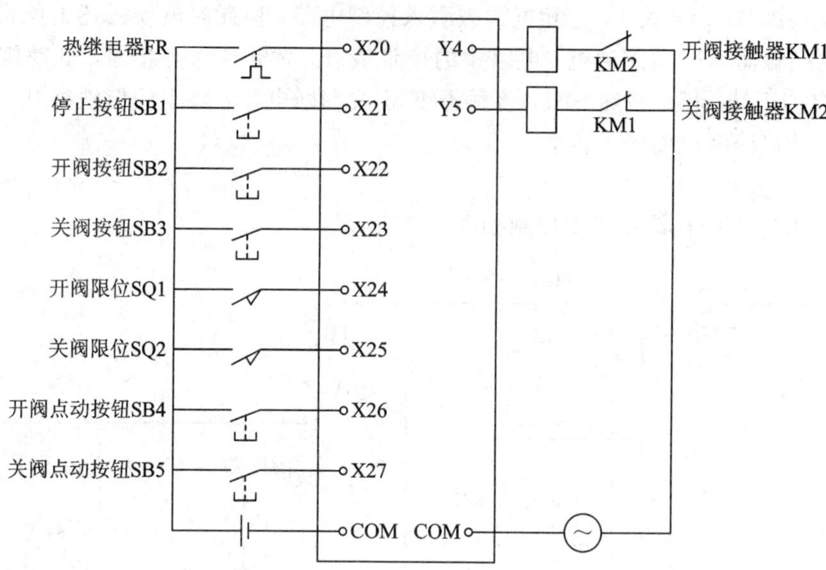

图 1.30 新风阀 PLC 外部接线图

3）梯形图程序

新风阀 PLC 控制梯形图如图 1.31 所示。

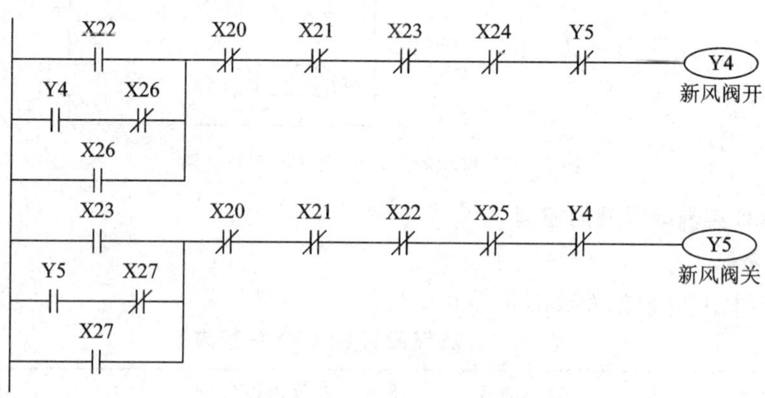

图 1.31 新风阀 PLC 控制梯形图

4）调试程序

将程序上传至 PLC，进行调试，观察输出状态。

5）现象分析

在调试过程中，发现新风阀的点动功能失常。这是由于继电器控制线路与 PLC 控制线路的工作原理不同。为了深入分析工作原理，首先应了解 PLC 的构成。

可编程控制器的基本组成可以分为两大部分，即硬件系统和软件系统。下面分别对这两个部分进行介绍。

3. 可编程控制器的硬件系统

可编程控制器实质上是一种专门为工业控制而设计的专用计算机，因此其硬件结构同计算机十分类似。但由于可编程控制器是面向工业应用的，必须适应恶劣的工业环境，如温度、湿度、噪声干扰等，所以其操作系统和一些接口部件与计算机有所不同。世界各国生产的可编程控制器外观各异，但其硬件构成大体相同，主要由中央处理单元、存储器、输入/输出单元、编程器和电源等部分构成。

可编程控制器的硬件结构如图 1.32 所示。下面分别介绍可编程控制器的各组成部分。

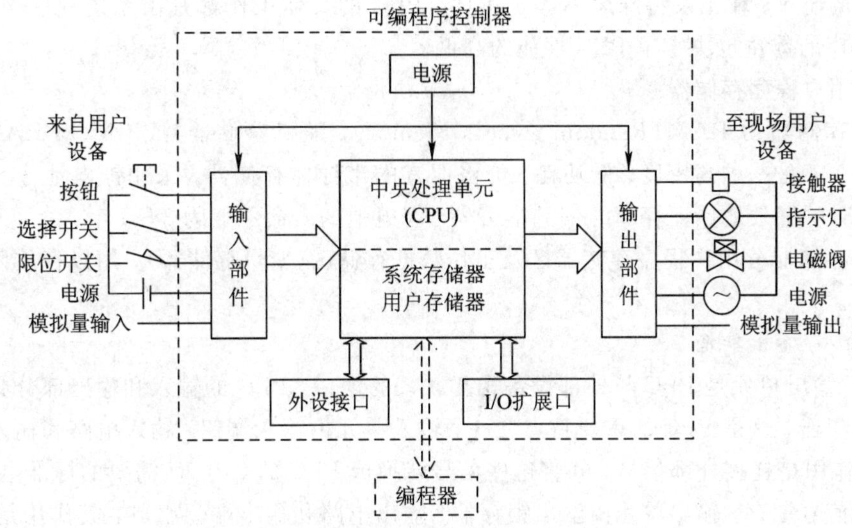

图 1.32　可编程控制器硬件结构

1）中央处理单元(CPU)

中央处理单元是可编程控制器的核心部件，它类似人的大脑，是系统的运算和控制中心，能指挥 PLC 按照预先编制好的系统程序完成各种任务。其作用有以下几点：

(1) 接收并存储用户程序和数据。

(2) 检查、校验用户程序。CPU 可对正在输入的用户程序进行检查，发现语法错误立即报警，并停止输入；在程序运行过程中若 CPU 发现错误，则会立即报警或停止程序的执行。

(3) 接收、调用现场信息。CPU 会将接收到的输入数据保存起来，在需要数据时将其调出并送到指定地点。

(4) 执行用户程序。当 PLC 进入运行状态后，CPU 根据用户程序存放的先后顺序，逐条读取、解释和执行程序，完成用户程序中规定的各种操作，并将程序执行的结果送至输出端，以驱动 PLC 外部的负载。

(5) 故障诊断。CPU 会诊断电源、PLC 内部电路的故障，根据故障或错误的类型显示出相应的信息，以提示用户及时排除故障或纠正错误。

2）存储器

存储器是具有记忆功能的半导体电路，可用来存放系统程序、用户程序、逻辑变量及其他信息。PLC 存储器分为两大部分。

(1) 系统程序存储器。

系统存储器可用于存放由 PLC 生产厂家编写的系统程序，这些程序固化在 ROM 内，用户不能直接更改，并且系统程序可使 PLC 具有基本的功能，能够完成 PLC 设计者规定的各项工作。系统程序质量的好坏，很大程度上决定了 PLC 的性能，其内容主要包括三部分。第一部分为系统管理程序，它主要控制 PLC 的运行，使整个 PLC 有序地工作；第二部分为用户指令解释程序，通过该程序，PLC 的编程语言将变为机器语言指令，由 CPU 执行；第三部分为标准程序模块与系统调用，包括许多不同功能的子程序及其调用管理程序，如完成输入、输出及特殊运算等子程序。PLC 的具体工作都是由系统程序来完成的，这部分程序的数量也决定了 PLC 性能的高低。

(2) 用户程序存储器。

用户存储器由 RAM(Random Assess Memory，随机存储器)或 CMOS RAM 组成。CMOS RAM 是一种高密度、低功耗、价格便宜的半导体存储器，采用锂电池作为备用电源，掉电时可有效地保证存储的信息不丢失。锂电池的寿命一般为 3～5 年。

用户存储器分用户程序存储器区及工作数据存储区(变量存储器)，用以存放两类用户应用程序。

3) 输入/输出单元

输入/输出单元是 PLC 与外部设备相互联系的窗口，PLC 的输入和输出部分必须能直接与现场相连，这是 PLC 的重要特点之一。输入单元由输入端钮、输入电路和输入锁存器组成，其作用是连接外部信号，并将这些信号转换成 PLC 的 CPU 所需要的标准电平信号，并将输入信号锁存。输出单元由输出锁存器、输出电路和输出端钮组成，其作用是将 CPU 传送的各输出点的信号进行锁存，转换成外部过程所需要的信号电平，并以此驱动外部过程的执行机构、指示灯及各种负载。然而，与 PLC 输入部分和输出部分相连器件的电压都很高，一般在直流 24 V 或交流 220 V 之间，电流可达几个安培。PLC 的输入、输出接口部分是 PLC 的内部弱电与外部强电相连的部分，因此，输入、输出接口部分必须具有电平转换和隔离功能，这样无需中间继电器，PLC 就能直接与传感器或执行器件相连，同时还可减小电磁干扰。

下面介绍几种常用的 I/O 单元的工作原理。

(1) 开关量输入单元。

按照输入端电源类型的不同，开关量输入单元可分为直流输入单元和交流输入单元。

① 直流输入单元。

直流输入单元电路如图 1.33 所示，外接的直流电源极性无特别要求。虚线框内是 PLC 内部的输入电路，框外左侧为外部用户接线。图中只绘制出了对应于一个输入点的输入电路，各输入点对应的输入电路与之相同。

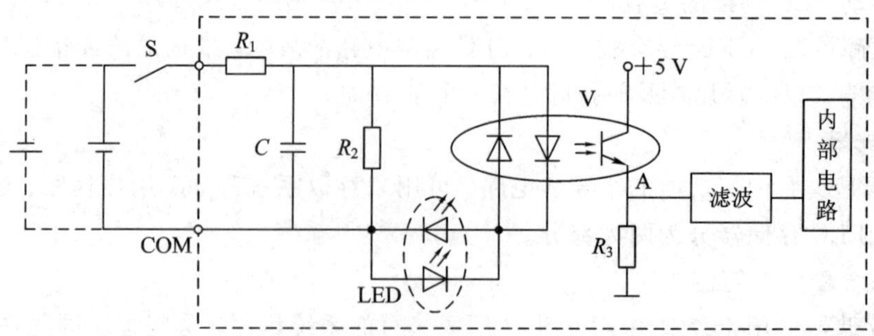

图 1.33 直流输入单元电路

图 1.33 中，V 为光电耦合器，是将发光二极管与光电三极管封装在一个管壳中所组成的元件。当二极管中有电流流过时，该元件发光，此时光电三极管才能导通。R_1 为限流电阻，R_2 和 C 构成滤波电路，可滤除输入信号的高频干扰。LED 显示该输入点的状态。

该直流输入单元的工作原理是：当 S 闭合时，光电耦合器导通，LED 点亮，表示输入开关 S 处于接通状态；此时 A 点为高电平，该电平经滤波器被送入内部电路中；当 CPU 访问该路信号时，将该输入点对应的输入映像寄存器状态置 1。当 S 断开时，光电耦合器不导通，LED 不亮，表示输入开关 S 处于断开状态；此时 A 点为低电平，该电平经滤波器被送入内部电路中；当 CPU 访问该路信号时，将该输入点对应的输入映像寄存器状态置 0。

有的 PLC 内部可提供 24 V 的直流电源，这时直流输入单元无需外接电源，用户只需将开关接在输入端子和公共端之间即可，这就是所谓的无源式直流输入单元。无源式直流输入单元简化了输入端的接线，方便了用户使用。

② 交流输入单元。

交流输入单元电路如图 1.34 所示。虚线框内是 PLC 内部的输入电路，框内左侧为外部用户接线。图中只绘制出了对应于一个输入点的输入电路，各输入点所对应的输入电路与之相同。

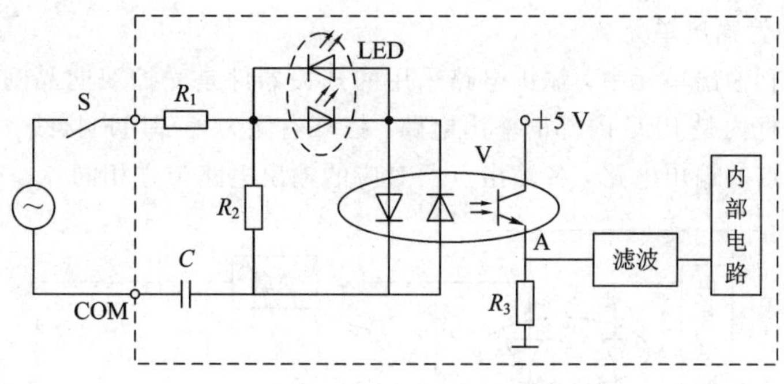

图 1.34　交流输入单元电路

图 1.34 中，电容 C 为隔直电容，若通入交流电流则相当于短路；R_1 和 R_2 构成分压电路。这里，光电耦合器中是两个反向并联的发光二极管，任意一个二极管都可以使光电三极管导通。显示用的两个发光二极管 LED 也是反向并联的。所以该电路可以接收外部的交流输入电压，其工作原理与直流输入电路基本相同。

(2) 开关量输出单元。

按输出电路所用开关器件的不同，PLC 的开关量输出单元可分为晶体管输出单元、双向晶闸管输出单元和继电器输出单元。

① 晶体管输出单元。

晶体管输出单元电路如图 1.35 所示。虚线框内是 PLC 内部的输出电路，框外右侧为外部用户接线。图中只绘制出了对应于一个输出点的输出电路，各输出点所对应的输出电路与之相同。

图 1.35 中，V_1 是光电耦合器，LED 指示输出点的状态，V_2 为输出晶体管，D 为保护二极管，FU 为熔断器，防止负载短路时损坏 PLC。

晶体管输出单元的工作原理为：当晶体管 V_2 的内部继电器状态为 1 时，通过内部电路使光电耦合器 V_1 导通，从而使晶体管 V_2 饱和导通，因此负载得电。CPU 将与该点对应的输出锁存器置为高电平，使 LED 点亮，表示该输出点状态为 1。当 V_2 的内部继电器状态为 0 时，光电耦合器 V_1 不导通，晶体管 V_2 截止，负载失电。如果负载为感性负载，则负载必须与续流二极管并联(如图 1.35 中虚线所示)，负载通过续流二极管释放能量。此时 LED 不亮，表示该输出点的状态为 0。

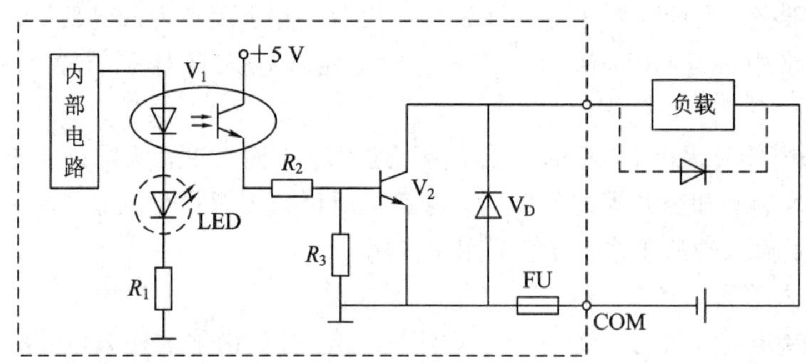

图 1.35 晶体管输出单元电路

晶体管为无触点开关，所以晶体管输出单元使用寿命长，响应速度快。

② 双向晶闸管输出单元。

在双向晶闸管输出单元中，输出电路采用的开关器件是光控双向晶闸管，其电路如图 1.36 所示。虚线框内是 PLC 内部的输出电路，框外右侧为外部用户接线。图中只绘制出了对应于一个输出点的输出电路，各输出点所对应的输出电路与之相同。

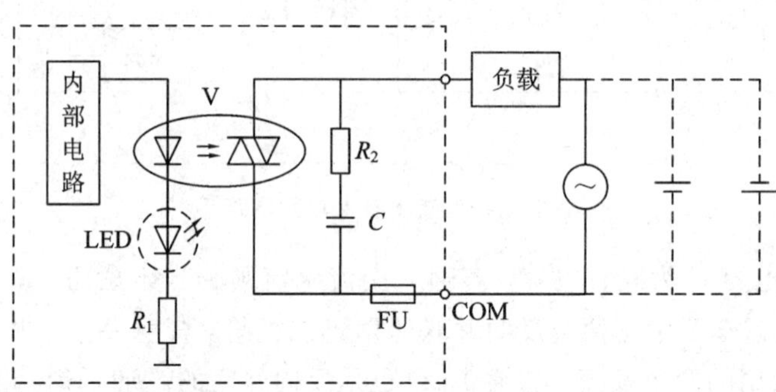

图 1.36 双向晶闸管输出单元电路

图 1.36 中，V 为光控双向晶闸管(两个晶闸管反向并联)，LED 指示输出点状态，R_2 与 C 构成阻容吸收保护电路，FU 为熔断器。

双向晶闸管输出单元的工作原理为：当双向晶闸管 V 的内部继电器状态为 1 时，发光二极管导通发光，不论外接电源极性如何都能使双向晶闸管 V 导通，负载得电。同时输出指示灯 LED 点亮，表示该输出点接通。当双向晶闸管 V 的内部继电器状态为 0 时，V 关断，负载失电，指示灯 LED 熄灭。

对于双向晶闸管输出型 PLC 的负载电源，用户可以根据负载的需要选用直流或交流。

③ 继电器输出单元。

继电器输出单元电路如图 1.37 所示。图中虚线框内是 PLC 内部的输出电路，框外右侧为外部用户接线。图中只绘制出了对应于一个输出点的输出电路，各输出点所对应的输出电路与之相同。

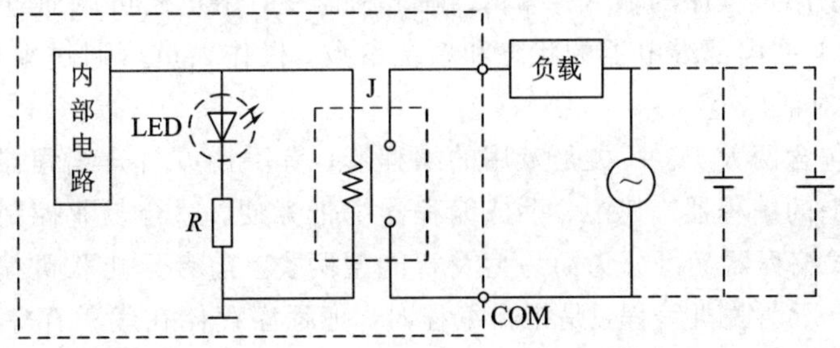

图 1.37　继电器输出单元电路

图 1.37 中，LED 是输出点状态显示器，J 为小型直流继电器。

继电器输出单元的工作原理为：当直流继电器 J 的内部继电器状态为 1 时，J 得电吸合，其常开触点闭合，负载得电。此时 LED 点亮，表示该输出点接通。当直流继电器 J 的内部继电器状态为 0 时，J 失电，其常开触点断开，负载失电。此时 LED 熄灭，表示该输出点断开。

对于继电器输出型 PLC 的负载电源，可以根据需要选用直流或交流。继电器输出型是唯一具有真正物理触点的输出形式。继电器触点电器寿命一般为 10～30 万次，因此在需要输出点频繁通断的场合(如高频脉冲输出)，应选用晶体管或晶闸管输出型 PLC。另外，继电器从线圈得电到触点动作的过程存在延迟时间，这是造成输出滞后输入的原因之一。

PLC 的输入/输出单元按接线方式包括共点式、分组式、隔离式，如图 1.38 所示。输入/输出只有一个公共端子的接线方式称为共点式；分组式是将输入/输出端子分为若干组，每组共用一个公共端子；隔离式是具有公共端子的各组输入/输出点之间互相隔离，可各自使用独立的电源。

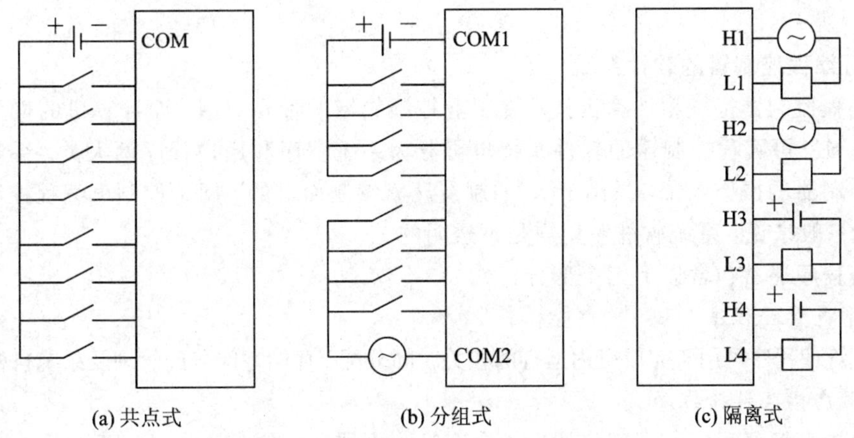

图 1.38　输入/输出单元按接线方式分类

4) 电源

PLC 中一般配有开关式稳压电源向内部电路供电。开关电源具有输入电压范围宽，体积小，重量轻，效率高，抗干扰性能好等优点。有些 PLC 能向外部提供 24 V 的直流电源，可向输入单元所连接的外部开关或传感器供电。

对于在 PLC 的输出端子上连接的负载所需的负载工作电源，则必须由用户提供。

5）编程器

编程器可用于用户程序的输入、编辑、调试和监视，用户还可以通过编程器的键盘调用并查看 PLC 的一些内部继电器的状态和系统参数。操作人员可通过编程器接口与 CPU 联系，完成人-机对话。

编程器一般包含两大类。一类是专用的编程器，有手持或台式编程器，也有自带于可编程控制器机身上的编程器。其中，手持编程器携带方便，适合工业控制现场使用。按照功能强弱，手持式编程器又可分为简易型及智能型两类。前者只能联机编程，后者既可联机又可脱机编程。所谓脱机编程，是指在编程时，把程序存储在编程存储器中的一种编程方式。它的优点是在编程及修改程序时，可以不影响 PLC 内原有程序的执行，也可以在远离主机的异地进行编程后，再回到主机所在地下载程序。另一类是个人计算机，在个人计算机上运行可编程控制器的编程软件即可完成编程任务。当代可编程控制器以每隔几年更新一代的速度不断发展，因此专用可编程控制器的使用寿命十分有限，价格一般也比较高。使用个人计算机作为基础的编程系统，由可编程控制器厂家向用户提供编程软件已成为可编程控制器的发展趋势。

6）其他设备(各种接口及智能模块)

(1) I/O 扩展单元。

若主机(基本单元)I/O 点数不能满足实际的 I/O 点数的需求，可通过 I/O 扩展单元，用电缆将基本单元与 I/O 扩展单元相连以增加 I/O 点数。

(2) 外设接口。

通过外设接口，可编程控制器可与上位计算机、打印机等外部设备连接。

(3) 智能单元。

为适应和满足更加复杂的控制功能的需求，PLC 厂家生产了各种不同功能的智能 I/O 模块。

4. 可编程控制器的软件系统

可编程控制器是微型计算机技术在工业控制领域的重要应用，而计算机的操作则离不开软件系统。可编程控制器的软件系统也可分为系统程序和用户程序两大类。系统程序即可编程控制器的操作系统，是由 PLC 的制造厂家编制而成的，用于控制可编程控制器本身的运行，一般来说，系统软件对用户是不透明的。

系统程序通常包含以下三个部分：

1）系统管理程序

系统管理程序可用于完成机内运行的相关时间分配、存储空间分配管理及系统自检工作。

2）用户指令解释程序

用户指令解释程序可用于将用户指令变换为机器码。

3）标准程序模块和系统调用

标准程序模块和系统调用部分是由许多独立的程序块组成的，能各自完成不同的功能，如输入、输出、运算或特殊运算等。可编程控制器的各种具体工作都是由这部分程序完成的，该程序的数量决定了可编程控制器性能的强弱。整个系统程序是一个整体，其质量的好坏，很大程度上决定了可编程控制器的性能。

用户程序是指用户根据自身的控制要求而编写的程序。由于可编程控制器的应用场合是工业现场，它的主要用户是电气技术人员，所以与通用的计算机相比，其编程语言具有明显的特点：既不同于高级语言，又不同于汇编语言，应满足易于编写和易于调试的要求，还要考虑现场电气技术人员的接受水平和应用习惯。因此，可编程控制器通常使用梯形图语言，又称为继电器语言，更有人称之为电工语言。另外，为满足各种不同形式的编程需要，根据不同的编程器和支持软件，还可以采用指令语句表、逻辑功能图、顺序功能图、流程图以及高级语言进行编程。

(1) 梯形图。

梯形图是一种图形编程语言，是面向控制过程的一种“自然语言”，它沿用了继电器的触点(触点在梯形图中又常称为接点)线圈、串并联等术语和图形符号，同时也增加了一些继电器-接触器控制系统中没有的特殊功能符号。梯形图语言比较形象、直观，对于熟悉继电器控制线路的电气技术人员来说，很容易被接受，且不需要学习专门的计算机知识。因此，在 PLC 应用中，梯形图语言是最基本、最普遍的编程语言。但这种编程方式只能用图形编程器直接编程。图 1.39(a)为启保停程序的梯形图。

(2) 指令语句表。

指令语句就是用助记符来表达 PLC 的各种功能。它类似于计算机的汇编语言，但比汇编语言通俗易懂，因此也是应用很广泛的一种编程语言。这种编程语言可使用简易编程器编程，尤其是在未能配置图形编程器时，可将已编好的梯形图程序转换成指令语句表的形式，再通过简易编程器将用户程序逐条地输入到 PLC 的存储器中进行编程。通常，每条指令由地址、操作码(指令)和操作数(数据或器件编号)三部分组成。指令语句表的编程设备简单，逻辑紧凑、系统化，连接范围不受限制，但比较抽象，一般与梯形图语言配合使用，互为补充。目前，大多数 PLC 都具有指令语句编程功能。图 1.39(b)为梯形图的指令表。

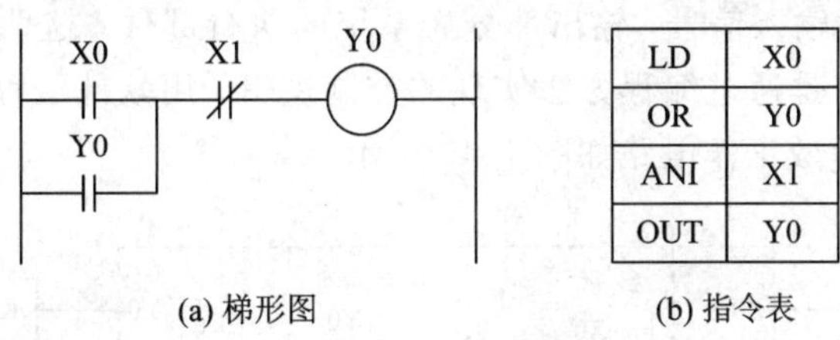

LD	X0
OR	Y0
ANI	X1
OUT	Y0

(a) 梯形图　　(b) 指令表

图 1.39　梯形图与指令表

(3) 逻辑功能图。

逻辑功能图是一种采用由逻辑功能符号组成的功能块来表达命令的图形语言。这种编程语言基本上沿用了半导体逻辑电路的逻辑方块图，对每一种功能都使用一个运算方块，其运算功能由方块内的符号确定。常用“与”、“或”、“非”等逻辑功能表达控制逻辑。在绘制逻辑功能图时，和功能方块有关的输入画在方块的左边，输出画在方块的右边。采用这种编程语言，不仅能简单明确地表现逻辑功能，还能通过对各种功能块的组合，实现加法、乘法、比较等高级运算，所以，它也是一种功能较强的图形编程语言。对于熟悉逻辑电路和具有逻辑代数基础的用户来说，逻辑功能图使用非常方便。

(4) 顺序功能图(SFC)。

顺序功能图的编程方式采用绘制工艺流程图的方法，只要在每一个工艺方框的输入和输出端标上特定的符号即可。对于在工厂中进行工艺设计的人来说，采用顺序功能图的方法编程，不需要具备很多的电气知识，使用非常方便。

不少 PLC 的新产品采用了顺序功能图，有的公司已生产出系列的、可供不同 PLC 使用的 SFC 编程器，原来十几页的梯形图程序，SFC 只用一页就可完成。另外，由于这种编程语言最适合从事工艺设计的工程技术人员，因此，它是一种效果显著、深受欢迎、发展迅速的编程语言。

(5) 高级语言。

在一些大型 PLC 中，为了完成一些较为复杂的控制，可采用功能很强的微处理器和大容量存储器，将逻辑控制、模拟控制、数值计算与通信功能结合在一起，配备 BASIC、PASCAL、C 等计算机语言，从而与使用通用计算机类似，可进行结构化编程，使 PLC 具有更强的功能。

目前，各种类型的 PLC 基本上都同时具备两种以上的编程语言。其中，同时使用梯形图及指令语句表的 PLC 占大多数。不同厂家不同型号的 PLC，其梯形图及指令语句表都有所不同，使用符号也不尽相同，配置功能各有千秋。因此，各厂家不同系列、不同型号的可编程控制器是互不兼容的，但编程的思想方法和原理是一致的。

可编程控制器是一种专用的工业控制计算机，因此，其工作原理是建立在计算机控制系统原理的基础上的。但为了可靠地应用于工业环境下，便于现场电气技术人员的使用和维护，可编程控制器包含了大量的接口器件，安装有特定的监控软件，使用了专用的编程器件。所以，不但可编程控制器的外观不像计算机，而且操作使用方法、编程语言及工作过程与计算机控制系统也是有区别的。

5. PLC 控制系统的等效工作电路

PLC 控制系统的等效工作电路可分为三部分，即输入部分、内部控制电路和输出部分。输入部分用于采集输入信号，输出部分为系统的执行部件，这两部分与继电器控制电路相同。内部控制电路是通过编程方法实现的控制逻辑，用软件编程代替继电器电路的功能。PLC 控制系统的等效工作电路如图 1.40 所示。

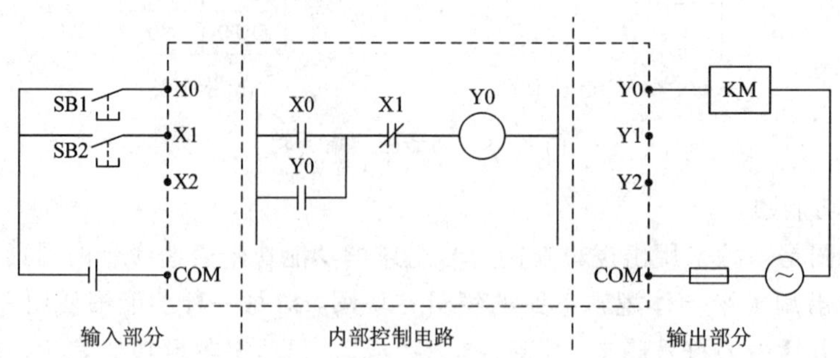

图 1.40 PLC 控制系统的等效工作电路

1) 输入部分

输入部分由外部输入电路、PLC 输入接线端子和输入继电器组成。外部输入信号由 PLC 输入接线端子驱动输入继电器的线圈。每个输入端子与其相同编号的输入继电器有着唯一确定的对应关系。当外部的输入元件处于接通状态时，对应的输入继电器线圈得电（注意：这个输入继电器是 PLC 内部的“软继电器”，即在前面介绍过的存储器基本单元中的某一位，它可以提供任意多个动合触点或动断触点供 PLC 内部控制电路编程使用）。

为使输入继电器的线圈得电，即将外部输入元件的接通状态写入与其对应的基本单元中，输入回路应与电源相连接。输入回路的电源可以采用 PLC 内部提供的 24 V 直流电源（其带载能力有限），也可由 PLC 外部独立的交流或直流电源供电。

需要强调的是，输入继电器的线圈只能由来自现场的输入元件（如控制按钮、行程开关的触点、晶体管的基极-发射极电压、各种检测及保护器件的触点或动作信号等）驱动，而不能采用编程方式控制。因此，在梯形图程序中，只能使用输入继电器的触点，而不能使用输入继电器的线圈。

2）内部控制电路

所谓内部控制电路，是由用户程序形成的采用"软继电器"代替硬继电器的控制逻辑。它的作用是按照用户程序规定的逻辑关系，对输入信号和输出信号的状态进行检测、判断、运算和处理，然后得到相应的输出。

一般的用户程序是用梯形图语言编制的，看起来很像继电器的控制线路图。在继电器控制线路中，继电器的触点可瞬时动作，也可延时动作；而 PLC 梯形图中的触点是瞬时动作的。如果需要延时，可由 PLC 提供的定时器来完成。延时时间可根据需要在编程时设定，其定时精度及范围远远高于时间继电器。在 PLC 中还提供了计数器、辅助继电器（相当于继电器控制线路中的中间继电器）及某些特殊功能的继电器。PLC 的这些器件所提供的逻辑控制功能可在编程时根据需要选用，且只能在 PLC 的内部控制电路中使用。

3）输出部分

输出部分是由位于 PLC 内部且与内部控制电路隔离的输出继电器的外部动合触点输出接线端子、外部驱动电路组成，可用于驱动外部负载。

PLC 的内部控制电路中有许多输出继电器，每个输出继电器除包含为内部控制电路提供编程的任意多个动合、动断触点外，还为外部输出电路提供了一个与输出接线端子相连的动合触点。驱动外部负载电路的电源必须由外部电源提供，电源种类及规格可根据负载要求配备，只要在 PLC 允许的电压范围内工作即可。

综上所述，PLC 的等效电路可进一步简化为将输入等效为一个继电器的线圈，将输出等效为继电器的一个动合触点。

6. 可编程控制器的工作特点及工作过程

1）可编程控制器的工作特点

虽然可编程控制器与计算机有许多相同的地方，但其工作特点与计算机有很大不同。PLC 的工作特点包括周期性扫描和集中批处理。

周期性扫描是可编程控制器特有的工作方式，PLC 在运行时，总是处于不断循环的顺序扫描过程中。每次扫描所用的时间称为扫描时间，又称为扫描周期或工作周期。

由于可编程控制器的 I/O 点数较多，采用集中批处理的方法可以简化操作过程，便于控制，提高系统可靠性。因此，可编程控制器的另一个主要特点就是对输入采样、执行用户程序、输出刷新实施集中批处理。这同样是为了提高系统的可靠性。

当 PLC 启动后，系统先进行初始化操作，包括初始化工作内存，复位所有的定时器，将输入/输出继电器清零，检查 I/O 单元连接是否完好，如有异常则发出报警信号。初始化之后，PLC 会进入周期性扫描阶段。

PLC的周期性扫描工作方式示意图如图1.41所示。

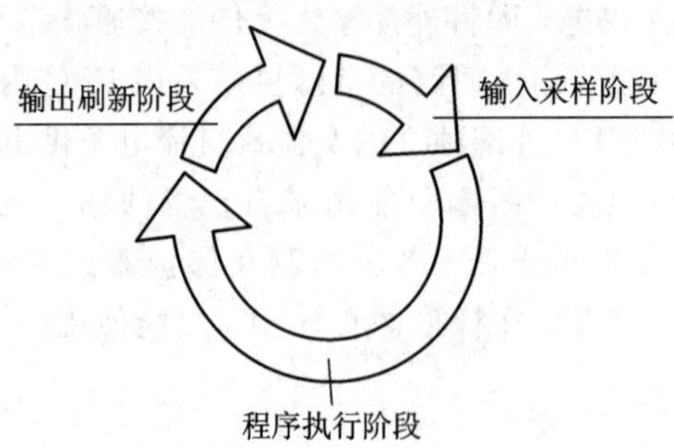

图1.41 PLC的周期性扫描工作方式示意图

2）可编程控制器的工作过程

根据图1.41的内容，可将PLC的工作过程(周期性扫描过程)分为三个阶段，如图1.42所示。

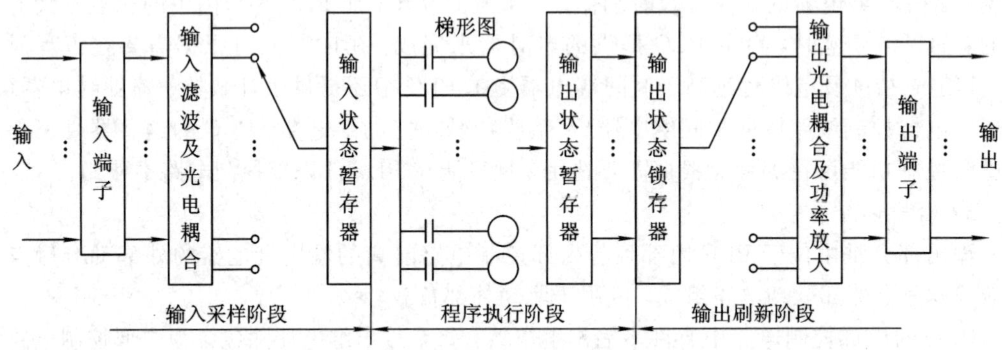

图1.42 可编程控制器工作过程示意图

(1) 输入采样阶段。

输入采样阶段是第一个集中批处理过程。在这个阶段中，PLC以扫描方式顺序读入所有输入端子的状态(触点接通或断开)，并将此状态存入输入锁存器。如果输入端子上外接电器的触点闭合，锁存器中与端子编号相同的位为1，否则为0。当全部扫描完各输入端子的状态后，PLC会将输入锁存器的内容(即反映当前各输入端子状态的内容)存入输入映像寄存器。不难想象，输入映像寄存器中的内容直接反映了各输入端子此刻的状态。这一过程就是输入采样阶段。将输入数据存入输入映像寄存器标志着输入采样阶段的结束。所以，输入映像寄存器中的内容只是本次输入采样时各端子的状态。当输入采样阶段结束后，PLC会直接转入程序执行阶段。在程序执行和输出刷新期间，输入端子同输入锁存器之间的联系被切断，即使输入端子的状态发生变化，输入锁存器的内容也不会改变；若需要改变，只能在下一个周期开始的输入采样阶段进行。

(2) 程序执行阶段。

当输入采样阶段结束后，PLC会进入用户控制程序执行阶段。在用户程序执行阶段，PLC总是按先左后右、先上后下的顺序逐句执行控制程序的每条指令。从输入元件映像存储器中读取输入端子和内部元件寄存器(内部继电器、定时器、计数器等)的状态，按照控制程序的要求进行逻辑运算和算术运算，并将每步运算结果写入输出映像寄存器的相关元件对应单元(位)。若程序运行中需要读取某输出状态或中间结果状态，也应在此时从输出元件映像寄存器读取，然后进行逻辑运算，将运算结果再存入输出元件映像存储器中。因此，对于每个元件来说，反映各输出元件状态的输出元件映像存储器中所储存的内容，会随着程序执行的进程而变化；当所有程序全部执行完毕后，输出元件映像存储器的内容才会固定下来。

这里应注意，当执行控制程序时，如果程序要求某个输出继电器动作，此时这个动作要求并没有直接实时地传送到该继电器，程序只是将输出映像存储器中代表该继电器的位置1。待所有程序段执行完毕后，才将全部程序运行后产生的全部输出结果(输出映像存储器的内容)一次性传送到输出锁存器。PLC 的这种工作方式，与一般单纯用硬件组成的控制电路或由控制计算机组成的控制电路是不同的。

(3) 输出刷新阶段。

待所有指令执行完毕后，PLC 会进入输出刷新阶段。即把输出元件映像寄存器的内容存入输出锁存器，由输出接口电路驱动电路输出，这才是真正的 PLC 输出。

PLC 重复地完成由输入采样、程序执行以及输出刷新三个阶段的过程所花费的时间称为工作周期，用 T 表示。

PLC 的扫描工作是重复进行的，因此，其输入和输出存储器会不断被刷新(I/O 刷新)。若在一个扫描周期内输入刷新之前，外部输入信号状态没有变化，则此次输入刷新就没有变化，经运算处理后，相应的输出刷新也无变化，输出控制信号亦没有变化，只是重新被刷新一次。若在一个扫描周期内输入刷新之前，外部输入信号发生了变化，则此次输入刷新会相应产生变化，经运算处理后，其输出刷新也可能会有变化，输出的控制信号亦可能产生变化。不管输出控制信号有无变化，一个扫描周期内对所有输出只刷新一次，这是 PLC 的一个特点。

7. PLC 的扫描周期及滞后响应

PLC 的扫描周期与 PLC 的时钟频率、用户程序的长短及系统配置有关。一般 PLC 的扫描时间为几十毫秒，在输入采样和输出刷新阶段只需 1～2 ms。其公共处理也是在瞬间完成的，所以扫描时间的长短主要由用户程序决定。当 PLC 的输入端有一个输入信号发生变化直至 PLC 的输出端对该输入变化作出反应，这个过程需要一段时间，这段时间称为响应时间或滞后时间。严格地说，这种输出对输入在时间上的滞后现象影响了控制的实时性，但对于一般的工业控制，这种滞后是完全允许的。如果需要快速响应，可选用快速响应模板、高速计数模板或采用中断处理功能来缩短滞后时间。

响应时间的快慢与以下因素有关：

1) 输入滤波器的时间常数(输入延迟)

因为 PLC 的输入滤波器是由一个积分环节完成的，因此，输入滤波器的输出电压(即 CPU 模板的输入信号)相对现场实际输入元件的变化信号，存在一个时间延迟，导致实际输入信号在进入输入映像寄存器前就有一个滞后时间。另外，如果输入导线很长，由于分布参数的影响，也会产生一个“隐形”滤波器的效果。在对实时性要求很高的情况下，可考虑采用快速响应输入模板。

2) 输出继电器的机械滞后(输出延迟)

通常，PLC 的数字量输出采用继电器触点的形式，由于继电器固有的动作时间，会导致继电器的实际动作相对线圈输入电压产生滞后效应。如果采用双向可控硅（双向晶闸管）或晶体管的输出方式，则可减少滞后时间。

3）PLC 的循环扫描工作方式

PLC 的循环扫描工作方式是由 PLC 的工作方式决定的。若想减少程序扫描时间，必须优化程序结构。

4）用户程序中语句顺序安排不当

在图 1.43(a)中，假定在当前的扫描周期内，X0 的闭合信号已经在输入采样阶段送到了输入映像寄存器，在程序执行时，M0 为 1，M1 也为 1，而 Y0 则要等到下一个扫描周期才会变为 1。相对于 X0 的闭合信号，Y0 滞后了一个扫描周期。如果 X0 的闭合信号是在当前扫描周期的输入采样阶段后发出的，则 M0、M1 要等到下一个扫描周期才会变为 1，而 Y0 还要等一个扫描周期后才能变为 1。相对于 X0 的闭合信号，Y0 滞后了两个扫描周期。

在图 1.43 (b)中，只需将图 1.43(a)中的第一行与第二行交换位置，就可使 M0、M1、Y0 在同一个扫描周期内同时为 1。

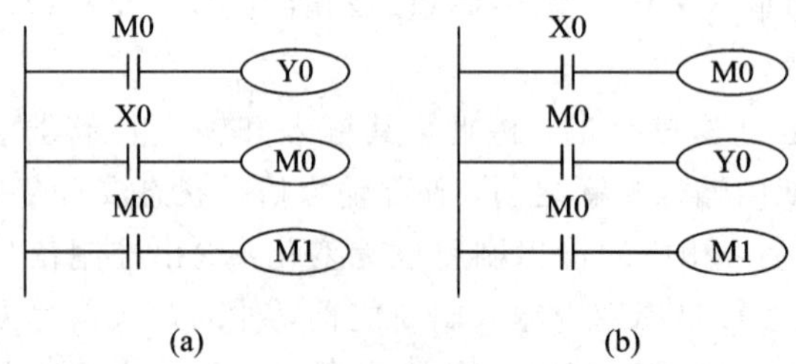

图 1.43　语句顺序安排不当导致响应滞后示例

由于 PLC 属于循环扫描工作方式，因此响应时间与输入信号的时刻有关。这里简要介绍采用三个批处理工作方式的 PLC 的最短响应时间和最长响应时间。

最短响应时间：如果在一个扫描周期刚结束时，系统收到有关输入信号的变化状态，则下一个扫描周期开始时该变化信号即可被采用，使输入更新，这时响应时间最短。其程序图如图 1.44 所示。

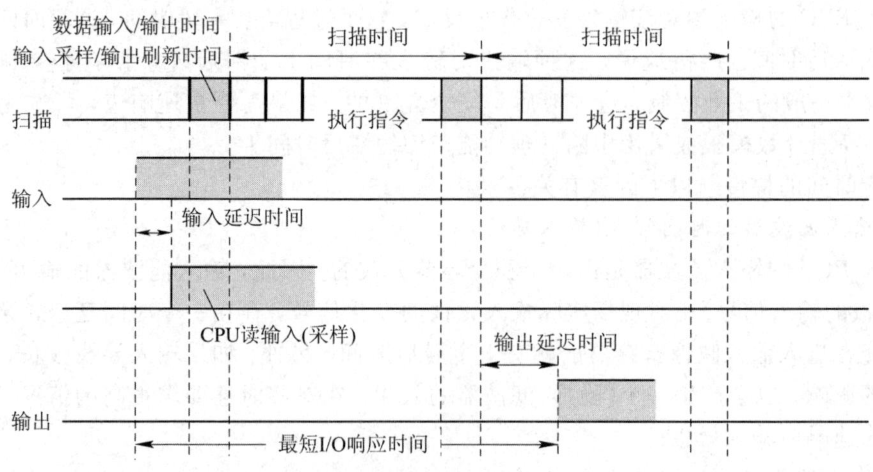

图 1.44　最短响应时间程序图

由图 1.44 可知，最短响应时间＝输入延迟时间＋一个扫描周期＋输出延迟时间。

最长响应时间：如果在一个扫描周期刚开始时，系统收到一个输入信号的变化状态，由于存在输入延迟，则在当前扫描周期内该输入信号对输出不起作用，需到下一个扫描周期快结束时的输出刷新阶段，输出才会作出反应，此时响应时间最长。其程序图如图 1.45 所示。

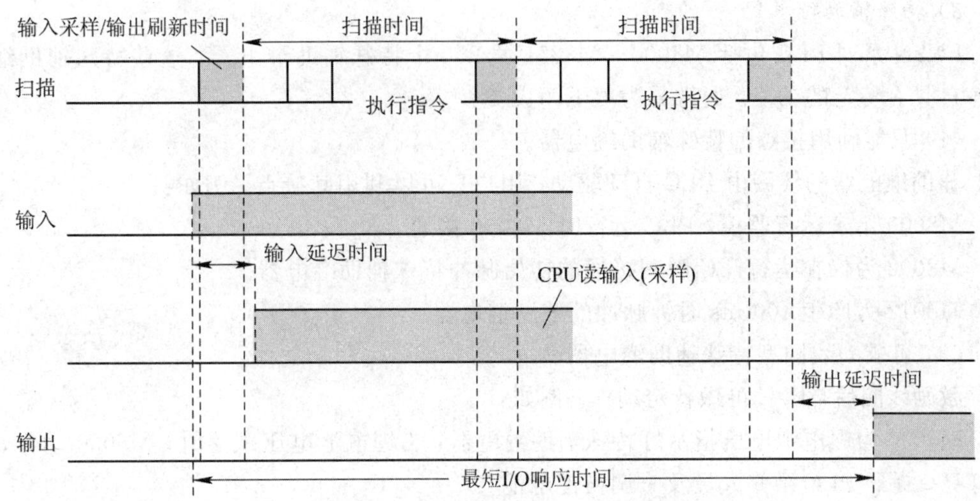

图 1.45　最长响应时间程序图

由图 1.45 可知，最长响应时间＝输入延迟时间＋两个扫描周期＋输出延迟时间。

对于点动失常的问题，采用继电器线路是完全可以实现的，因继电器线路采用了触点竞争。而 PLC 在工作时，遵循周期性循环扫描和集中批处理的特点，会使按照原继电器线路改造的梯形图无法实现点动功能。要解决点动失常的问题，应从软件入手，重新编写程序，可借助辅助继电器 M 来实现。

8. 辅助继电器 M

PLC 内部有很多辅助继电器，与输出继电器一样，这些辅助继电器只能由程序驱动。每个辅助继电器也具有无数对常开、常闭接点供编程使用，其作用相当于继电器控制线路中的中间继电器。在 PLC 内部编程时，辅助继电器的接点可任意使用，但不能直接驱动负载，外部负载必须由输出继电器的输出接点来驱动。

在逻辑运算中，经常需要一些中间继电器用于辅助运算，这些器件往往用作状态暂存、移位等运算。另外，辅助继电器还具有一些特殊功能。下面介绍几种常用的辅助继电器。

1）通用辅助继电器

通用辅助继电器按十进制地址编号，范围为 M0～M499，共 500 点(在 FX 型 PLC 中除了输入/输出继电器外，其他所有器件都是十进制编码)。

2）断电保持辅助继电器

在 PLC 运行过程中，如果发生停电，输出继电器和通用辅助继电器会变为断开状态。再次通电后，PLC 运行时，除了由外部输入信号接通的继电器以外，其他仍处于断开状态。许多控制系统要求保持断电瞬间状态，断电保持辅助继电器可用于此种场合，断电保持是由PLC内装锂电池支持的。FX2N系列PLC包括M500～M1023共524个断电保持辅助继电器。此外，还有M1024～M3071共2048个断电保持专用辅助继电器。断电保持专用辅助继电器与断电保持辅助继电器的区别在于，断电保持辅助继电器可用参数设定，可变更非断电保持区域，而断电保持专用辅助继电器关于断电保持的特性无法用参数来改变。

3）特殊辅助继电器

FX2N系列PLC包括M8000～M8255共256个特殊辅助继电器，这些特殊辅助继电器各自具有特定的功能。通常分为以下两大类：

（1）只能利用接点的特殊辅助继电器。

辅助继电器的线圈由PLC自动驱动，用户只可以利用其接点。例如：

M8000用于运行监控，PLC运行时M8000接通。

M8002为仅在运行开始瞬间接通的初始脉冲特殊辅助继电器。

M8012为产生100 ms时钟脉冲的辅助继电器。

（2）可驱动线圈型特殊辅助继电器。

激励线圈后，PLC可做特定动作。例如：

M8030为锂电池电压指示灯特殊辅助继电器，当锂电池电压跌落时，M8030动作，指示灯亮，提醒PLC维修人员及时调换锂电池。

M8033为PLC停止时输出保持特殊辅助继电器。

M8034为禁止全部输出特殊辅助继电器。

M8039为定时扫描特殊辅助继电器。

需要说明的是，未定义的特殊辅助继电器不可在用户程序中使用。辅助继电器的常开和常闭接点在PLC内部可无限次地自由使用。

9. PLC的基本指令

在掌握了辅助继电器的基本知识的基础上，即可编写用PLC控制的长动带点动梯形图。

从图1.46中可以看出，梯形图中加入了一个辅助继电器M0，M0可使X3在梯形图中只出现动合触点一种形式，避免了触点竞争的问题。

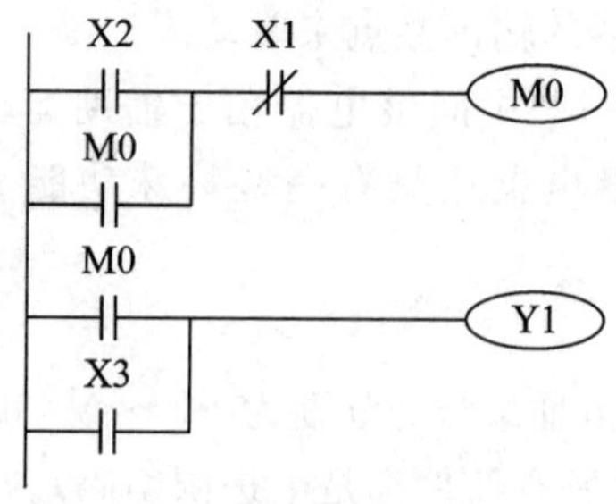

图1.46　改进后的梯形图

为完成对新风阀的控制，可设计如图1.47所示的PLC程序，并将该梯形图译为以下指令。

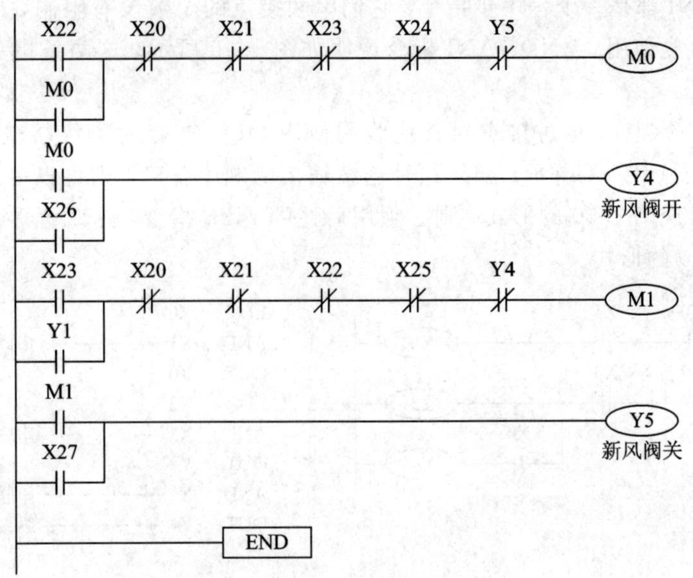

图 1.47　新风阀 PLC 控制梯形图

1）逻辑“取”及线圈驱动指令——LD、LDI、OUT

LD 为取指令，表示与输入母线相连的常开接点指令，即常开接点逻辑运算起始。

LDI 为取反指令，表示与输入母线相连的常闭接点指令，即常闭接点逻辑运算起始。

OUT 为线圈驱动指令，也称为输出指令。

图 1.48 是上述三条基本指令的说明。

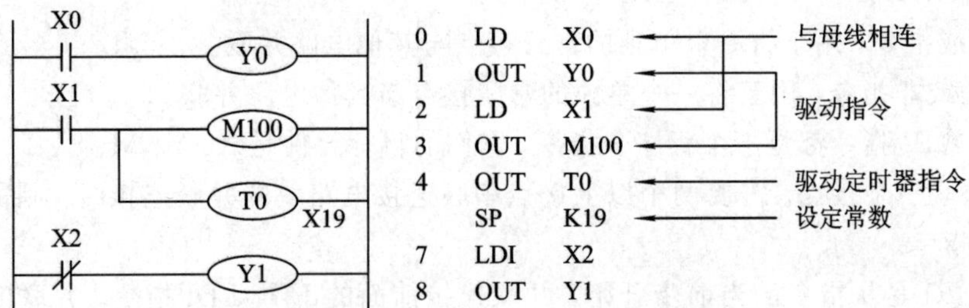

图 1.48　LD、LDI、OUT 指令说明

LD、LDI 两条指令的目标元件是 X、Y、M、S、T、C，用于将接点连接到母线上，可以与后述的 ANB 指令、ORB 指令配合使用，也可在分支起点使用。OUT 是驱动线圈的输出指令，其目标元件是 Y、M、S、T、C。OUT 指令可以连续使用多次，但对输入继电器 X 则不能使用 OUT 指令。

LD、LDI 是一个程序步指令，这里的一个程序步即为一个字。OUT 是多程序步指令，其程序步视目标元件而定。OUT 指令的目标元件为定时器 T 和计数器 C 时，必须设置常数 K。

2）接点串联指令——AND、ANI

AND 为与指令，用于将一个单独的常开接点与其他电路串联。

ANI 为与非指令，用于将一个单独的常闭接点与其他电路串联。

AND与ANI都是一个程序步指令，它们串联接点的个数没有限制，也就是说这两条指令可以多次重复使用。AND、ANI指令说明如图1.46所示。这两条指令的目标元件为X、Y、M、S、T、C。

使用OUT指令后，通过接点对其他线圈使用OUT指令称为纵接输出或连续输出，如图1.49中的OUT Y4所示。如果这种连续输出的顺序正确，则可以多次重复使用。但如果驱动顺序换成图1.50的形式，则必须用后述的MPS指令，这时程序步增多，因此不推荐使用图1.50的形式。

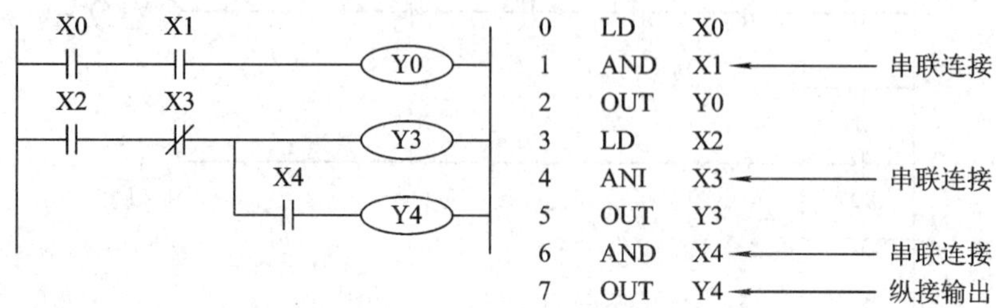

图1.49　AND、ANI指令说明

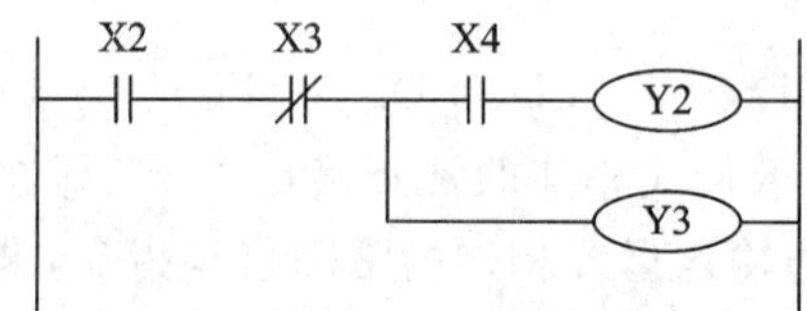

图1.50　不推荐电路

3）接点并联指令——OR、ORI

OR为或指令，用于将一个单独的常开接点与其他电路并联。

ORI为或非指令，用于将一个单独的常闭接点与其他电路并联。

OR与ORI指令都是一个程序步指令，它们的目标元件是X、Y、M、S、T、C。这两条指令都需并联一个接点。需要两个以上接点串联连接电路块的并联连接时，则需要使用后述的ORB指令。

OR、ORI是从指令的当前步开始，并联连接前面的LD、LDI指令，并联的次数无限制。OR、ORI的指令说明如图1.51所示。

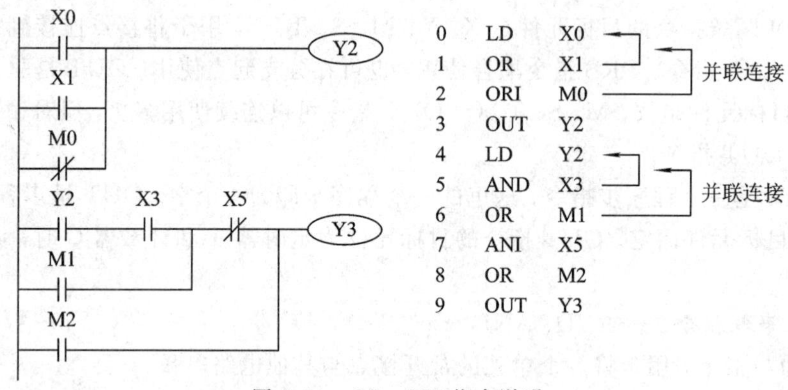

图1.51　OR、ORI指令说明

4）取脉冲指令——LDP、LDF

LDP 取脉冲上升沿，指在输入信号的上升沿接通一个扫描周期。

LDF 取脉冲下降沿，指在输入信号的下降沿接通一个扫描周期。

这两条指令都占用两个程序步，其目标元件为 X、Y、M、S、T、C。

LDP、LDF 指令说明如图 1.52 所示。使用 LDP 指令，元件 Y0 仅在 X0 的上升沿触发时(由 OFF 到 ON)接通一个扫描周期。使用 LDF 指令，元件 Y1 仅在 X1 的下降沿触发时(由 ON 到 OFF)接通一个扫描周期。

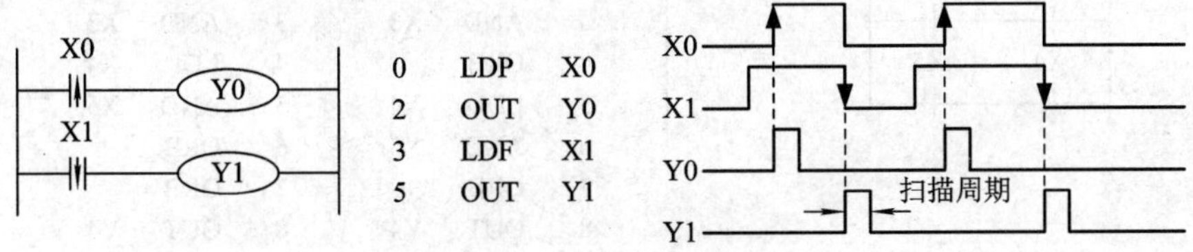

图 1.52　LDP、LDF 指令说明

5）与脉冲指令——ANDP、ANDF

ANDP 为针对与脉冲上升沿的指令，ANDF 为针对与脉冲下降沿的指令。

这两条指令都占用两个程序步，其目标元件为 X、Y、M、S、T、C。

ANDP、ANDF 指令说明如图 1.53 所示。使用 ANDP 指令，元件 M1 仅在 X2 为 ON 且 X3 的上升沿触发时(由 OFF 到 ON)接通一个扫描周期。使用 ANDF 指令，元件 Y1 仅在 X6 为 ON 且 X7 的下降沿触发时(由 ON 到 OFF)接通一个扫描周期。

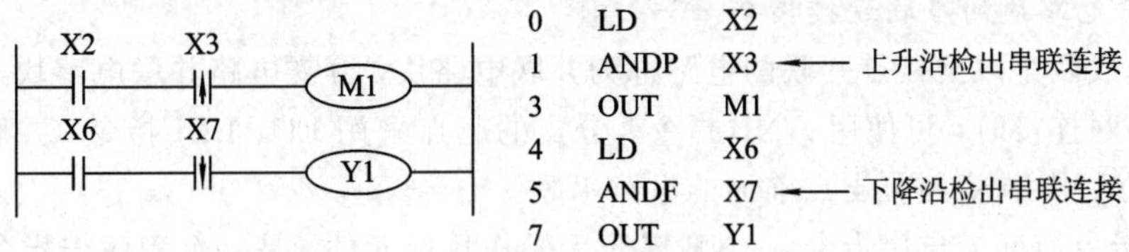

图 1.53　ANDP、ANDF 指令说明

6）或脉冲指令——ORP、ORF

ORP 为针对或脉冲上升沿的指令，ORF 为针对或脉冲下降沿的指令。

这两条指令都占用两个程序步，其目标元件为 X、Y、M、S、T、C。

ORP、ORF 指令说明如图 1.54 所示。使用 ORP 指令，元件 M0 仅在 X0 或 X1 的上升沿触发时(由 OFF 到 ON)接通一个扫描周期。使用 ORF 指令，元件 Y0 仅在 X4 或 X5 的下降沿触发时(由 ON 到 OFF)接通一个扫描周期。

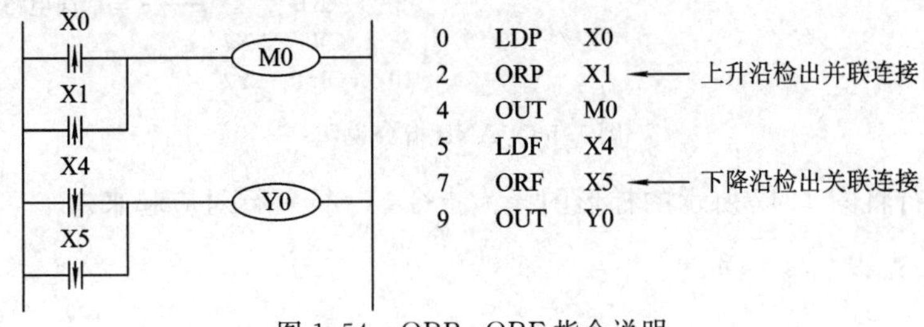

图 1.54　ORP、ORF 指令说明

7）串联电路块的并联连接指令——ORB

由两个或两个以上的接点串联连接的电路叫串联电路块。串联电路块并联连接时，分支开始采用 LD、LDI 指令，分支结果采用 ORB 指令。ORB 指令与后述的 ANB 指令均为无目标元件指令，而两条无目标元件指令的步长都为一个程序步。ORB 指令有时也简称为或块指令，ORB 的指令说明如图 1.55 所示。

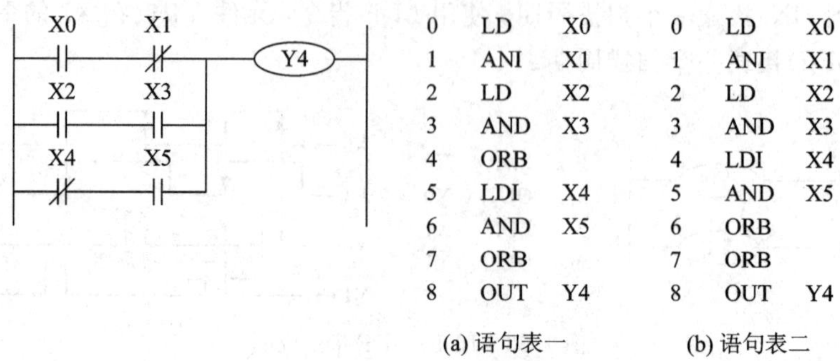

图 1.55 ORB 指令说明

ORB 指令的使用方法有两种：一种是在要并联的每个串联电路块后加 ORB 指令，称为分置法，详见图 1.55(a)语句表一；另一种是集中使用 ORB 指令，称为后置法，详见图 1.55(b)语句表二。采用分置法分散使用 ORB 指令时，并联电路块的个数没有限制；但采用后置法集中使用 ORB 指令时，这种电路块并联的个数不能超过 8 个(即重复使用 LD、LDI 指令的次数限制在 8 次以下)，所以不推荐使用后置法编程。

8）并联电路块的串联连接指令——ANB

由两个或两个以上接点并联的电路称为并联电路块，分支电路并联电路块与分支点前面的电路串联连接时，可使用 ANB 指令。分支的起点采用 LD、LDI 指令，并联电路块结束后，使用 ANB 指令与分支点前面的电路串联。

ANB 指令简称为与块指令，ANB 属于无操作目标元件，是一个程序步指令。ANB 指令说明如图 1.56 所示。

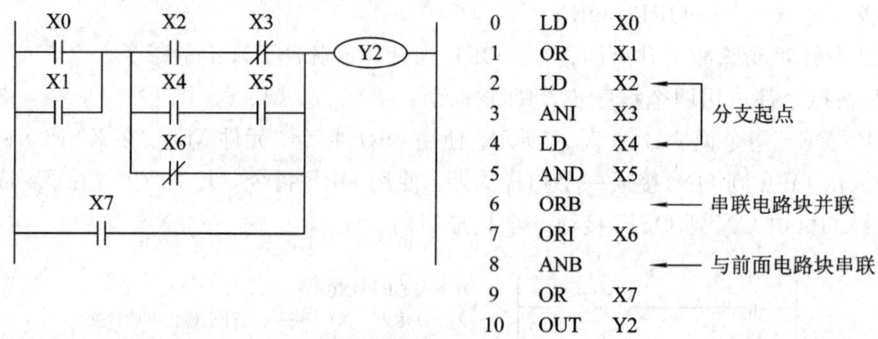

图 1.56 ANB 指令说明

请读者自行将图 1.47 所示的梯形图译为指令，一行一行对应起来。

三、送风机的控制

图 1.57　离心送风机

离心送风机如图 1.57 所示，由一台功率为 30 kW 的三相异步电动机拖动。由于风机直接启动时启动电流过大，会对电网造成较大冲击，影响其他设备的稳定运行，故采用 Y-△降压启动。

1. 继电器控制

为控制送风机，可采用继电器控制线路，三相异步电动机 Y-△降压启动控制电路原理图如图 1.58 所示。

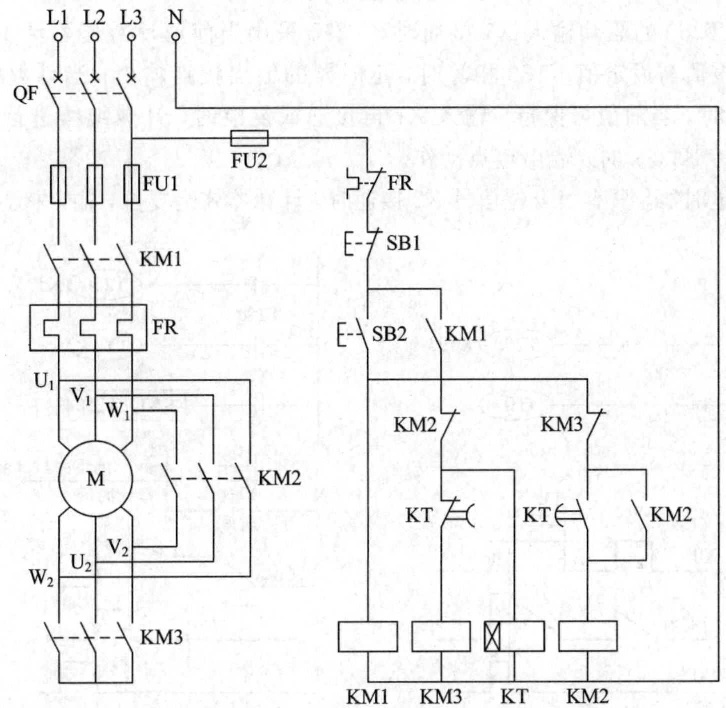

图 1.58　三相异步电动机 Y-△降压启动控制电路原理图

2. 送风机控制

在继电器控制线路中，星形到三角形的切换是由时间继电器来完成的；在 PLC 中，为实现时间控制需要用到定时器，常规定时器的作用相当于时间继电器的作用。

1）定时器简介

定时器在 PLC 中的作用相当于一个时间继电器，它包含一个设定值寄存器（一个字长）、一个当前值寄存器（一个字长）以及无限个接点（千个位）。对于每个定时器，这 3 个寄存器都使用同一个地址编号名称，但使用场合不同，其所指也不一样。通常在一个 PLC 中有几十甚至数百个定时器（T）。

定时器累计 PLC 内的 1 ms、10 ms、100 ms 等时钟脉冲，当达到设定值时，输出接点动作。定时器可以使用用户程序存储器内的常数 K 作为设定值，也可以使用后述的数据寄存器 D 的内容作为设定值。这里的数据寄存器应有断电保持功能。定时器的地址编号、设定值规定如下：

(1) 常规定时器 T0～T245。

100 ms 定时器 T0～T199 共 200 点，每个设定值范围为 0.1～3276.7 s；10 ms 定时器 T200～T245 共 46 点，每个设定值范围为 0.01～327.67 s。如图 1.59(a)所示，当驱动输入 X0 接通时，T200 采用当前值计数器累计 10 ms 的时钟脉冲。如果该值等于设定值 K123 时，定时器的输出接点动作，即输出接点是在驱动线圈后的 123×0.01 s=1.23 s 时动作的。驱动输入 X0 断开或发生断电时，计数器复位，输出接点也复位。

(2) 积算定时器 T246～T255。

1 ms 积算定时器 T246～T249 共 4 点，每个设定值范围为 0.001 s～32.767 s；100 ms 积算定时器 T250～T255 共 6 点，每个设定值范围为 0.1 s～3276.7 s。如图 1.59(b)所示，当定时器线圈 T250 的驱动输入 X1 接通时，T250 采用当前值计数器累计 100 ms 的时钟脉冲个数。当该值与设定值 K123 相等时，定时器的输出接点输出；当计数中间驱动输入 Xl 断开或断电时，当前值可保持。输入 X1 再接通或复电时，计数继续进行，当累计时间为 123×0.1 s=12.3 s 时，输出接点动作。

对于积算定时器，只有当复位信号 X2 接通时，计数器才会复位，输出接点亦随之复位。

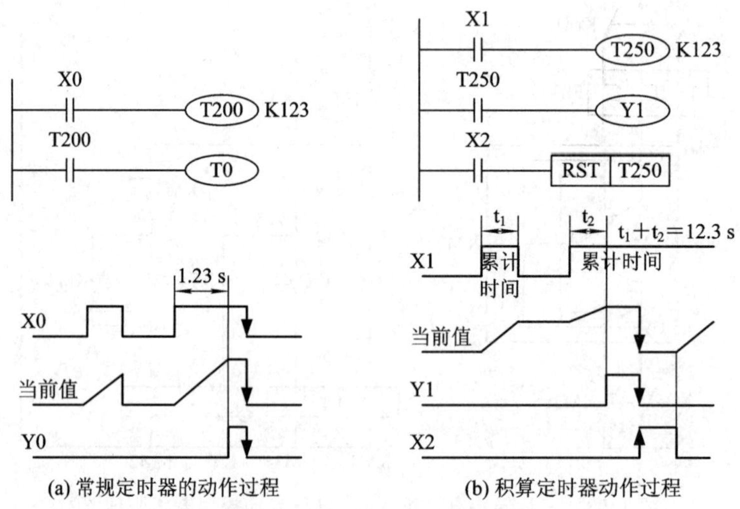

(a) 常规定时器的动作过程　　(b) 积算定时器动作过程

图 1.59　定时器的动作过程

2) 定时器电路(这里指常规定时器)

(1) 定时器与时间继电器的区别。

定时器是一个内部器件，属于软继电器，而时间继电器则是物理继电器。所以，两者在接线上有很大区别：在继电器控制电路中，时间继电器是以硬接线方式接入电路中的；而在 PLC 中，定时器是不需要接线的，只在程序中以软接线方式体现。

(2) 使用定时器的注意事项。

在自动控制程序中定时器的应用是比较广泛的，如何正确使用定时器一直是一个难点。正确使用定时器，首先应清楚定时器的工作原理。时间继电器分为通电延时型和断电延时型，而定时器只有一种型号，即驱动信号满足则定时器开始延时工作，延时时间到，定时器的触点有动作；若驱动信号不满足，定时器复位。因而，定时器的驱动信号应足够长，至少应大于延时时间，否则，定时器的延时触点还未到达延时点，动作定时器就已复位。

(3) 定时方式的实现。

虽然 PLC 的定时器 T 是接通延时 ON 的定时器，但经过合理的编程，也可实现接通延时 OFF、断开延时 ON、断开延时 OFF 的控制。图 1.60 为通电延时定时方式梯形图，图 1.61 为断电延时定时方式梯形图。

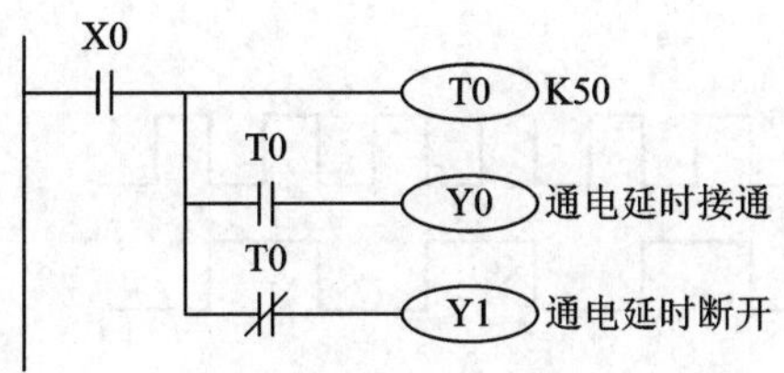

图 1.60　通电延时定时方式梯形图

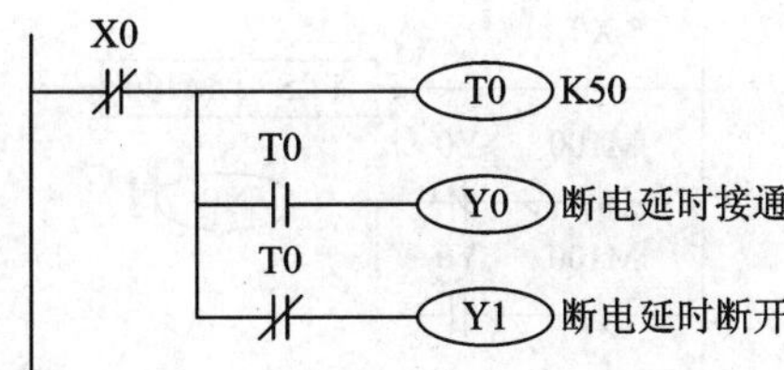

图 1.61　断电延时定时方式梯形图

(4) 时间继电器的瞬动功能。

对于有瞬动触点的时间继电器，可以在梯形图中对应定时器的线圈两端并联辅助继电器，辅助继电器的触点可当成时间继电器的瞬动触点使用。

(5) 应用举例。

① 用定时器实现延合/延分控制。

如图 1.62 所示，用 X0 控制 Y0，当 X0 的常开触点接通后，T0 开始定时，10 s 后 T0 的常开触点接通，使 Y0 变为 ON。X0 为 ON 时，其常闭触点断开，使 T1 复位；X0 变为 OFF 后，T1 开始定时，5 s 后 T1 的常闭触点断开，使 Y0 变为 OFF，T1 也被复位。Y0 采用启动、保持、停止电路来控制。

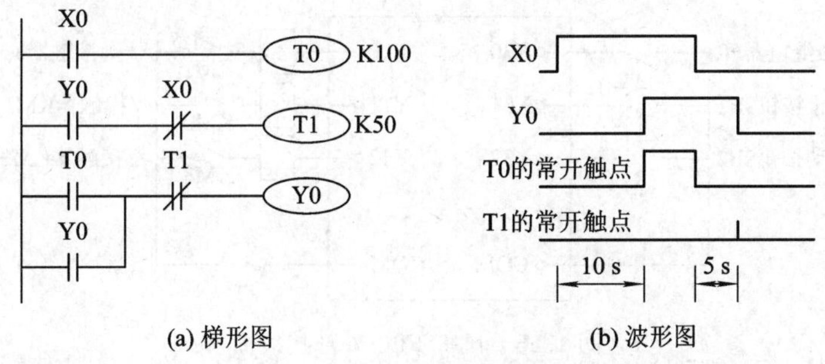

图 1.62　延合/延分电路

② 实现顺序控制。

现有甲、乙两台电机，按下启动按钮 X0，甲电机启动，5 s 后乙启动；按下停止按钮 X1，乙停转，3 s 后甲停转。梯形图如图 1.63 所示。

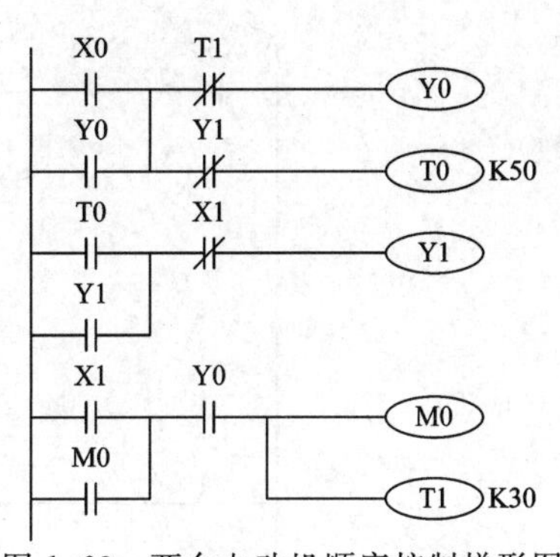

图 1.63　两台电动机顺序控制梯形图

③ 分频电路。

使用 PLC 可以实现对输入信号的任意分频。如图 1.64 所示是一个二分频电路，将脉冲信号加入 X0 端，当第 1 个脉冲到来时，M100 产生一个扫描周期的单脉冲，使 M100 的常开触点闭合，Y0 线圈接通并保持；

当第 2 个脉冲到来时，由于 M100 的常闭触点断开一个扫描周期，Y0 自保持消失，Y0 线圈断开；当第 3 个脉冲到来时，M100 又会产生单脉冲，Y0 线圈再次接通，输出信号重又建立；在第 4 个脉冲的上升沿，输出再次消失；之后的过程循环往复，不断重复上述步骤，结果显示 Y0 是 X0 的二分频。

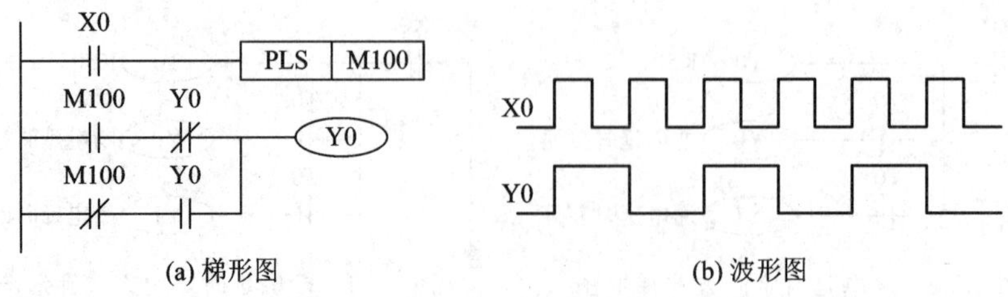

图 1.64　分频电路

3. 改造电路

熟悉定时器的应用后，即可对上述继电器电路进行改造，改造步骤如下：

(1) 风机控制 I/O 分配如表 1.6 所示。

表 1.6　风机控制 I/O 分配表

输入设备	输入编号	输出设备	输出编号
热继电器 FR	X30	开阀接触器 KM1	Y10
停止按钮 SB1	X31	Y 接触器 KM3	Y11
启动按钮 SB2	X32	△接触器 KM2	Y12

(2) 风机 PLC 外部接线图如图 1.65 所示。

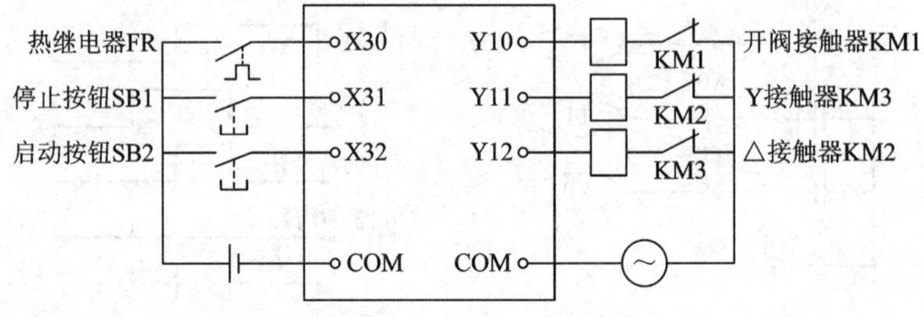

图 1.65　风机 PLC 外部接线图

(3) 风机 PLC 控制梯形图如图 1.66 所示。

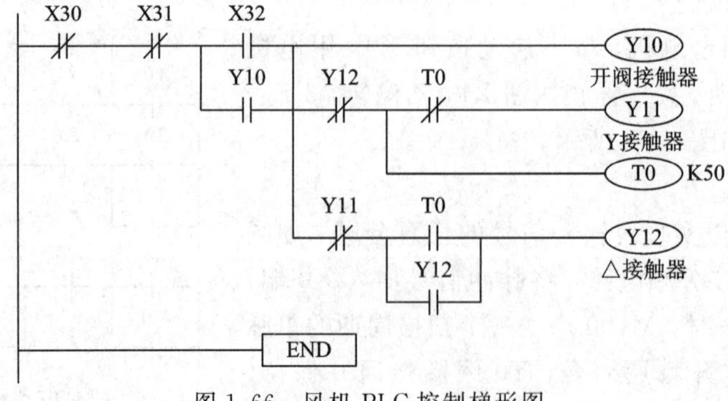

图 1.66　风机 PLC 控制梯形图

根据前面所学知识，在梯形图设计时，应遵循“左大右小、上大下小”的规则。所以，在转换之前应当对图 1.66 进行重新编排，重新编排后的梯形图如图 1.67 所示。

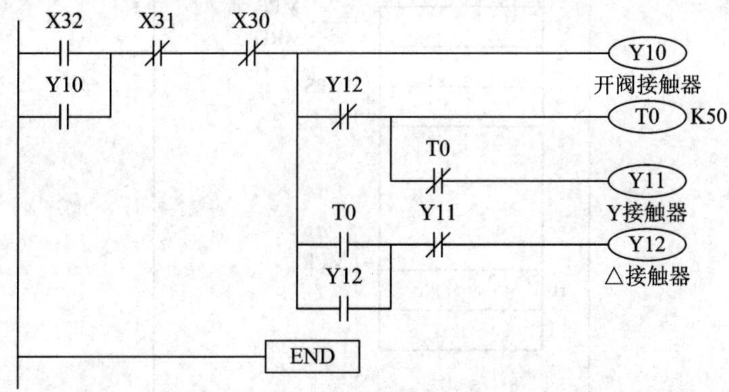

图 1.67 重新编排后的梯形图

如果采用前面学习过的基本指令将图 1.67 的梯形图转换为语句表，则需要重复编写线圈前串联的公共触点。为了不重复编写公共触点，需要采用新的指令完成上述梯形图的转化。

PLC 的输出可分为并联输出、连续输出和多重输出三种结构，其程序结构如图 1.68 所示。

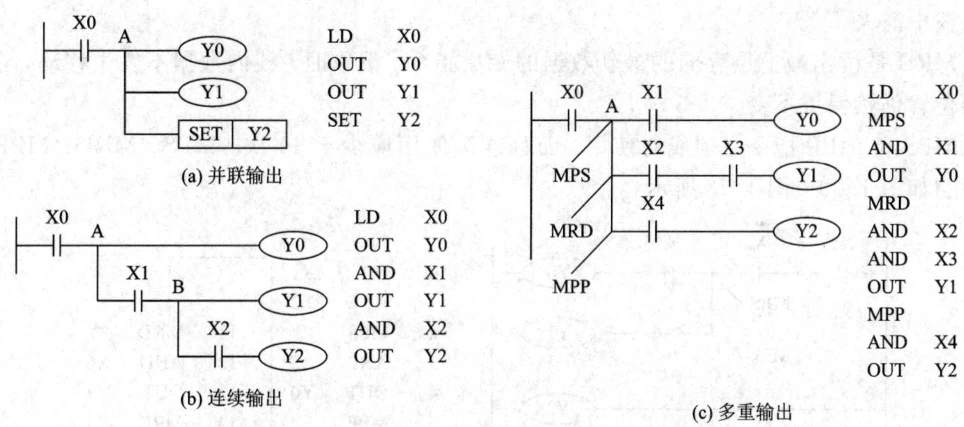

图 1.68 并联输出、连续输出和多重输出的程序结构

图 1.68(a)梯形图中，当分支点 A 前的逻辑关系满足时，Y0、Y1 存在输出，且 Y2 置位，语句表如图 1.68(a)所示。图 1.68(b)梯形图中，分支点 A、B 与输出之间无任何触点，故下一梯级可以直接在分支点处与前一梯级相连，语句表如图 1.68(b)所示。而图 1.68(c)梯形图中，分支点 A 与输出之间还有触点，故下一梯级与前面的逻辑关系不能直接相连，图 1.68(c)是一个多重输出结构，需要用新的指令来完成，可以用 MPS、MRD、MPP 或 MC、MCR 来实现。

(4) 多重输出指令——MPS、MRD、MPP。

MPS 为进栈指令。MRD 为读栈指令。MPP 为出栈指令。

这三条指令是无操作元件指令，都为一个程序步长。这组指令用于多输出电路，可先存储连接点，用于连接其后的电路。

FX 系列 PLC 中 11 个存储中间运算结果的存储区域被称为栈存储器，如图 1.69 所示。

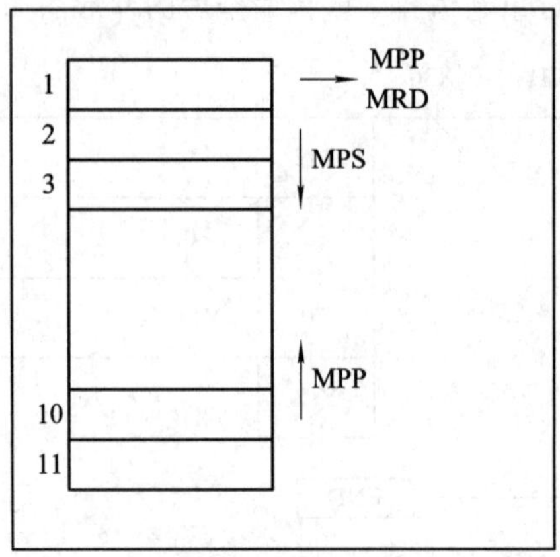

图 1.69　栈存储器

第一次使用进栈指令 MPS 时，可将该时刻的运算结果压入栈的第一层进行存储；再次使用进栈指令 MPS 时，该时刻的运算结果会被压入栈的第一层进行存储，而将栈中原来的数据依次向下一层推移。

使用出栈指令 MPP 时，各层的数据依次向上移动一层，将最上端的数据读出后，数据会从栈中消失。

MRD 是读出最上层存储的最新数据的专用指令。读取时，栈内数据不发生移动，在栈内的位置仍然保持不变。

MPS 和 MPP 指令必须成对使用，而且连续使用应少于 11 次。MPS、MRD、MPP 指令说明如图 1.70～图 1.73 所示。

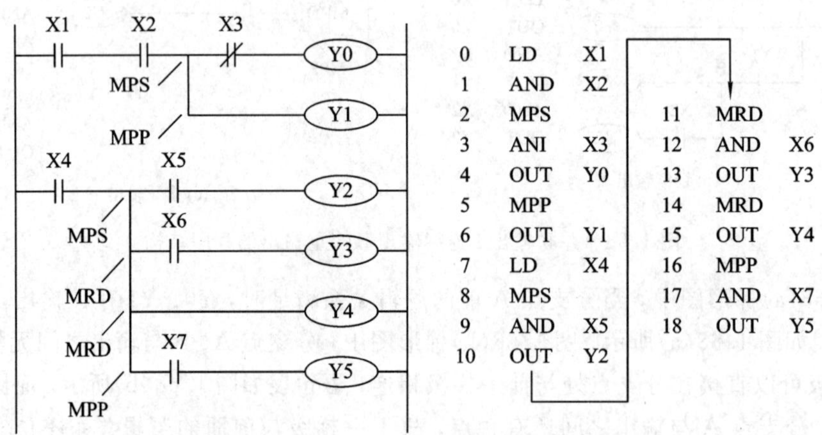

图 1.70　一层栈电路(1)

图 1.70 是简单电路，即一层栈电路。在本例中，堆栈只使用了一段。因为在第二次使用进栈指令 MPS 前，已经用出栈指令 MPP 将数据取出。这样进栈数据就可存放在第一段存储器内，而非第二段存储器内。

图 1.71 是一层栈与 ANB、ORB 指令配合的电路。

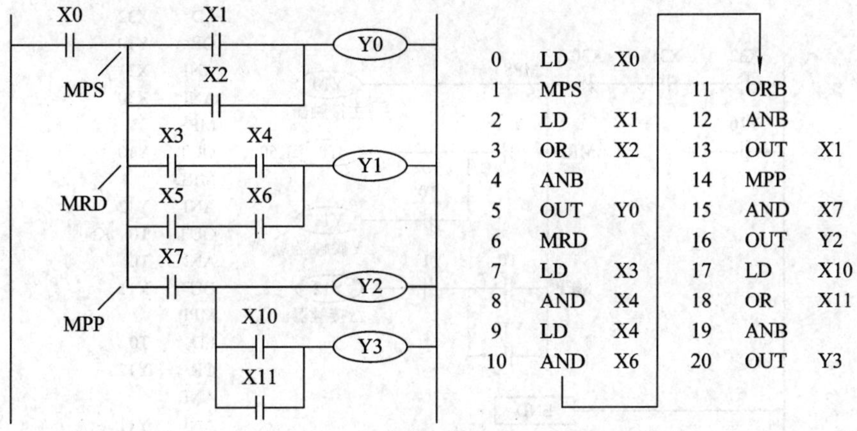

图 1.71　一层栈电路(2)

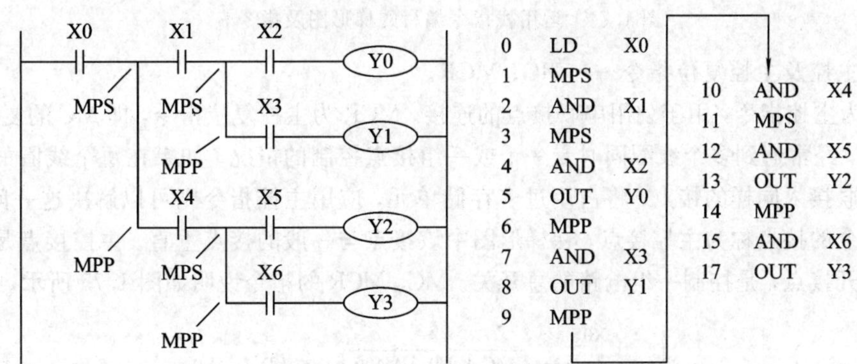

图 1.72　二层栈电路

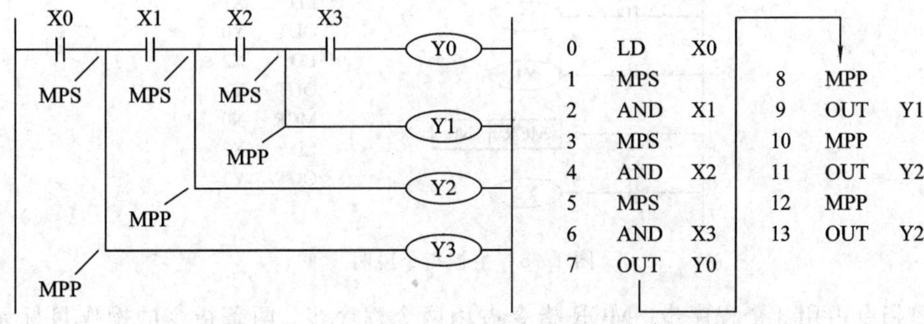

图 1.73　三层栈电路

运用栈指令时要在梯形图中插入 MPS、MRD 及 MPP 指令，运用栈指令编写的梯形图及指令表如图 1.74 所示。

特别要注意的是，连续使用 MPS 和 MPP 必须少于 11 次，并且 MPS 与 MPP 必须联合配对使用。MRD 指令可以多次编程，但是在打印、图形编程面板的画面显示方面有所限制(并联回路在 24 行以下)。

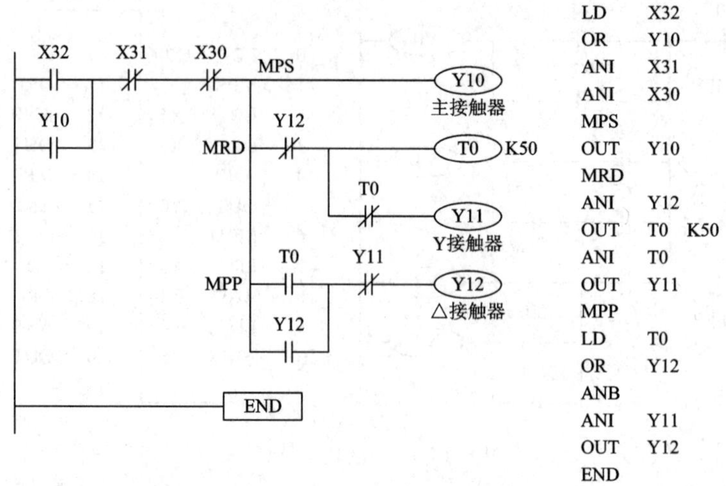

图 1.74　运用栈指令编写的梯形图及指令表

(5) 主控及主控复位指令——MC、MCR。

MC 为主控指令，用于公用串联接点的连接。MCR 为主控复位指令，即 MC 的复位指令。在编程时，经常遇到多个线圈同时受一个或一组接点控制的情况。如果在每个线圈的控制电路中都串联接入同样的接点，将占用过多存储单元，应用主控指令则可以解决这一问题。使用主控指令的接点称为主控接点，在梯形图中该接点与一般的接点垂直。主控接点是与母线相连的常开接点，是控制一组电路的总开关。MC、MCR 的指令说明如图 1.75 所示。

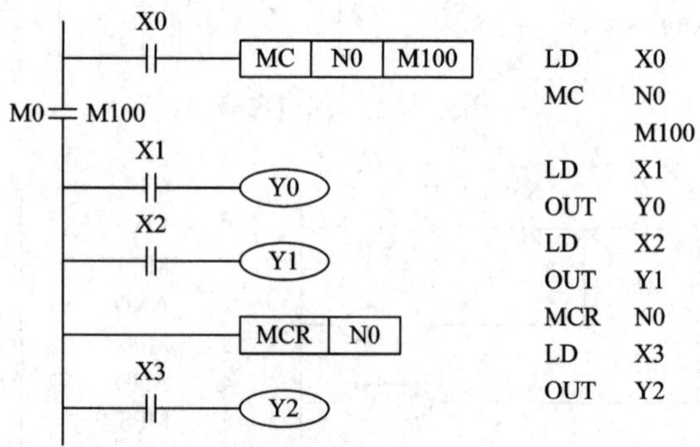

图 1.75　主控指令说明

MC 指令占用 3 个程序步，MCR 指令占用两个程序步。两条指令的操作目标元件为 Y、M，但不允许使用特殊辅助继电器 M。

当图 1.75 中的 X0 接通时，系统执行 MC 与 MCR 之间的指令；当输入条件断开时，系统无法执行 MC 与 MCR 之间的指令。非积算定时器采用 OUT 指令驱动元件复位，而积算定时器、计数器采用 SET/RST 指令驱动元件保持当前的状态。与主控接点相连的接点必须使用 LD 或 LDI 指令。使用 MC 指令后，母线将会移到主控接点之后，MCR 可使母线回到原来的位置。

在 MC 指令内再次使用 MC 指令时，嵌套级 N 的编号(0～7)顺次增大；返回时可使用 MCR 指令，系统可从大的嵌套级开始解除。嵌套级最多可以编写 8 级(N7)。

使用 MC、MCR 指令后的梯形图会发生变化，使用主控指令的梯形图及指令表如图 1.76 所示。

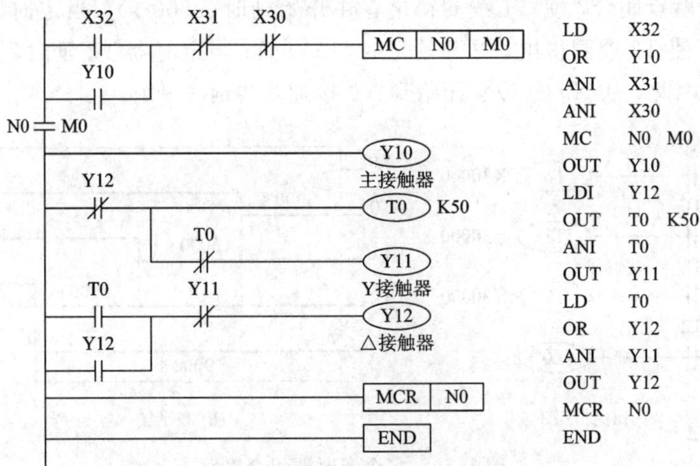

图 1.76　使用主控指令编写的梯形图及指令表

可使用辅助继电器优化控制程序，优化后的梯形图及指令表如图 1.77 所示。

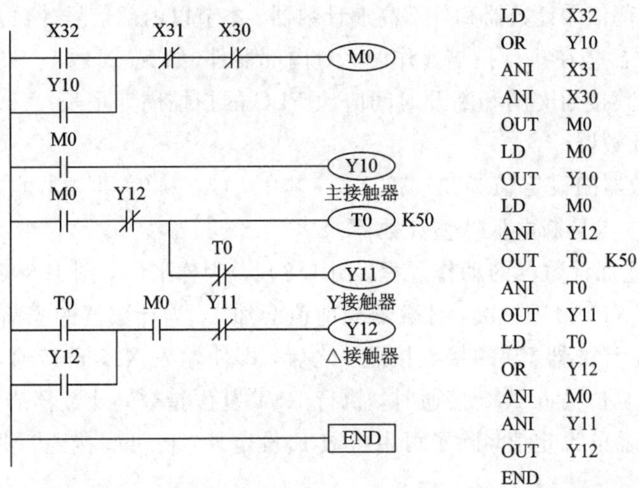

图 1.77　用辅助继电器优化后的梯形图及指令表

四、过滤器的延时报警

空气过滤器主要用于过滤空气中的粉尘，其滤网如图 1.78 所示。本任务中，要求滤网累计工作 3000 小时应发出警报，以提醒运行人员清洗或更换滤芯。滤网累计工作时间即离心风机工作时间。

图 1.78　空气过滤器滤网

在掌握了定时器的原理与使用方法后，即可用 FX 系列 PLC 定时器实现延时报警。PLC 定时器的最长定时时间为 3276.7 s（以 0.1 秒时间脉冲计算），如果需要更长的定时时间，可以采用多个定时器组合的方法以获得较长的延时时间。

多个定时器组合电路如图 1.78 所示。当 X0 接通时，T0 线圈得电并开始延时(3000 s)，延时到 T0 常开触点闭合，使 T1 线圈得电，并开始延时(3000 s)。当定时器 T1 延时到常开触点闭合，可使 T2 线圈得电，并开始延时(3000 s)；当定时器 T2 延时到常开触点闭合，可使 Y0 接通。因此，从 X0 为 ON 开始到 Y0 接通，共延时 9000 s。

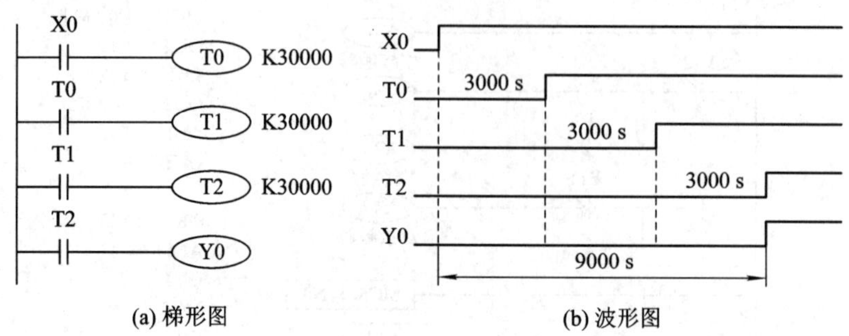

图 1.79 多个定时器组合电路

但对于时间过长的延时控制，用上述方法则需要大量的定时器，会增加程序步数及扫描时间，可以考虑采用定时器与计数器组合来实现。

计数器包括内部信号计数器和外部高速计数器，本节以内部信号计数器为例进行介绍。

内部信号计数器是在执行扫描操作时，对内部器件(如 X、Y、M、S、T 和 C)的信号进行计数的计数器，其接通时间和断开时间应比 PLC 的扫描周期稍长。

1. 16 位递加计数器

16 位递加计数器的设定值为 1～32 767。其中，C0～C99 共 100 点是通用型计数器，C100～C199 共 100 点是断电保持型计数器。

图 1.80 表示递加计数器的动作过程。图 1.80(a)为梯形图，图 1.80(b)为时序表。X11 是计数输入，每当 X11 接通一次，计数器当前值会加 1。当计数器的当前值为 8 时(即计数输入达到第 8 次)，计数器 C0 的接点接通。之后，即使输入 X11 再接通，计数器的当前值也会保持不变。当复位输入 X10 接通时，执行 RST 复位指令，计数器当前值复位为 0，输出接点断开。计数器的设定值，除了可由常数 K 设定外，还可间接通过指定数据寄存器来设定。

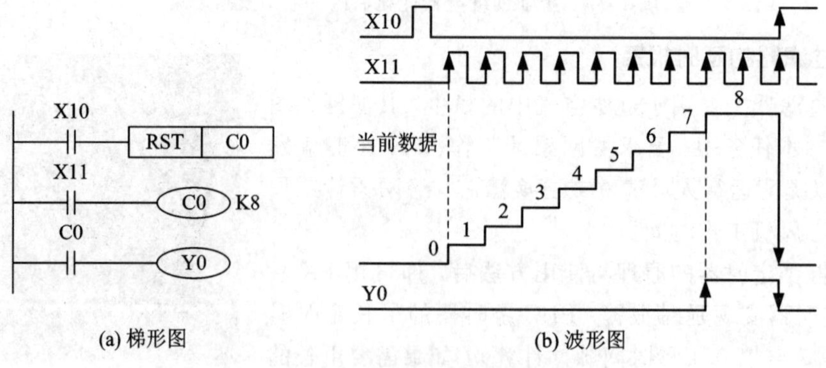

图 1.80 递加计数器的动作过程

2. 32 位双向计数器

32 位双向计数器的设定值为－2 147 483 648～＋2 147 483 647。其中，C200～C219 共 20 点为通用型，C220～C234 共 15 点为断电保持型计数器。

32 位双向计数器是递加型计数还是递减型计数可由特殊辅助继电器 M8200～M8234 设定。特殊辅助继电器接通时(置 1)，为递减型计数；特殊辅助继电器断开时(置 0)，为递加型计数。

与 16 位计数器一样，32 位双向计数器可直接用常数 K 或间接用数据寄存器 D 的内容作为设定值。间接设定时，应采用器件号连续的两个数据寄存器。如图 1.81 所示，可采用 X14 作为计数输入，驱动 C200 计数器线圈进行计数操作。

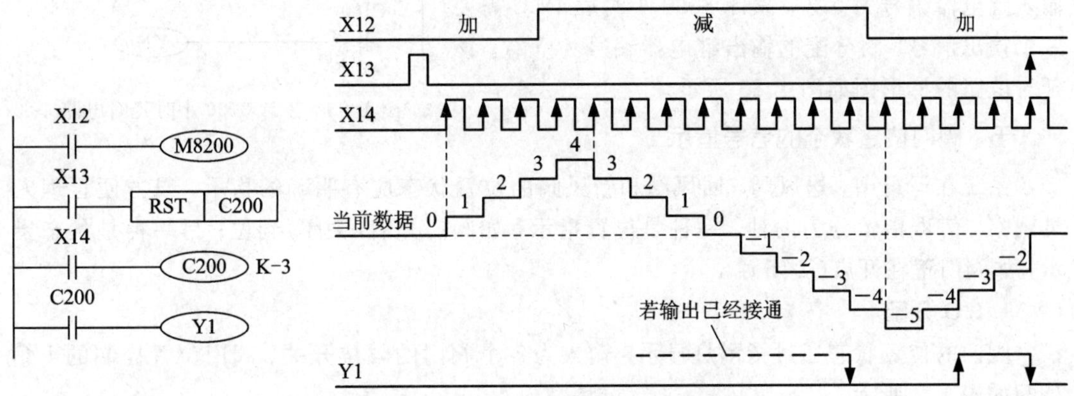

图 1.81　32 位双向计数器的动作过程

当计数器的当前值由－4 增大到－3 时，其接点接通(置 1)；当计数器的当前值由－3 减小到－4 时，其接点断开(置 0)。

当复位输入 X13 接通时，计数器的当前值就为 0，输出接点复位。

断电保持型计数器的当前值和输出接点均能保持断电时的状态。

32 位计数器可作为 32 位数据寄存器使用，但不能用作 16 位指令中的操作目标器件。

图 1.82 为一个定时器与计数器组合的长延时电路。

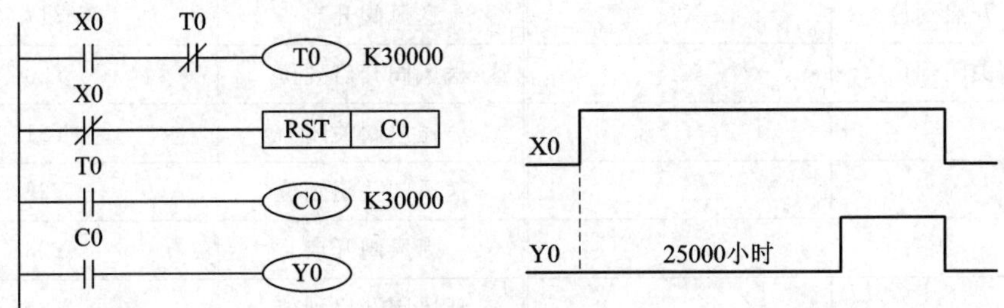

图 1.82　定时器与计数器组合电路

在图 1.82 中，当 X0 为 OFF 时，T0 和 C0 复位。当 X0 为 ON 时，T0 开始定时，3000 s 后达到 T0 定时时间，其常闭触点断开，T0 复位；复位后 T0 的当前值变为 0，同时其常闭触点接通，其线圈重新通电，又开始定时。T0 将这样周而复始地工作，直至 X0 变为 OFF。由此可知，图 1.82 的梯形图中，最上面一行电路是一个脉冲信号发生器，脉冲周期等于 T0 的设定值。

该组合电路产生的脉冲列会传送给 C0 计数，计满 30 000 个数(即 25 000 h)后，C0 的当前值等于设定值，其常开触点闭合，Y0 开始输出。

在本任务中要求送风机连续工作 3000 小时后发出更换滤网报警信号，需要采用积算型定时器与计数器组合来完成。

积算型定时器的驱动信号即为送风机的工作信号 Y12，另外还需要增加一个积算型定时器的复位信号，在输入端接入一个手动复位按钮即可。将分配的输入继电器编号为 X26，累计 3000 小时后 PLC 需要一个输出信号，将分配的输出继电器编号为 Y27。该延时电路的梯形图如图 1.83 所示。

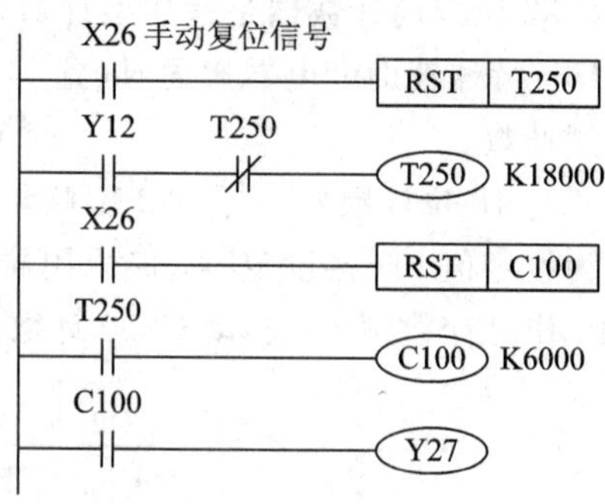

图 1.83 累计 3000 小时延时电路

五、阀门位置状态的信号指示

系统在运行中，送风阀、回风阀和新风阀的位置状态应有明确的指示，以方便管理人员观察。信号指示分为两种：一种是位置指示，如阀门开启(关闭)到位；另一种是状态指示，如阀门正在开启(关闭)。

1. I/O 分配

阀门的位置状态通过指示灯显示，输入为各个阀门的限位开关。阀门位置控制的 I/O 分配如表 1.7 所示。

表 1.7 阀门位置控制 I/O 分配

输入设备	输入编号	输出设备	输出编号
送风阀开启到位	X4	回风阀开启	Y13
送风阀关闭到位	X5	回风阀开启到位	Y14
回风阀开启到位	X14	回风阀关闭	Y15
回风阀关闭到位	X15	回风阀关闭到位	Y16
新风阀开启到位	X24	送风阀开启	Y17
新风阀关闭到位	X25	送风阀开启到位	Y20
		送风阀关闭	Y21
		送风阀关闭到位	Y22
		新风阀开启	Y23
		新风阀开启到位	Y24
		新风阀关闭	Y25
		新风阀关闭到位	Y26

2. 外部接线图绘制

阀门位置状态指示 PLC 外部接线图如图 1.84 所示。

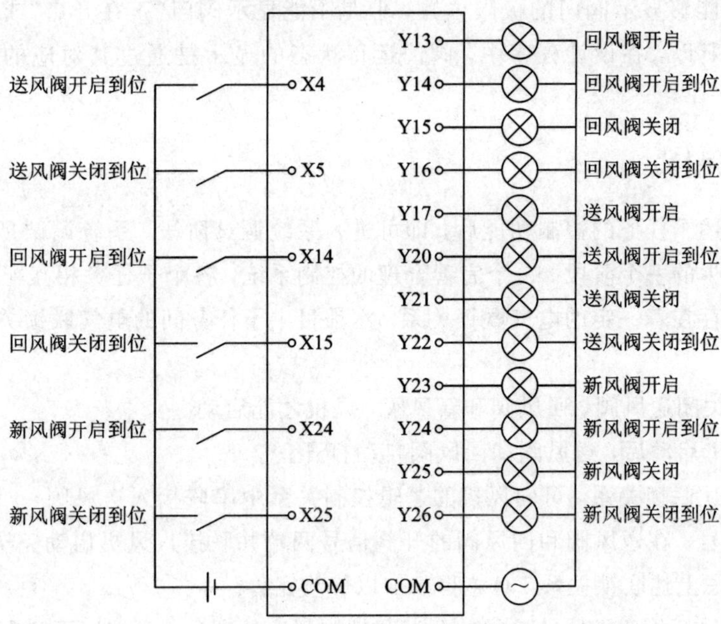

图 1.84　阀门位置状态指示 PLC 外部接线图

3. 梯形图设计

阀门信号 PLC 梯形图如图 1.85 所示。

图 1.85　阀位信号 PLC 梯形图

限位开关能够显示阀门的极限位置，但是不能显示阀门"正在开启"或者"正在关闭"的运行状态。所以，在设计程序中，阀门运行状态的显示是通过其对应的动作输出来控制的。

1.3.5 系统调试

实现了上述子任务的控制功能后，即可进入系统调试阶段。系统调试是控制系统投入运行前必不可少的一个阶段。一个完善合理的控制系统，各个子任务相互配合、紧密合作，它们之间通常存在着一定的电气联锁关系。本项目中子任务间的电气联锁关系主要包含以下两个方面：

第一，先关闭送风阀、回风阀和新风阀，风机才能启动。

第二，风机启动后，送风阀和回风阀自动打开。

要实现上述联锁关系，可向风机的逻辑控制关系中串联接入送风阀、回风阀和新风阀关闭到位的信号；在送风阀和回风阀的开阀信号两端并联接入风机启动完毕信号。在系统调试前，应考虑上述联锁关系，对总程序加以修改完善。

系统调试包括外部元器件接线的调试和控制程序的调试，可按以下步骤进行：

(1) 检查 PLC 的 I/O 分配是否合理，接线是否与 I/O 分配相对应。I/O 分配时尽量将同类型的输入信号放在一组，如可将输入信号的接近开关置于 组，按钮类置于另一组；输出信号为同一电压等级的放在一组，如接触器类置于一组，信号灯类置于另一组。可通过观察 PLC 输入端子指示灯的状态，判断其对应输入信号的状态。

(2) 检查输入电器元件接线是否正确，连接是否牢固可靠。系统调试时应检查外部电器元件的规格型号、输入电压是否合理，连接导线有无漏接、错接，线头连接处有无松动脱落等。

(3) 将程序上传至 PLC。

(4) 根据控制要求，进行模拟调试。使用一些元器件(按钮、开关、指示灯等)模拟生产现场的信号，并将这些信号以硬接线的方式连到 PLC 的 I/O 端，运行程序并观察 PLC 的输出是否正确。

(5) 模拟调试结束后，进行现场调试。根据控制要求进行现场元器件的安装及有关参数的校验调整，按照 PLC 外部接线图进行接线。逐步送电，根据系统运行情况对相关参数进行修改调整，直到完全满足控制要求。

1.4 评估检测

在设计并检测项目后，应对本项目的完成效果进行评估检测。

(1) 可按表 1.8 所示的内容，对本项目进行评分。

(2) 要求学生总结通过本项目学习在劳动价值观的培养方面有何心得体会。

表 1.8 项目评分表

项目评分表(以三人为一组) 项目一：恒温厂房空气处理机组的控制　　班级：　　姓名：						
考核方面	评分细则	分数	评分			
			个人自评	学生互评1	学生互评2	教师评分
子任务一	(1) I/O分配合理，无遗漏。 (2) 外部接线图正确无误。 (3) 程序正确。 (4) 具有必要的电气保护和电气联锁	12分				
子任务二		12分				
子任务三		15分				
子任务四		13分				
子任务五		13分				
系统调试(15分)	正确进行程序输入、编辑及传送	5分				
	外部接线正确	5分				
	不断修改完善程序，满足控制要求	5分				
素质养成(20分)	爱岗敬业，纪律性强，无迟到早退现象	3分				
	按要求搜集相关资料，资料针对性强	5分				
	与团队成员分工协作，有良好的沟通交流能力及团队合作能力	3分				
	项目实施过程中，积极主动，责任心强	3分				
	勤于思考，善于发现问题、分析问题、解决问题，有创新精神	3分				
	有良好的安全意识，能够按照实验实训操作规程进行安全文明生产	3分				
总　分						
本项目平均得分(个人自评占10%，团队互评占30%，教师评分占60%)						

1.5 归纳点拨

本节主要介绍继电器线路转化法设计程序的注意事项。

在设计程序时应注意可编程控制器的工作特点，它同继电接触器控制电路的工作方式有着相同之处，但也有许多不同之处。要注意梯形图与继电器电路之间的区别，梯形图是一种软件，是一种图形化的程序，不可盲目将继电接触器控制电路图转化为梯形图。根据继电接触器控制电路图的特点，设计可编程控制器的梯形图时应注意下列问题：

(1) 应遵守梯形图语言中的语法规定。

可编程控制器的扫描工作方式与继电接触器电路不同。可编程控制器采用扫描工作方式时，梯形图同继电接触器控制电路图有可能不同，在编程时要充分注意这一点。

(2) 设置中间辅助继电器。

若多个线圈受一个触点控制，或一个线圈受多个触点控制，为了方便起见，在梯形图中可设置辅助继电器，它类似于继电接触器电路中的中间继电器。

另外，与继电接触器电路不同，对于外接在可编程控制器上的某个控制触点，在梯形图程序中可以多次以动合或动断形式使用。

（3）一次性输出产生的“竞争”问题。

可编程控制器采用输出刷新的方式工作。尽管在执行梯形图程序时，PLC内部各输出继电器的通电顺序不同，但也仅仅反映在输出元件映像寄存器，并未直接地反映在PLC各输出端。只有在输出刷新这一瞬间，各输出量才可同时送至输出端。这样的工作方式，有时会在可编程控制器的输出端产生所谓的“竞争”问题。

（4）触点“竞争”问题。

除了PLC一次性输出会在输出端产生竞争问题，继电器接触器转化设计法还会产生“触点竞争”问题。在继电器控制线路图中，经常会遇到某一电器的动合和动断触点同时出现在控制电路中。这样，这些触点在控制中就会发生所谓的“竞争”问题。在应用继电器线路转化法设计PLC梯形图程序时，这个问题必须特别注意。但在梯形图中，各个编程元件的动作顺序是按扫描顺序依次执行的，或者说是按串行的方式工作的。在执行梯形图程序时，按照自上而下、从左到右、串行扫描，不会发生触点竞争现象。

（5）时间继电器瞬动触点的处理。

除了延时动作触点外，时间继电器还包含在线圈通电和断电时瞬间动作的瞬动触点。对于有瞬动触点的时间继电器，可以在梯形图中对应定时器的线圈两端并联辅助继电器，辅助继电器的触点可作为时间继电器的瞬动触点使用。

（6）外部联锁电路的设立。

为了防止控制正反转的两个接触器同时动作，造成三相电源短路，可在梯形图中设置与其对应的输出继电器串联的常闭触点组成软件互锁电路，还应在PLC外部设置硬件互锁电路。

（7）热继电器过载信号的处理。

如果热继电器属于自动复位型，其触点提供的过载信号必须通过输入电路向PLC提供，通过梯形图可提供过载保护。如果热继电器属于手动复位型热继电器，其常闭触点可以在PLC的输出电路中，与控制电动机的交流接触器的线圈串联，热继电器不再占用输入点，梯形图中也不再出现。

1.6 项目拓展

读者可自行将各子任务结合起来，实现对整个控制系统的控制。

第二部分　应用篇

项目二　十字路口交通信号灯的控制

知识目标

(1) 掌握时序图的画法，清楚各控制信息间的时间关系。

(2) 学会根据时序图分析确定各定时器的功能。

(3) 设计梯形图程序。

能力目标

学会运用时序图设计法处理问题。

素质目标

(1) 通过学习本项目，使学生具备一定的自学能力。

(2) 在项目进行过程中，培养学生具有良好的沟通交流能力和团队协作精神。

(3) 使学生逐步具备发现问题、分析问题和解决问题的能力。

2.1　项 目 背 景

近年来，随着城市化的发展，城市交通问题越来越引起人们的关注，人、车、路三者之间的关系协调，已成为交通管理需要解决的重要问题。如图 2.1 所示，十字路口的红绿灯是交通规则的无声命令，是司机和行人的行为准则，更是保证交通安全和道路畅通的关键。

图 2.1　十字路口交通灯

2.2　控 制 要 求

以图 2.1 所示的十字路口为例，该十字路口南北方向为主干道，车流量较大，要求所设计的交通信号灯控制系统南北方向的放行时间比东西方向的放行时间长。若以 60 s 为一个循环，假设开关闭合时先让南北方向放行，南北方向的放行(绿灯亮)时间为 30 s，东西方向的放行时间(绿灯亮)为 20 s。当在东西(或南北)方向的绿灯灭时，该方向的黄灯与南北(或东西)方向的红灯一起以 1 Hz 的频率闪烁 5 s，以提醒司机和行人注意。闪烁 5 s 之后，立即开始放行另一个方向，执行完一个周期后自动循环。发生紧急情况时，要求控制系统可以进行手动控制，以实现信号灯南北方向或东西方向的通行指示。

2.3　项 目 实 施

2.3.1　资讯搜集

(1) 搜集交通灯控制的相关知识。

(2) 了解定时器使用的相关知识。

(3) 了解如何实现周期性循环的方法。

2.3.2　信息共享

交通信号灯是按时间先后顺序变化的，可以先将信号的变化情况在时序图上反映出来，然后进行时段划分，并确定使用定时器的个数，以利用定时器的周期复位实现交通信号灯的周期循环。

2.3.3　项目解析

本项目的主要任务是完成十字路口交通信号灯的控制，经分析，可将项目分解为以下两个子任务。

子任务一：正常情况下交通信号灯的自动控制。

子任务二：紧急情况下的手动控制。

2.3.4　子任务分析与完成

一、交通灯的自动控制

在资讯搜集环节，已经明确了交通信号灯是按时间先后顺序变化的，故时序图的画法与分析对本项目的设计至关重要。

1. 输入、输出信号分析

在设计交通信号灯控制系统前，应分析 PLC 的输入和输出信号，以作为选择 PLC 机型的依据之一。在满足控制要求的前提下，应尽量减少占用 PLC 的 I/O 点。由本项目的控制要求可见，控制开关输入的启、停信号是输入信号，PLC 的输出信号可控制各指示灯的亮、灭。在图 2.1 中，南北方向的三色灯共 6 盏，同颜色的灯在同一时间亮、灭，所以可将相同颜色的信号灯进行并联，用一个输出信号控制。同理，东西方向的 3 个信号灯也可如此处理，共占 6 个输出点。

2. 工作时序图绘制

将各信号灯的状态变化在时序图上清楚地反映出来，作出其工作时序图，如图 2.2 所示。

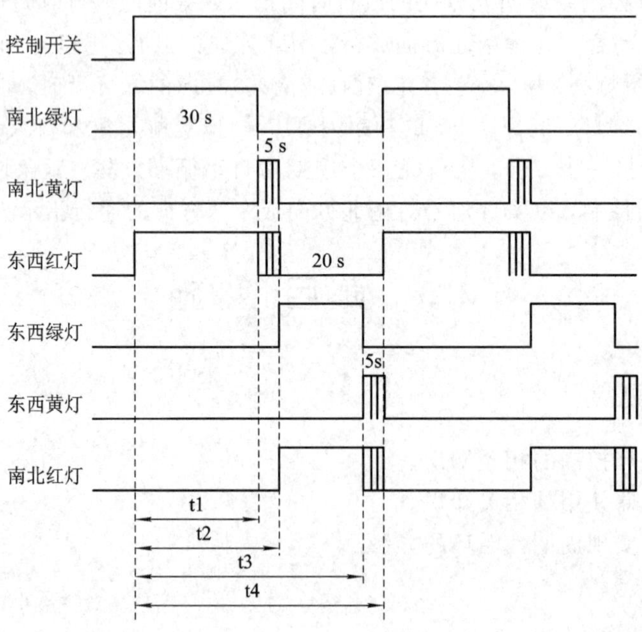

图 2.2　交通信号灯时序图

3. 输出信号的时间关系分析

由时序图分析各输出信号之间的时间关系。在图 2.1 中，可清楚地看到十字路口上设置的红、黄、绿交通信号灯的位置。由于东西方向的车流量较小、南北方向的车流量较大，所以南北方向的放行(绿灯亮)时间为 30 s，东西方向的放行时间(绿灯亮)为 20 s。当在东西(或南北)方向的绿灯灭时，该方向的黄灯与南北(或东西)方向的红灯一起以 5 Hz 的频率闪烁 5 s，以提醒司机和行人注意。闪烁 5 s 之后，另一个方向立即开始放行。在本项目中，要求只用一个控制开关对系统进行启停控制。

南北方向的放行时间可分为两个区段：南北方向的绿灯和东西方向的红灯点亮，换行前东西方向的红灯与南北方向的黄灯一起闪烁。东西方向的放行时间也分为两个区段：东西方向的绿灯和南北方向的红灯点亮，换行前南北方向的红灯与东西方向的黄灯一起闪烁。一个循环内分为 4 个区段，这 4 个时间区段对应 4 个分界点，即 t1、t2、t3、t4。在这 4 个分界点处信号灯的状态将发生变化。

4. 掌握定时器功能

4 个时间区段必须用 4 个定时器来控制，要求设计前读者应准确掌握各定时器的功能。

5. I/O 分配

进行交通信号灯 PLC 的 I/O 分配，如表 2.1 所示。

表 2.1　交通信号灯自动控制 I/O 分配

输入设备	输入编号	输出设备	输出编号
控制开关 SA	X0	南北绿灯	Y0
		南北黄灯	Y1
		东西红灯	Y2
		东西绿灯	Y3
		东西黄灯	Y4
		南北红灯	Y5

6. 外部接线图绘制

绘制交通信号灯自动控制外部接线图，如图 2.3 所示。

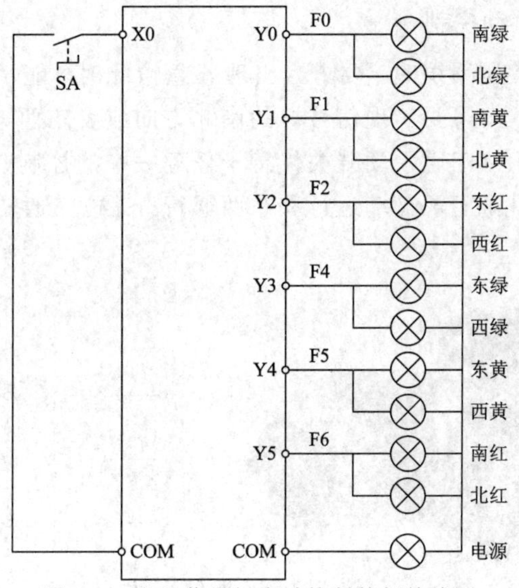

图 2.3　交通信号灯自动控制外部接线图

7. 梯形图设计

设计交通信号灯自动控制梯形图，如图 2.4 所示。

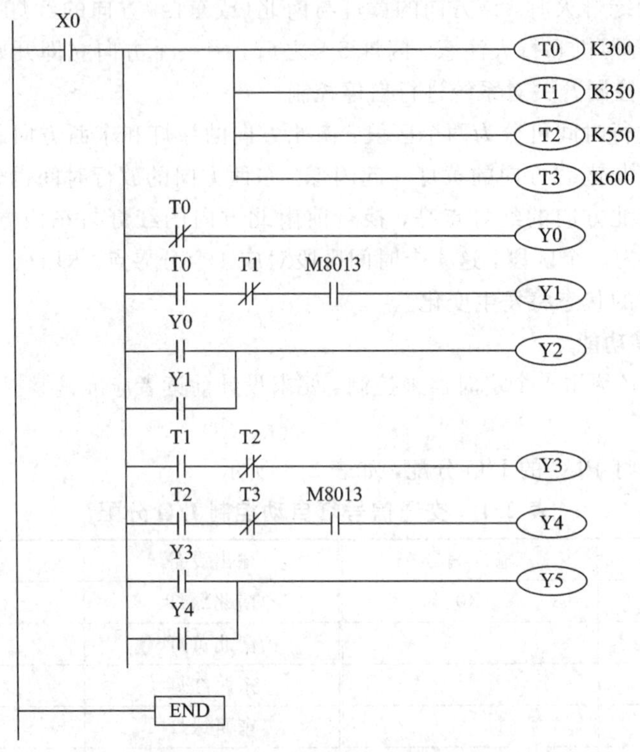

图 2.4　交通信号灯自动控制梯形图

这样就完成了一个周期的交通灯控制系统的设计。要实现系统周期性循环，可以利用定时器的周期复位。一个周期为 60 s，T3 恰好为 60 s 定时器，采用 T3 的常闭触点对 4 个定时器进行一次性复位，使系统进入下一个周期，实现循环功能。

二、交通信号灯的手动控制

在设计交通信号灯控制系统时，要求当出现紧急情况时，能手动控制信号灯，停止正在执行的自动控制状态，按需要实现信号灯的南北方向或者东西方向的通行指示。要实现这个功能，可以用一个三位三通手动开关代替子任务一中的控制开关，手动开关的三个位置分别控制信号灯的南北通行、自动运行和东西通行。三位三通转换开关及其触点状态如图 2.5 所示。

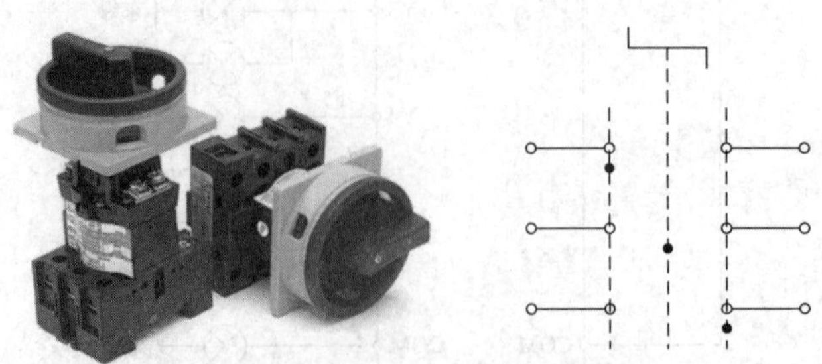

图 2.5　三位三通转换开关及其触点状态

1. 输入/输出分析

要实现交通信号灯的手动控制，应将手动开关的三个位置分别连接 PLC 的三个输入点，则系统需要三个输入；因控制对象未发生变化，故输出不变。

2. I/O 分配

进行交通信号灯手动控制 I/O 分配，如表 2.2 所示。

表 2.2　交通信号灯手动控制 I/O 分配

输入设备	输入编号	输出设备	输出编号
控制开关 SA 自动位	X0	南北绿灯	Y0
控制开关 SA 南北位	X1	南北黄灯	Y1
控制开关 SA 东西位	X2	东西红灯	Y2
		东西绿灯	Y3
		东西黄灯	Y4
		南北红灯	Y5

3. 外部接线图绘制

绘制交通信号灯手动控制外部接线图，如图 2.6 所示。

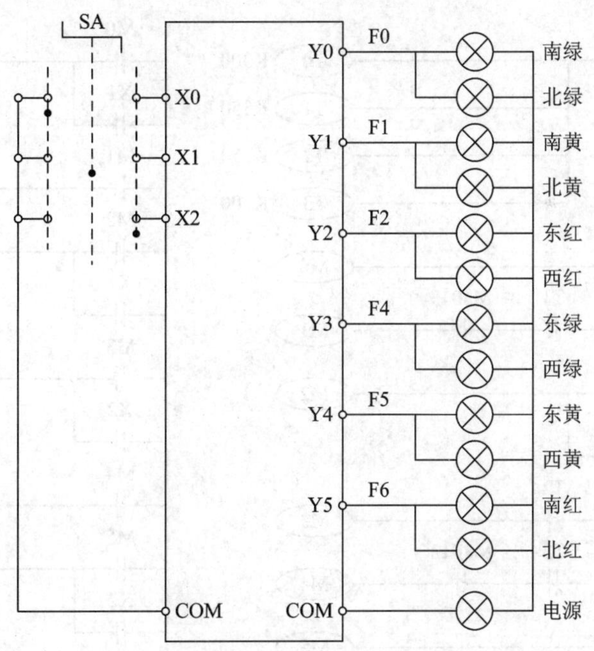

图 2.6　交通信号灯手动控制外部接线图

4. 设计梯形图

设计交通信号灯手动控制梯形图，如图 2.7 所示。

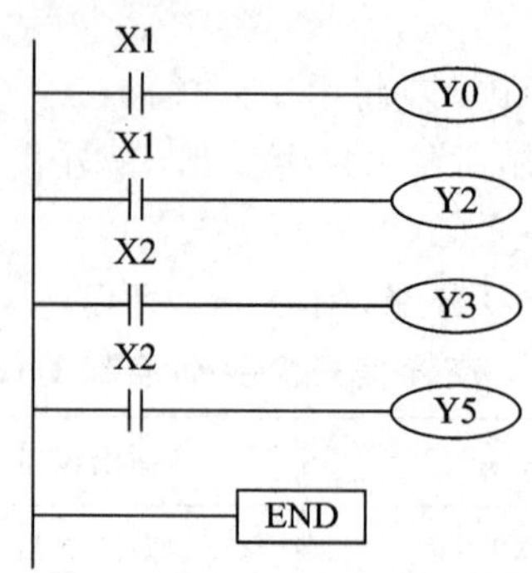

图 2.7 交通信号灯手动控制梯形图

三、交通信号灯的综合控制

一个完整的控制系统可将各子任务结合在一起进行统一的控制。在该系统中，不仅要满足子任务的控制功能要求，还要满足子任务之间的联锁关系，所以总的控制程序并不是单纯的子程序的结合，还需要作出相应的修改。

在本项目总程序设计中，为了避免双线圈输入，应将自动控制程序中的输出继电器 Y 用相应的辅助继电器 M 替换，用手动开关的输入与 M 并联控制相应的输出。所设计的梯形图如图 2.8 所示。

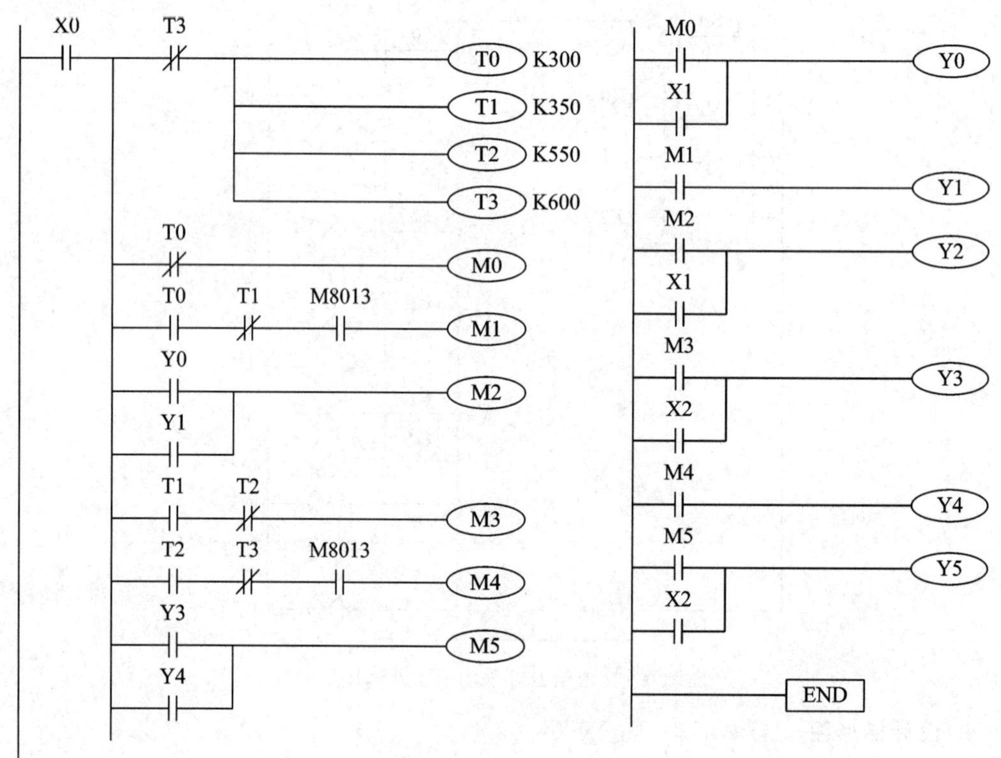

图 2.8 交通信号灯控制梯形图

2.3.5　系统调试

系统调试是整个项目投入实际运行前必不可少的一项工作，通过系统调试，可以发现程序中的错误和不完善的地方，并及时加以修改、完善。系统调试包括外部元器件接线的调试和控制程序的调试，可按以下步骤进行：

(1) 检查 PLC 的 I/O 分配是否合理，接线是否与 I/O 分配相对应。

(2) 检查外部电器元件接线是否正确，连接是否牢固可靠。

(3) 将程序上传至 PLC。

(4) 将开关拨至“自动”位置，检查各信号灯的变化是否符合控制要求。

(5) 将开关拨至“南北通行”位置，检查南北方向是否绿灯亮，东西方向是否红灯亮。

(6) 将开关拨至“东西通行”位置，检查东西方向是否绿灯亮，南北方向是否红灯亮。

2.4　评估检测

在设计并检测项目后，应对本项目的完成效果进行评估检测。

(1) 按表 2.3 所示的内容，对本项目进行评分。

表 2.3　项目评分表

<table>
<tr><td colspan="7">项目评分表(以三人为一组)
项目二：十字路口交通信号灯控制　　班级：　　姓名：</td></tr>
<tr><td rowspan="2">考核方面</td><td rowspan="2">评分细则</td><td rowspan="2">分数</td><td colspan="4">评分</td></tr>
<tr><td>个人自评</td><td>学生互评 1</td><td>学生互评 2</td><td>教师评分</td></tr>
<tr><td rowspan="5">子任务一
(35 分)</td><td>正确理解控制要求，I/O 分配合理，能完成控制任务，且程序方便操作，节省点数</td><td>5 分</td><td></td><td></td><td></td><td></td></tr>
<tr><td>绘制正确的外部接线图</td><td>5 分</td><td></td><td></td><td></td><td></td></tr>
<tr><td>时序图绘制正确清晰，能充分反映控制要求</td><td>10 分</td><td></td><td></td><td></td><td></td></tr>
<tr><td>时序图分析正确，定时器数目及时间设定准确</td><td>5 分</td><td></td><td></td><td></td><td></td></tr>
<tr><td>根据时序图设计梯形图程序，逻辑清楚正确</td><td>10 分</td><td></td><td></td><td></td><td></td></tr>
<tr><td rowspan="3">子任务二
(25 分)</td><td>对任务理解正确，合理增加 I/O</td><td>10 分</td><td></td><td></td><td></td><td></td></tr>
<tr><td>绘制正确的外部接线图</td><td>5 分</td><td></td><td></td><td></td><td></td></tr>
<tr><td>程序设计合理，满足手动控制要求</td><td>10 分</td><td></td><td></td><td></td><td></td></tr>
<tr><td rowspan="3">系统调试
(20 分)</td><td>正确进行程序输入、编辑及传送</td><td>5 分</td><td></td><td></td><td></td><td></td></tr>
<tr><td>外部接线正确</td><td>5 分</td><td></td><td></td><td></td><td></td></tr>
<tr><td>不断修改完善程序，满足控制要求</td><td>10 分</td><td></td><td></td><td></td><td></td></tr>
</table>

续表

<table>
<tr><td rowspan="2">考核方面</td><td rowspan="2">评分细则</td><td rowspan="2">分数</td><td colspan="4">评分</td></tr>
<tr><td>个人自评</td><td>学生互评 1</td><td>学生互评 2</td><td>教师评分</td></tr>
<tr><td rowspan="6">素质养成（20 分）</td><td>爱岗敬业，纪律性强，无迟到早退现象</td><td>3 分</td><td></td><td></td><td></td><td></td></tr>
<tr><td>按要求搜集相关资料，资料针对性强</td><td>5 分</td><td></td><td></td><td></td><td></td></tr>
<tr><td>与团队成员分工协作，有良好的沟通交流能力及团队合作能力</td><td>3 分</td><td></td><td></td><td></td><td></td></tr>
<tr><td>项目实施过程中，表现积极主动，责任心强</td><td>3 分</td><td></td><td></td><td></td><td></td></tr>
<tr><td>勤于思考，善于发现问题、分析问题、解决问题，有创新精神</td><td>3 分</td><td></td><td></td><td></td><td></td></tr>
<tr><td>有良好的安全意识，能够按照实验实训操作规程进行安全文明生产</td><td>3 分</td><td></td><td></td><td></td><td></td></tr>
<tr><td colspan="3">总　分</td><td></td><td></td><td></td><td></td></tr>
<tr><td colspan="6">本项目平均得分（个人自评占 10%，团队互评占 30%，教师评分占 60%）</td><td></td></tr>
</table>

（2）要求学生总结通过本项目的学习，个人在自我觉察力的提高方面有何心得体会。

2.5 归纳点拨

通过本项目的学习，可将时序图设计法归纳如下：

（1）详细分析控制要求，明确各输入/输出信号的个数，合理选择机型。

（2）明确各输入和输出信号之间的时序关系，绘制各输入和输出信号的工作时序图。

（3）把时序图划分成若干个时间区段，确定各区段的时间长短。找出区段间的分界点，理解分界点处各输出信号状态的转换关系和转换条件。

（4）根据时间区段的个数确定需要定时器的个数，然后分配定时器号，确定各定时器的设定值，准确把握各定时器的两个关键时间点（开始定时和定时时间）对各输出信号的控制作用。

（5）对 PLC 进行 I/O 分配。

（6）根据定时器的功能明细表、时序图和 I/O 分配画出梯形图。

（7）进行模拟运行实验，检查程序是否符合控制要求，进一步修改程序。

2.6 项目拓展

读者可自行设置控制要求，增加左转灯及人行道上的指示灯控制。

项目三　电镀生产线行车的自动控制

知识目标

(1) 掌握采用经验设计法设计程序。

(2) 掌握中间记忆元件的使用。

(3) 掌握单序列顺序功能图的四要素及画法。

(4) 掌握将单序列顺序功能图转化为梯形图的方法。

能力目标

(1) 学会使用经验法设计程序。

(2) 学会记忆元件的使用方法。

(3) 学会采用顺序功能图解决顺序类控制问题。

素质目标

(1) 通过学习本项目，使学生具备一定的自学能力。

(2) 在项目进行过程中，培养学生具有良好的沟通交流能力和团队协作精神。

(3) 使学生逐步具备发现问题、分析问题和解决问题的能力。

(4) 不断提高学生的职业情感素养。

3.1 项目背景

电镀设备是生产中不可缺少的加工设备之一。电镀可以使金属或其他材料制件的表面附着一层金属膜，从而起到防止材料腐蚀，提高材料耐磨性、导电性、反光性及增进美观等作用。一件电镀产品的质量与成熟的电镀工艺和高品质的镀液添加剂有关，而保证电镀产品严格按照电镀工艺流程运行以及保证产品的电镀时间是决定电镀产品质量和品质的重要因素。如图 3.1 所示，即为电镀设备车间。

图 3.1 电镀设备车间

3.2 控制要求

本项目要求启动时行车从初始位出发，按照工艺要求完成前进、后退、下降、上升动作；按下停止按钮后，行车仍需完成本工作周期，回到初始位后，才能停止。

现需要加工两种不同的零件，电镀工艺要求行车行驶流程如下：

零件甲在清水槽中浸泡 30 s 后，再到 A 槽液体中浸泡 180 s，然后返回原位。零件乙在清水槽中浸泡 30 s 后，到 A 槽液体中浸泡 180 s，再回到清水槽浸泡 30 s；然后置于 B 槽液体中浸泡 180 s，最后到清水槽中浸泡 30 s，返回原位。

3.3 项目实施

3.3.1 资讯搜集

(1) 搜集电镀生产线行车的相关资料，并分组讨论。

(2) 搜集有关顺序控制功能图的相关知识。

3.3.2 信息共享

(1) 直线式电镀生产线的行车架上装有可升降的吊钩，行车和吊钩各由一台电机拖动，行车前进和吊钩升降由限位开关控制。图 3.2 所示即为电镀生产线的行车结构。行车的基本动作包括前进、后退、吊钩上升、吊钩下降等四种。除此之外，还有延时上升、延时下降、延时前进等延时动作。

图 3.2　电镀生产线的行车结构

(2) 顺序功能图是在工业控制领域中，尤其在机械行业中，利用顺序控制实现加工的自动循环。对于按动作先后顺序控制的系统，宜使用顺序控制设计法编程。顺序控制设计法规律性很强，易于掌握，其程序结构清晰、可读性好。

使用顺序控制设计法时，首先要根据系统的工艺过程，绘制顺序功能图，然后根据顺序功能图绘制梯形图。因而在使用顺序控制设计法编程时，顺序功能图的绘制是最为关键的一个环节，它将直接决定用户设计 PLC 程序的质量。顺序功能图又称为流程图，能清楚地表现出系统各工作步的功能、步与步之间的转换顺序及其转换条件。顺序功能图并不涉及所描述的控制功能的具体技术，而是一种通用的技术语言，可用于深化设计以及不同专业人员之间进行技术交流。

3.3.3　项目解析

行车的前进、后退和吊钩的上升、下降控制可以用两台电机的正反转来进行拖动，其动作到位的停止指令及下一步动作的触发指令可由相应的位置行程开关发送。

本项目可分解为以下两个子任务：

子任务一：甲零件的控制程序设计。

子任务二：乙零件的控制程序设计。

3.3.4　子任务分析与完成

一、甲零件的控制程序设计

如图 3.3 所示，甲零件初始位置在清水槽正上方，将上限位行程开关和原位行程开关接通，按下启动按钮后，行车吊钩下降到下限位，甲零件在清水槽中浸泡；30 s 后吊钩上升至上限位，行车前进到 A 槽正上方，吊钩开始下降至下限位，甲零件在 A 槽液体中浸泡；180 s 后吊钩上升至上限位，行车后退到清水槽正上方，本次工艺循环结束。

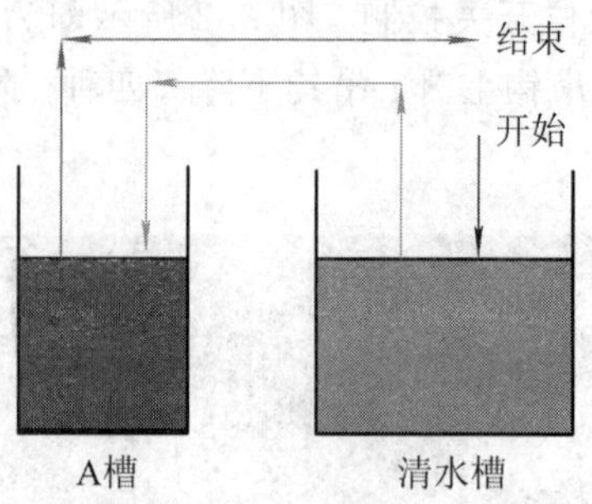

图 3.3 甲零件电镀示意图

1. I/O 分配

甲零件电镀行车控制 I/O 分配及继电器编号如表 3.1 所示。

表 3.1 甲零件电镀行车控制 I/O 分配

输入设备	输入编号	输出设备	输出编号
启动按钮 SB1	X0	行车前进	Y0
停止按钮 SB2	X1	行车后退	Y1
原位行程开关 SQ0	X2	吊钩下降	Y2
A 槽行程开关 SQ1	X3	吊钩上升	Y3
上限位开关 SQ2	X4		
下限位开关 SQ3	X5		

2. 外部接线图绘制

绘制甲零件电镀行车控制外部接线图，如图 3.4 所示。

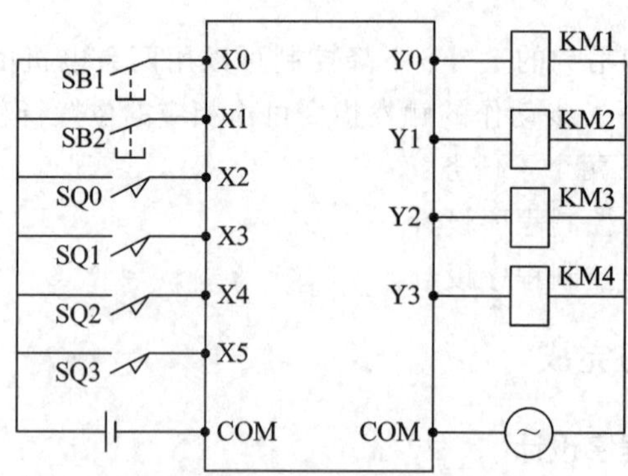

图 3.4 甲零件电镀行车控制外部接线图

3. 梯形图绘制

绘制甲零件电镀行车控制梯形图，如图 3.5 所示。

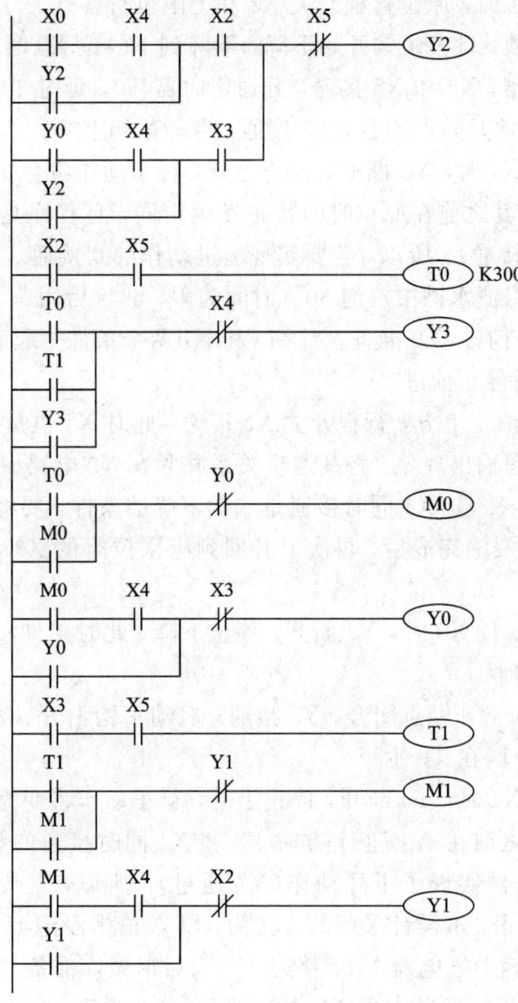

图 3.5　甲零件电镀行车控制梯形图

该梯形图程序是根据经验法编写的，为了便于分析，可以画出行车的运动示意图，如图 3.6 所示。

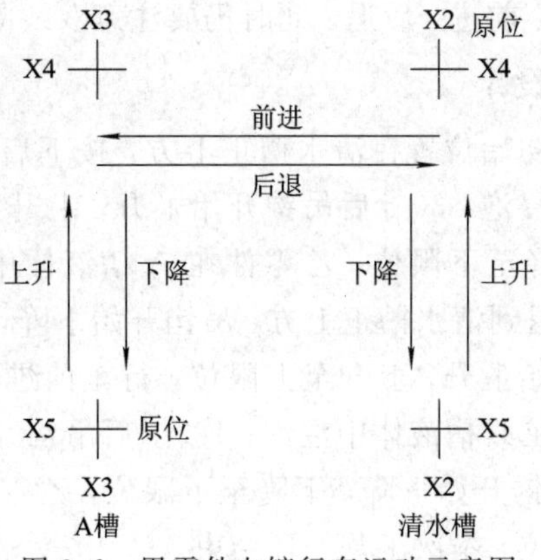

图 3.6　甲零件电镀行车运动示意图

(1) 当行车位于原位时，原位行程开关 X2 和上限位行程开关 X4 接通，此时按下启动按钮 X0，Y2 接通并自锁，行车吊钩开始下降，下降到下限位 X5 时 Y2 断开，停止下降。

(2) 工件浸入清水槽，X2 和 X5 接通，开通定时器 T0，延时 30 s。

(3) 30 s 后，T0 的常开触点闭合，Y3 接通，启动吊钩上升。

(4) 上升到上限位 X4 时，Y3 断开，停止上升，行车动作将会变为前进(Y0 接通)。此时 X2 仍与 X4 接通，与其之前在原位时的状态发生雷同，且程序是以 X2 和 X4 接通为条件实现了下降动作(Y2 接通)。所以，若要实现前进动作(Y0 接通)，应用附加条件来约束。本设计采用的方法为：以清水槽中浸泡 30 s 时间为限，30 s 后用一个启保停程序接通辅助继电器 M0，接通 M0 为前进做好准备。当 M0 和 X4 两个条件一起满足时，接通 Y0，行车前进，前进至 X3 位置后停止前进。

(5) 行车前进到 A 槽正上方，行程开关 X3 接通，此时 X4 也是接通的，若要实现下降动作，则为了避免双线圈输出现象，将其逻辑关系并联在 Y2 电路中。此外，还要附加一个条件 Y0，即前进完成后 X3 与 X4 同时接通是二次下降的条件，要将 X3 与 X4 同时接通的情况与吊钩下降到 A 槽浸泡完成后，再次上升回到上限位时的 X3 与 X4 同时接通的情况区别开来。

(6) 吊钩下降到下限位 X5 时，Y2 断开，停止下降。此时工件浸入 A 槽，X3 和 X5 接通，开通定时器 T1，延时 180 s。

(7) 180 s 后，T1 的常开触点闭合，Y3 接通，启动吊钩上升。为了避免双线圈输出现象，将 T1 的常开触点并联在 T0 上。

(8) 上升到上限位 X4 时，Y3 断开，停止上升，行车动作将变为后退(Y1 接通)。此时 X3 仍与 X4 接通，与其之前在 A 槽正上方时 X3 和 X4 同时接通的状态发生雷同，且程序是以 X3 和 X4 接通为条件实现了下降动作(Y2 通过)。所以，若要实现后退动作(Y1 接通)，应用附加条件来约束。本设计采用的方法为：以 A 槽中浸泡 180 s 时间为限，180 s 后用一个启保停程序接通辅助继电器 M1，接通 M1 为后退做好准备。当 M1 和 X4 两个条件一起满足时，接通 Y1，行车后退，后退至 X2 位置后停止后退，行车即可停在原位。

本程序在编写时并未用到停止按钮，因为假设每一步都能正常进行，进行到位就会用行程开关将其停下来。如果使用停止按钮，则要使行车在加工过程中的某个环节停止，就需要再编写一段“手动让行车回到初始位置”的程序。经分析可知，需要增加四个手动按钮分别控制行车的上升、下降、前进、后退。此时仍要注意双线圈现象的处理。

二、乙零件的控制程序设计

如图 3.7 所示，乙零件初始位置在清水槽正上方，按下启动按钮后，行车吊钩下降到下限位，乙零件在清水槽中浸泡；30 s 后吊钩开始上升，上升至上限位，行车前进到 A 槽正上方，吊钩开始下降，下降至下限位，乙零件在 A 槽液体中浸泡；180 s 后吊钩开始上升，上升至上限位，行车后退到清水槽正上方，吊钩开始下降，下降至下限位，乙零件在清水槽中浸泡；30 s 后吊钩开始上升，上升至上限位，行车前进到 B 槽正上方，吊钩开始下降，下降至下限位，乙零件在 B 槽液体中浸泡；180 s 后吊钩开始上升，上升至上限位，行车后退到清水槽正上方，吊钩开始下降，下降至下限位，乙零件在清水槽中浸泡；30 s 后吊钩开始上升，上升至上限位，本次工艺循环结束。

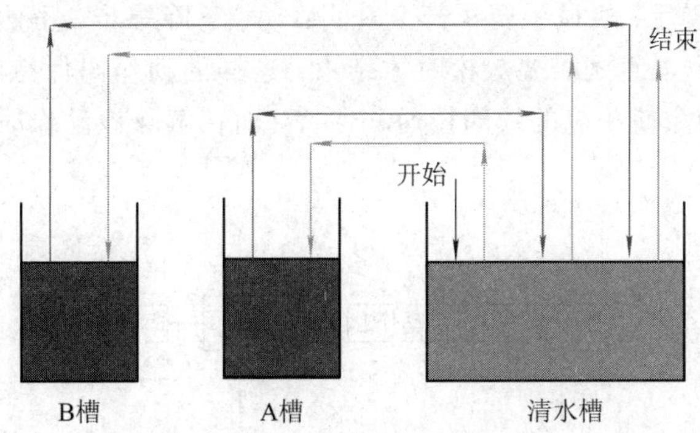

图 3.7　乙零件电镀示意图

乙零件的控制程序也可以用经验法来设计，在设计中会发现下降、上升、前进、后退的动作要多次重复，而且执行动作的条件中有很多是相同的，只有个别条件不同。比如：行车到达 B 槽正上方时，此时上限位开关及 B 槽限位开关均闭合，下一步该执行的动作到底是行车后退、行车前进还是吊钩下降？采用经验法设计则要选择一个关键条件与上述两个条件串联，从而确定下一步动作。而这个关键条件对于经验不够丰富的设计者来说很难正确选择。分析乙零件的控制要求发现，其动作具有顺序控制的特点。因而，可以采用一种新的控制方法——顺序控制设计法来实现。

1. 顺序功能图的组成要素

利用顺序控制设计法进行设计时，首先应根据控制要求，绘制顺序功能图。顺序功能图的组成要素包括：

1）步

步是根据 PLC 输出量的状态进行划分的，只要系统的输出量状态发生变化，系统就会从原来的步进入新的步。在每一步中，PLC 各输出量状态均保持不变，但这些状态的改变都必须由 PLC 输出量的变化引起。

步在功能图中可用矩形框表示，框内的数字是该步的编号，有几步就由上而下画出几个独立的矩形框，初始步用双线框表示。

2）有向连线

步与步之间用有向连线连接，当方向为自上而下时箭头可省略。

3）转换及转换条件

转换可用垂直于有向连线的短画线来表示，步与步之间不允许直接相连，而必须用转换隔开。转换条件是使系统从当前步进入下一步的条件，转换条件可以是若干个信号的逻辑组合。

4）动作

所谓动作，是指某步活动时，PLC 向被控系统发出的命令，或被控系统应执行的动作。动作可用矩形框中的文字或符号表示，该矩形框应与相应步的矩形框相连接。如果某一步有几个动作，可以用图 3.8 中的两种画法来表示，但是这些表示方法并不代表动作之间的任何顺序。动作分为保持性动作和非保持性动作。动作与步保持一致的称为非保持性动作，即步为活动步就执行相应的动作，步变为非活动步时动作也结束，动作的执行与相应步的状态完全一致。保持性动作在实际工作与生产中也经常遇到，如机械手抓取工件时有一个夹紧动作，在夹紧后，机械手要执行上升、移动、下降等步，虽然步已经发生了转换，但夹紧动作依旧在持续，直到需要放松时才结束，这样的动作叫保持性动作。在需要该执行动作时可用 SET 指令使相应的线圈接通并保持，而在解除该动作时用 RST 指令使相应的线圈断开并保持。

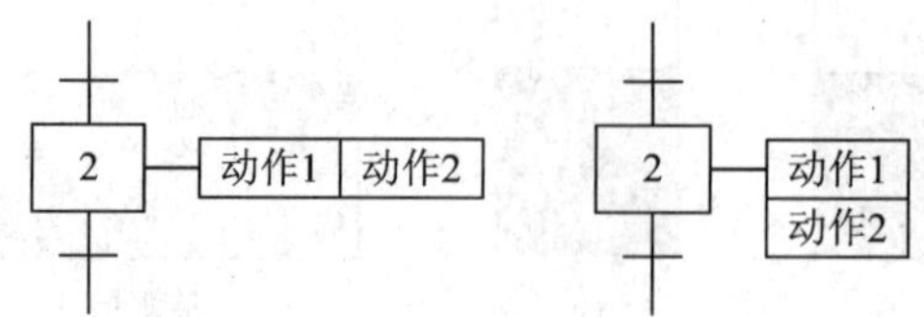

图 3.8 多个动作的表示方法

2. 绘制简单功能图

根据顺序功能图的组成要素，即可初步绘制出能体现控制任务的简单功能图，如图 3.9 所示。该梯形图可表现出系统各工作步的功能、步与步之间的转换顺序及其转换条件，并不涉及所描述的控制功能的具体技术，不能用于编写 PLC 程序。若要编写程序，还应将该功能图进行转化。

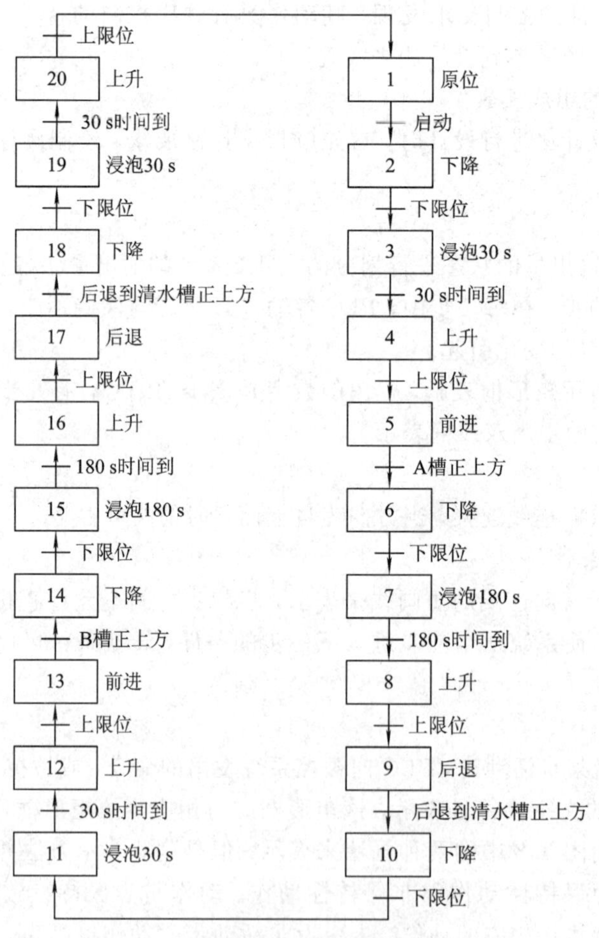

图 3.9 乙零件电镀行车控制简单功能图

3. 把简单功能图转化为 PLC 顺序功能图

1）注意事项

(1) 两个步禁止直接相连，必须用一个转换将其隔开。

(2) 两个转换也不能直接相连，必须用一个步将其隔开。

(3) 顺序功能图中的初始步一般对应于系统等待启动的初始状态，初始步可能不具有处于 ON 状态的输出，但初始步是必不可少的。

(4) 自动控制系统应能多次重复执行同一个工艺过程。因此，在顺序功能图中一般应包含由步和有向连线组成的闭环，即在完成一次工艺过程的全部操作之后，应从最后一步返回到初始步，系统停留在初始状态。在连续循环工作方式时，应从最后一步返回下一个工作周期开始运行的第一步。

(5) 在顺序功能图中，只有当某一步的前级步是活动步时，该步才有可能变成活动步。如果采用没有断电保持功能的编程元件代表各步，则在进入 RUN 工作方式时，各步均处于 OFF 状态，必须用初始化脉冲 M8002 的常开触点作为转换条件，将初始步预置为活动步，否则因顺序功能图中没有活动步，系统将无法工作。如果系统有自动、手动两种工作方式，则由于顺序功能图是用于描述自动工作过程的，还应在系统由手动工作方式进入自动工作方式时，用一个适当的信号将初始步置为活动步。

2）转化步骤

(1) 用可编程控制器的编程元件替换一般功能图中的转换条件、动作及步。

图 3.9 所示的功能图中包含的是电气符号、数字还有汉语文字，而不是可编程控制器中的编程元件。它虽能描述控制系统的功能，但与可编程控制器的程序还有些差距，所以应用对应的可编程控制器的编程元件替换。

乙零件电镀行车控制 I/O 分配如表 3.2 所示。

表 3.2　乙零件电镀行车控制 I/O 分配

输入设备	输入编号	输出设备	输出编号
启动按钮 SB1	X0	行车前进	Y0
停止按钮 SB2	X1	行车后退	Y1
原位行程开关 SQ0	X2	吊钩下降	Y2
A 槽行程开关 SQ1	X3	吊钩上升	Y3
B 槽行程开关 SQ2	X4		
上限位开关 SQ3	X5		
下限位开关 SQ4	X6		

观察表 3.2 不难发现，功能图中的转换条件正好对应该控制任务的输入，动作正好对应输出。因而，可以用 PLC 的输入替换功能图 3.9 中的转换条件，用 PLC 的输出替换图 3.9 中的动作。

功能图中的步一般用内部辅助继电器 M 来替换，包括 M0、M1、M2、M3。步还可以用状态继电器 S 替换，但必须与步进指令同时使用。

(2) 用初始化脉冲 M8002 将初始步预置为活动步。

图 3.9 所示的功能图是一个封闭的环，无法辨别出初始步。所以必须用系统提供的初

始化脉冲 M8002 作为起始激活信号，将初始步预置为活动步。

经过上述转化及替换工作，图 3.9 所示的简单功能图就转化成了图 3.10 所示的 PLC 顺序功能图。该图即为最终用来转化梯形图的 PLC 顺序功能图。

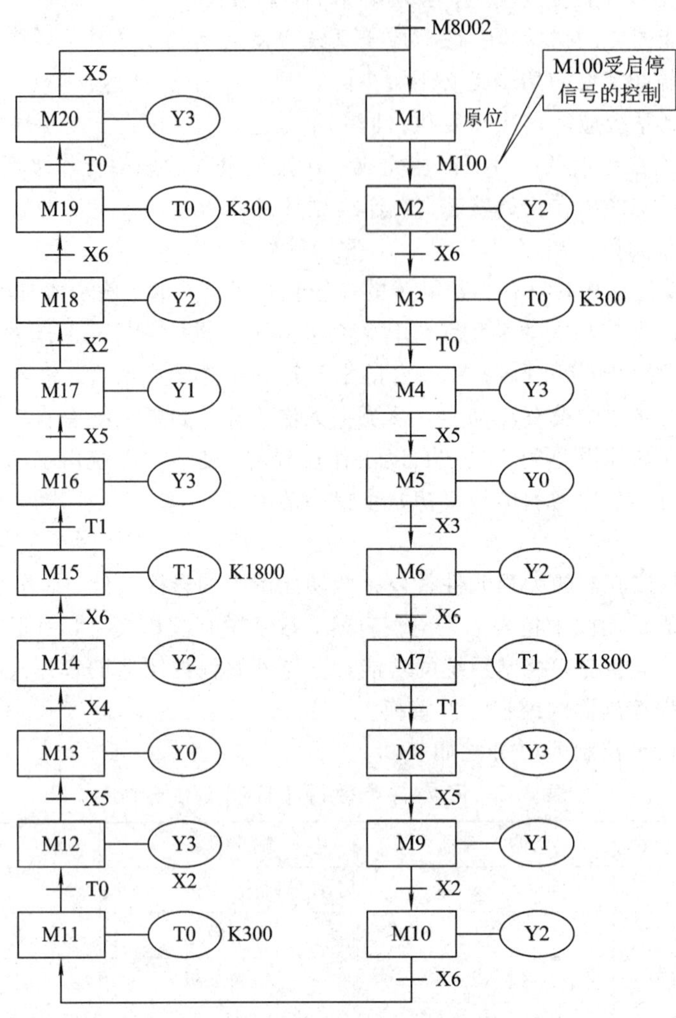

图 3.10 乙零件电镀行车控制 PLC 顺序功能图

根据顺序功能图即可编写梯形图。图 3.10 只是一个单序列结构的顺序功能图，通常根据需要绘制出的顺序功能图不可能都像图 3.10 一样简单。除此之外，还有其他结构的功能图，下面简要介绍顺序功能图的结构及其转化为梯形图的方法。

4. 顺序功能图的结构

1）单序列结构

单序列结构功能图的结构最为简单，由一系列按顺序排列、相继激活的步组成。每一步的后面只有一个转换，每一个转换后面只有一步，这种结构叫单序列结构。

2）选择序列结构

选择序列有开始和结束之分，选择序列的开始称为分支，选择序列的结束称为合并。

选择序列的分支是指一个前级步后紧接着若干个后续步可供选择，各分支都有各自的转换条件。分支中表示转换的短画线只能标注在水平线之下。图 3.11(a)所示为选择序列的分支。假设步 4 为活动步，如果转换条件 a 成立，则步 4 向步 5 实现转换；如果转换条件 b 成立，则步 4 向步 7 转换；如果转换条件 c 成立，则步 4 向步 9 转换。一般分支中只允许同时选择其中一个序列。

选择序列的合并是指将多个选择分支合并到一个公共序列上，各分支也都有各自的转换条件，转换条件只能标注在水平线之上。图 3.11 (b)所示为选择序列的合并。如果步 6 为活动步，转换条件 d 成立，则步 6 向步 11 转换；如果步 8 为活动步，转换条件 e 成立，则步 8 向步 11 转换；如果步 10 为活动步，转换条件 f 成立，则步 10 向步 11 转换。

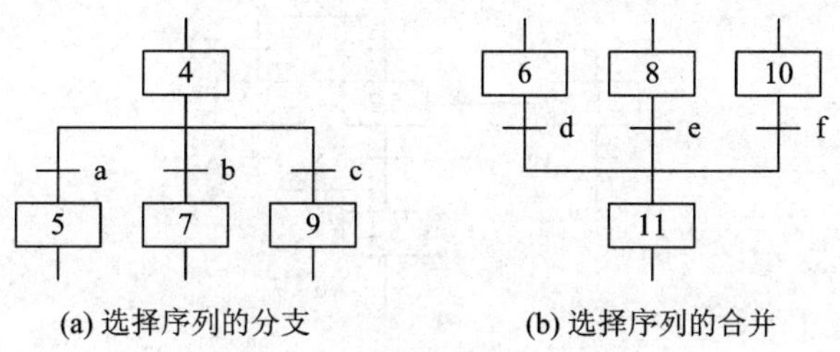

(a) 选择序列的分支　(b) 选择序列的合并

图 3.11　选择序列结构

3）并行序列结构

并行序列也有开始和结束之分，并行序列的开始称为分支，并行序列的结束称为合并。

图 3.12 (a)所示为并行序列的分支，当转换实现后可将同时使多个后续步激活。为了强调转换的同步实现，水平连线用双线表示。如果步 3 为活动步，且转换条件 e 成立，则 4、6、8 三步同时变为活动步，而步 3 变为不活动步。需要注意，当步 4、6、8 被同时激活后，每一序列后续的转换将是独立的。

图 3.12(b)所示为并行序列的合并。当直接连在双线上的所有前级步 5、7、9 都为活动步，且转换条件 d 成立时，才能实现转换。此时，步 10 变为活动步，而步 5、7、9 均变为不活动步。

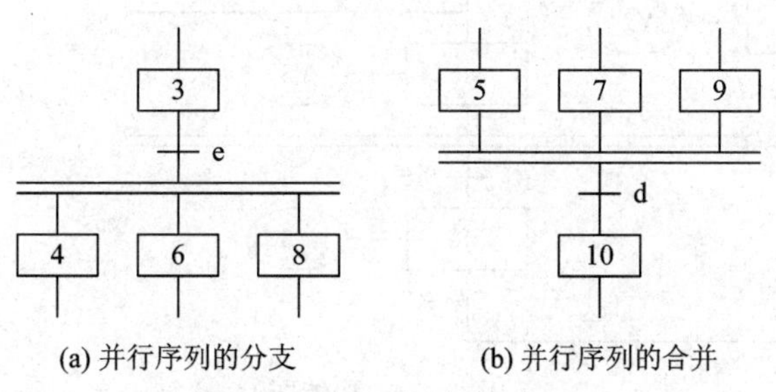

(a) 并行序列的分支　(b) 并行序列的合并

图 3.12　并行序列结构

4）子步结构

在绘制复杂控制系统的顺序功能图时，为了在总体设计时容易抓住系统的主要矛盾，能更简洁地表示系统的整体功能和全貌，通常采用子步的结构形式，可避免开始设计时陷入某些细节中。

子步结构是指在顺序功能图中，某一步包含着一系列子步和转换，如图 3.13 所示的顺序功能图就采用了子步的结构形式。图 3.13 的顺序功能图中，步 5 包含 5.1、5.2、5.3、5.4 四个子步。

这些子步结构通常表示整个系统中的一个完整子功能，类似于计算机编程中的子程序。因此，设计时先要画出简单描述整个系统的总顺序功能图，然后画出更详细的子顺序功能图。子步中可以包含更详细的子步。采用子步的结构形式，逻辑性强，思路清晰，可以减少设计错误，缩短设计周期。

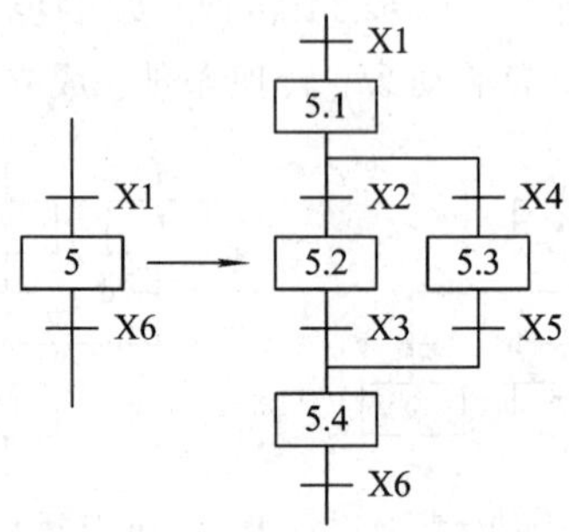

图 3.13 子步结构

图 3.14 为一个包含了单序列、选择及并列结构的功能图。

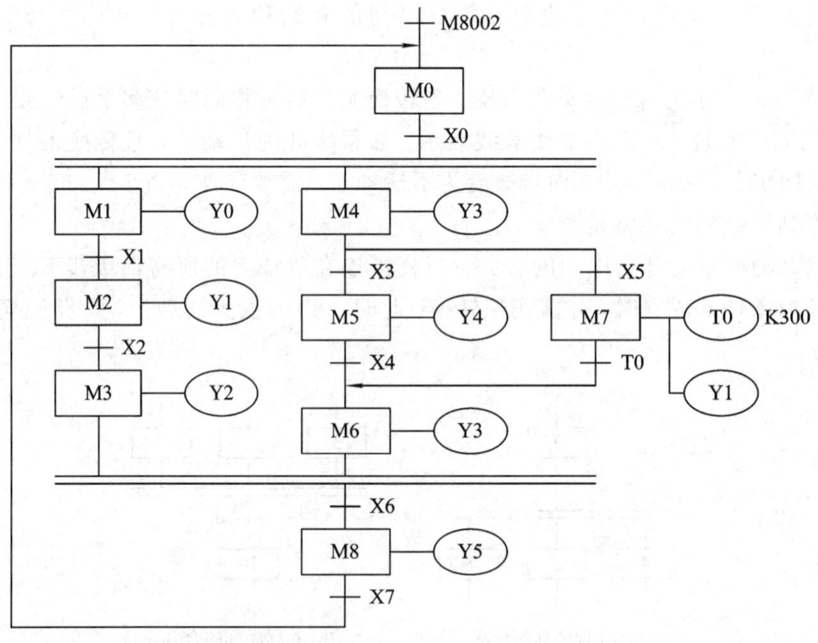

图 3.14 功能图

5. PLC 顺序功能图转化梯形图

PLC 顺序功能图转化梯形图的方法包含以下三种：

方法一：采用启保停电路的编程方法。

方法二：采用以转换为中心的编程方法。

方法三：采用步进指令的编程方法。

1）相关概念的介绍

在介绍将功能图转化为梯形图的方法之前，首先要了解几个相关概念。

(1) 初始步：控制过程开始阶段的活动步与系统初始状态相对应，称为初始步，初始状态一般是系统等待启动命令的相对静止状态。

(2) 活动步：当系统正在某一步工作时，该步处于活动状态，称为活动步。

(3) 非活动步：当某步处于非活动状态时，称为非活动步。

需要强调的是：当步处于活动状态时，相应的动作被执行；当步处于不活动状态时，相应的非保持型动作被停止执行。保持型动作是指该步活动时执行该动作，该步变为非活动步时继续执行该动作。非保持型动作是指该步活动时执行该动作，该步变为非活动步时停止执行该动作。一般保持型动作在顺序功能图中应该用文字或指令助记符(如 SET 指令)标注，而非保持型动作无需标注。

(4) 前级步与后续步是一个相对的概念。

(5) 步与步之间实现转换应同时具备两个条件：

① 前级步必须是活动步。

② 对应的转换条件成立。

(6) 实现转换的结果是：

① 后续步变为活动步。

② 前级步变为非活动步。

(7) 仅有两步的闭环的处理方法。

如果在顺序功能图中存在仅由两步组成的小闭环，如图 3.15(a)所示，则用启动、保持、停止电路设计的梯形图不能正常工作。例如，在 M2 和 X2 均为 ON 时，M3 的启动电路接通，但这时与它串联的 M2 的常闭触点却是断开的，如图 3.15(b)所示，所以 M3 的线圈不能通电。出现上述问题的根本原因在于步 M2 既是步 M3 的前级步，又是它的后续步。在小闭环中增设一步就可以解决这一问题，如图 3.15 (c)所示。M10 并没有进行任何操作，其转换条件“＝1”相当于逻辑代数中的常数 1，即表示转换条件总是满足的。信号只要进入步 M10，将立即转换到步 M2。图 3.15(d)是根据图 3.15(c)画出的梯形图。

将图 3.15(b)中 M2 的常闭触点改为 X3 的常闭触点，不用增设步，也可以解决上述问题。

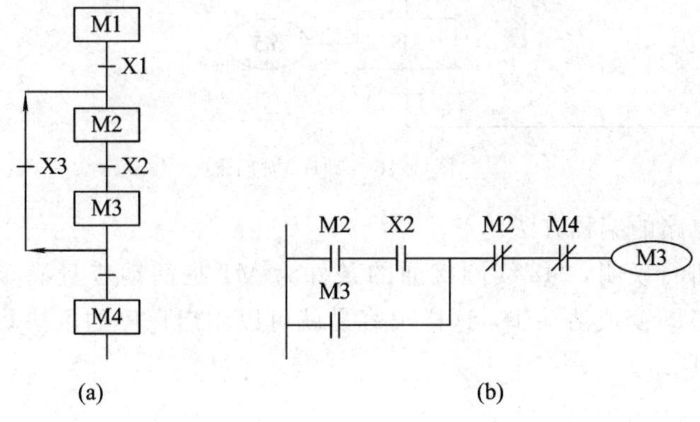

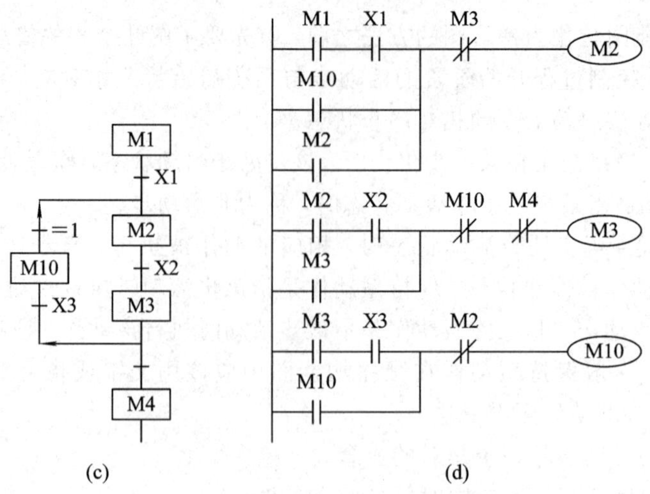

图 3.15 仅有两步的闭环的处理

2）三种转化方法

下面以图 3.16 为例介绍三种 PLC 顺序功能图的转化方法。

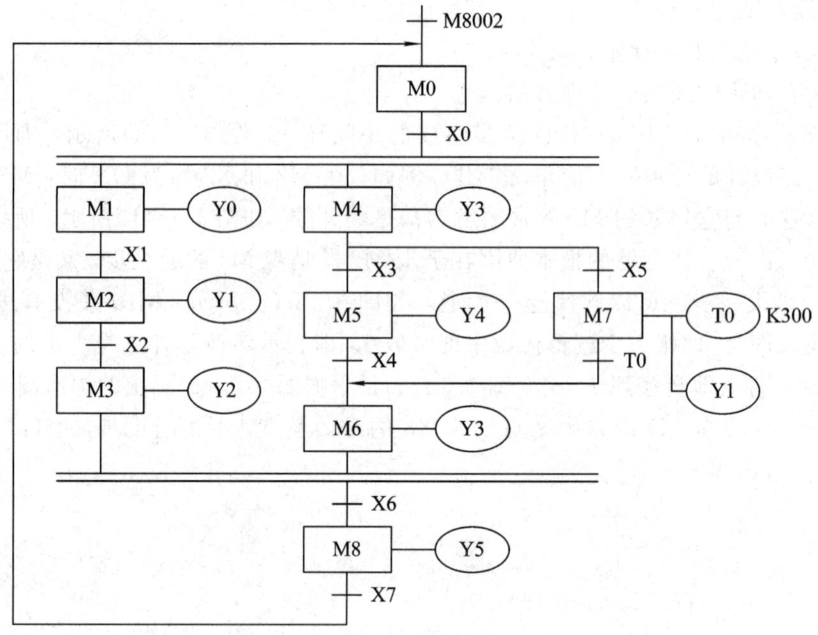

图 3.16 顺序功能图

（1）启保停电路的编程方法。

以 M2 为例进行说明，M2 线圈接通的条件为 M1 是活动步且满足转换条件 T0，M2 不接通的条件为 M3 变成活动步。这样很容易就可以用启保停的方法写出 M2 线圈的逻辑关系，如图 3.17 所示。

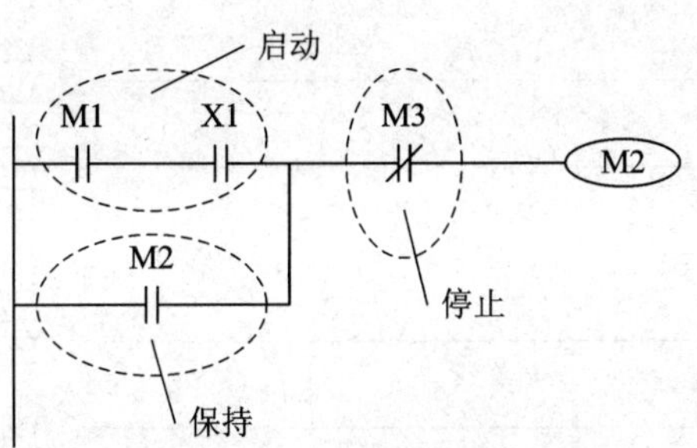

图 3.17　逻辑关系图

依此方法写出从 M0 到 M8 的逻辑关系，最后再根据顺序功能图整理输出，即可避免双线圈输出。启保停电路的梯形图如图 3.18 所示。

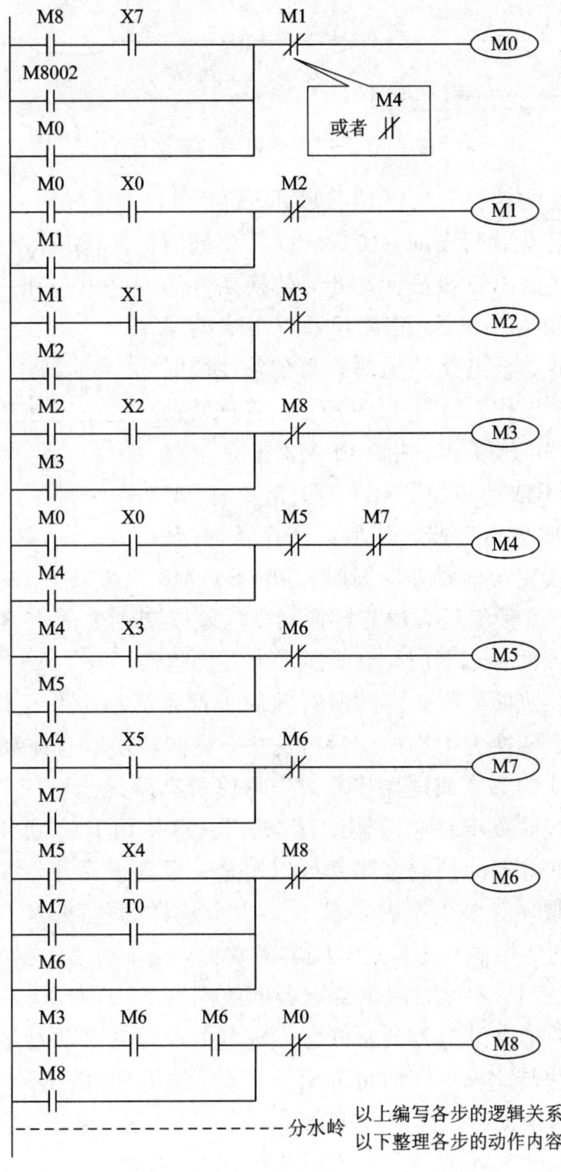

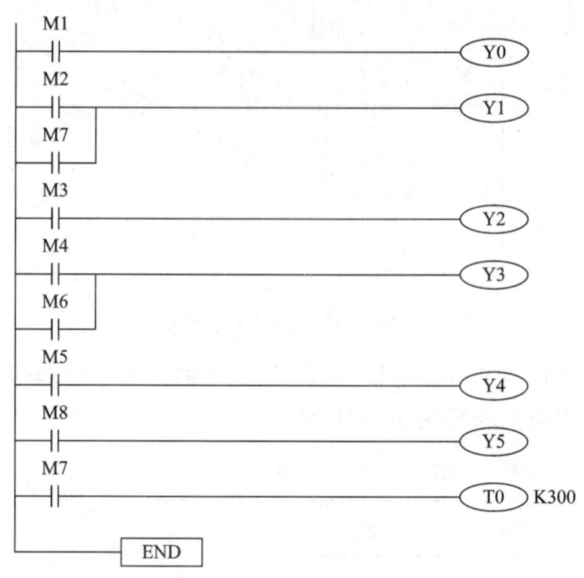

图 3.18 启保停电路的梯形图

(2) 以转换为中心的编程方法(用 SET、RST 指令)。

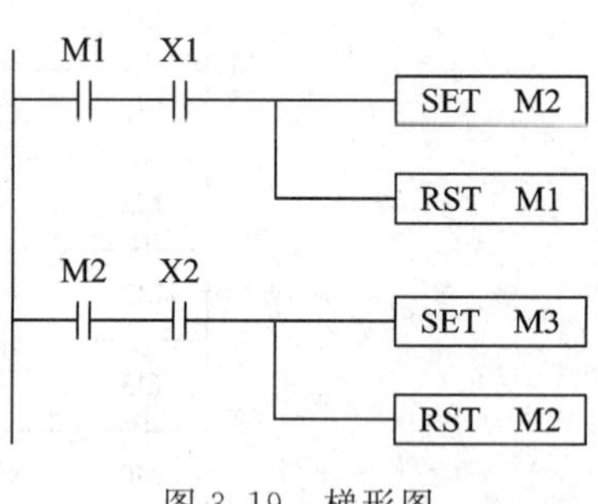

图 3.19 梯形图

采用启保停方法转化梯形图时，实现转换需要同时满足两个条件：该转换的前级步是活动步，转换条件满足。在梯形图中可以用 M1 和 Xl 的常开触点组成的串联电路来表示上述条件。该电路接通时，两个条件同时满足，此时应完成两个操作，如图 3.19 所示。将该转换的后续步变为活动步(用 SET M2 指令将 M2 置位)，将该转换的前级步变为不活动步(用 RST M1 指令将 M1 复位)。同样，当 M2 成为活动步，且满足转换条件 X2 时，用 SET M3 将 M3 变为活动步，同时，用 RST M2 将 M2 变为非活动步。这种编程方法与转换实现的基本规则之间有着严格的对应关系，用它编制复杂顺序功能图的梯形图时，更能显示出其优越性。

在顺序功能图中，如果某一转换的所有前级步都是活动步并且相应的转换条件满足，则转换可以实现。在以转换为中心的编程方法中，将该转换所有前级步对应的辅助继电器的常开触点与转换对应的触点或电路串联，作为使所有后续步对应的辅助继电器置位(使用 SET 指令)和使所有前级步对应的辅助继电器复位(使用 RST 指令)的条件。在任何情况下，代表步的辅助继电器的控制电路都可以用这一原则来设计，每一个转换对应一个控制置位和复位的电路块，有多少个转换就有多少个这样的电路块。这种设计方法很有规律，在设计复杂顺序功能图的梯形图时，既容易掌握，又不容易出错。

使用这种编程方法时，不能将输出继电器的线圈与 SET 和 RST 指令并联。应根据顺序功能图，用代表步的辅助继电器的常开触点或其并联电路来驱动输出继电器的线圈。采用以转换为中心的方法转化梯形图时可分两步实现：先用 SET、RST 指令写出所有步的逻辑关系，再用代表步的辅助继电器驱动输出。

图 3.20 是采用以转换为中心的方法将图 3.16 所示的功能图转化的梯形图。

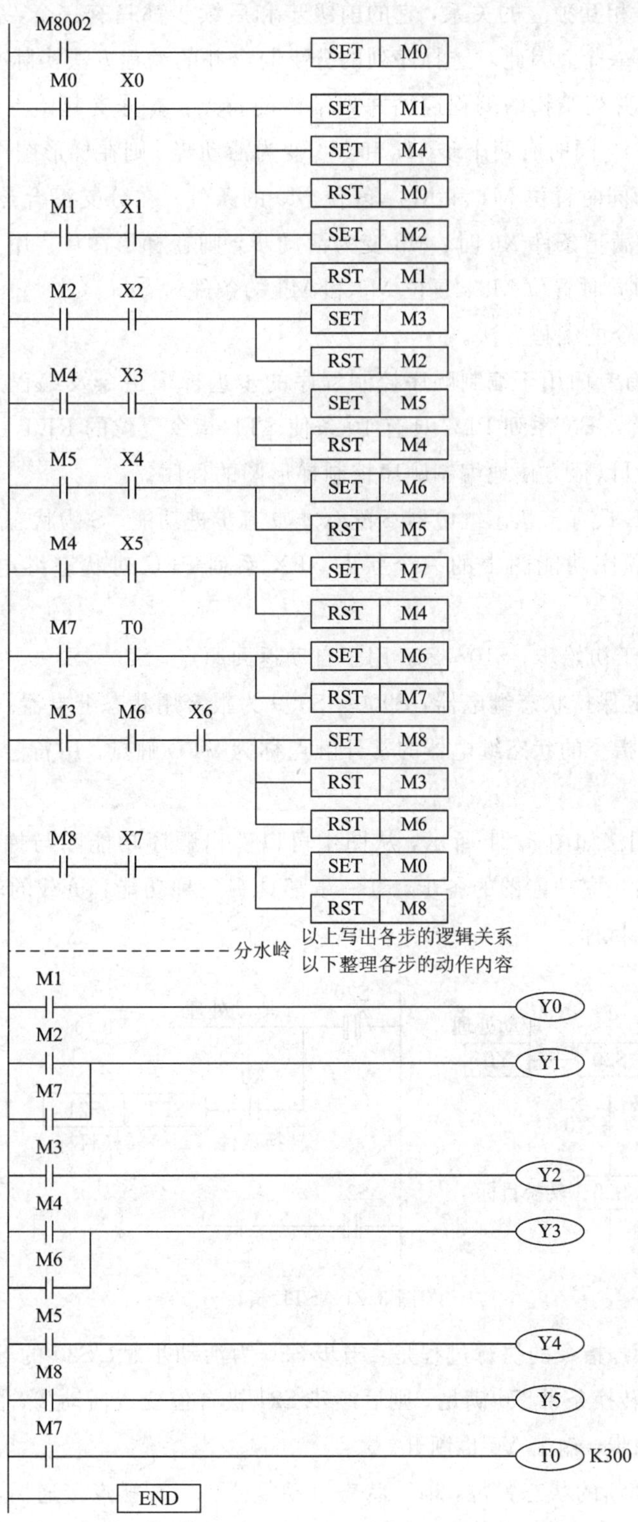

图 3.20　采用以转换为中心的方法将功能图转化为梯形图

在梯形图 3.20 中，既有单序列结构，又有并列结构和选择结构。在选择结构中，两个选择分支间其实是相互独立的关系，它的前级步和后续步都只有一个，需要置位、复位的辅助继电器也只有一个，因此对选择序列的分支与合并的编程方法实际上与对单序列的编程方法完全相同。并列结构的编程遵循并列结构的特点：在分支起始点处，当 M0 为活动步，满足条件 X0 时，同时有两个步 M1 和 M4 变为活动步，则在梯形图中，用 M0 和 X0 的常开触点串联作为同时置位 M1 和 M4、复位 M0 的条件；在分支汇合点处，当 M3 和 M6 同时为活动步，且满足条件 X6 时，M8 变为活动步，则在梯形图中，用 M3、M6 及 X6 的常开触点串联作为同时置位 M8、复位 M3 和 M6 的条件。

(3) 用步进指令的编程方法。

许多 PLC 都有专门用于编制顺序控制程序的步进梯形指令及编程元件。步进梯形指令简称为 STL 指令，FX 系列 PLC 具有 10 条使 STL 指令复位的 RET 指令。利用 STL 指令和 RET 指令，可以很方便地编制顺序控制梯形图的程序。

步进指令 STL 只有与状态继电器 S 配合才具有步进功能。S 为状态继电器，与其后面的数字一起表示顺序功能图中的一个状态。FX 系列 PLC 对状态继电器的使用有如下规定：

① S0～S9 用于初始步，S10～S19 用于自动返回原点，S20～S499 为通用继电器状态，S500～S899 为断电保持状态继电器，S900～S999 为报警用状态继电器。

② 使用 STL 指令的状态继电器的常开触点称为 STL 触点，用符号-||-表示，不存在常闭的 STL 触点。

STL 指令的用法如图 3.21 所示，从图中可以看出顺序功能图与梯形图之间的关系。用状态继电器代表顺序功能图的各步，每一步都具有三种功能：负载的驱动处理、指定转换条件和指定转换目标。

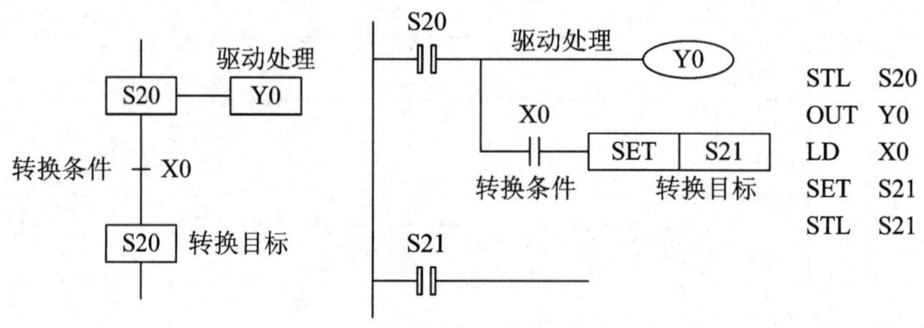

图 3.21 STL 指令

图 3.21 中 STL 指令的执行过程是：当步 S20 为活动步时，S20 的 STL 触点接通，负载 Y0 输出。如果转换条件 X0 满足，则后续步 S21 被置位变成活动步，同时前级步 S20 自动断开变成非活动步，输出 Y0 也断开。

STL 指令可使新的状态置位，前一状态自动复位。STL 触点接通后，与此相连的电路开始执行；当 STL 触点断开时，与此相连的电路停止执行。

STL 触点与左母线相连，同一状态继电器的 STL 触点只能使用一次(除并行序列的合并)。

与 STL 触点相连的起始触点应使用 LD、LDI 指令。使用 STL 指令后，LD 触点移至 STL 触点右侧，直到出现下一条 STL 指令或者出现 RET 指令为止。RET 指令使 LD 触点返回左母线。

梯形图中同一元件的线圈可以被不同的 STL 触点驱动，也就是说使用 STL 指令时允许双线圈输出。

STL 触点可以直接驱动或通过其他触点驱动 Y、M、S、T 等元件的线圈和功能指令。STL 触点右侧不能使用入栈(MPS)指令。

STL 指令不能与 MC－MCR 指令同时使用。

STL 指令仅对状态继电器有效，当状态继电器不作为 STL 指令的目标元件时，具有一般辅助继电器的功能。

STL 指令和 RET 指令是一对步进梯形(开始和结束)指令。在一系列步进梯形指令之后，加上 RET 指令，表明结束步进梯形指令功能，LD 触点返回到原来的母线。

在由 STOP 状态切换到 RUN 状态时，可用初始化脉冲 M8002 将初始状态继电器置为 ON，可用区间复位指令(ZRST)将除初始步以外的其余各步的状态继电器复位。

步进梯形指令只有与状态继电器 S 配合才具有步进功能。如果采用步进指令转化梯形图，则功能图中所有步都应采用状态继电器 S，而非辅助继电器 M，如图 3.22 所示的功能图，转化后的梯形图如图 3.23 所示。

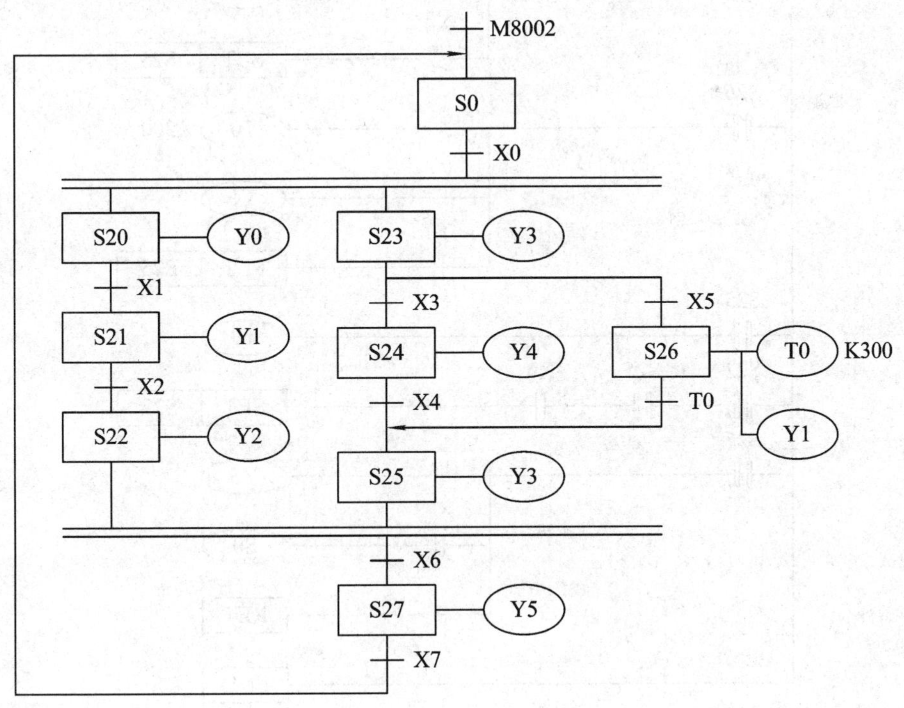

图 3.22　状态继电器功能图

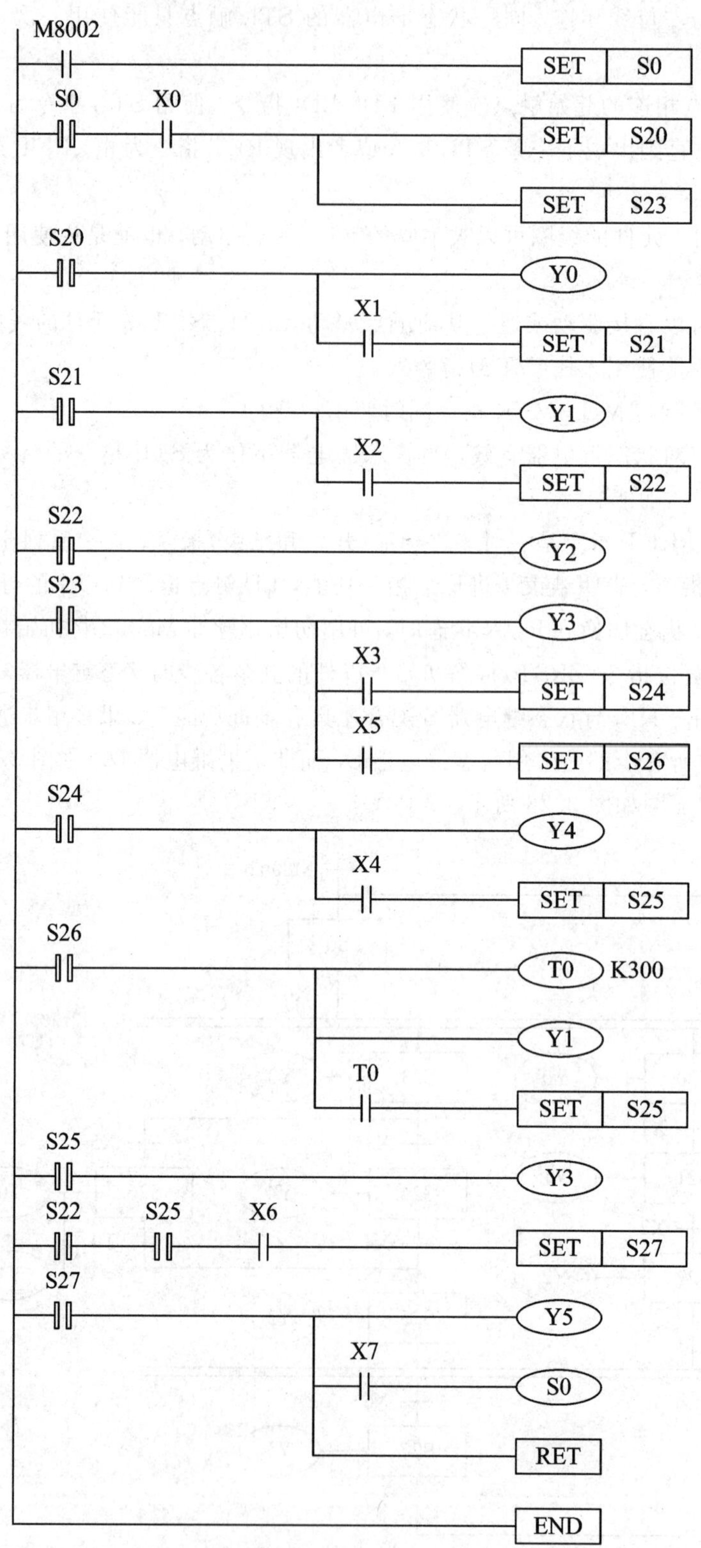

图 3.23 步进指令梯形图

用步进指令转化梯形图的注意事项包括：

① PLC 通电进入 RUN 状态，初始化脉冲 M8002 的常开触点闭合一个扫描周期，梯形图中第一行的 SET 指令将初始步 S0 置为活动步。

② 用 OUT S0 指令使 S0 变为 ON 并保持，系统返回并停止在初始步。

③ 在梯形图的结束处，一定要使用 RET 指令，使 LD 触点回到左母线上，否则系统将不能正常工作。

④ 图 3.23 中步 S23 之后有一个选择序列的分支。当 S23 为活动步时，如果转换条件 X3 满足，则将转换到步 S24；如果转换条件 X5 满足，则将转换到步 S26。如果某一步后有 N 条选择序列的分支，则该步的 STL 触点开始的电路块中应有 N 条分别指明各转换条件和转换目标的并联电路。对于图 3.22 中步 S23 之后的这两条支路，有两个转换条件 X3 和 X5，可能进入步 S24 或步 S26，所以在 S23 的 STL 触点开始的电路块中，有两条分别由 X3 和 X5 作为置位条件的串联电路。

⑤ 图 3.23 中步 S25 之前有一个由两条支路组成的选择序列的合并。当 S24 为活动步，转换条件 X4 得到满足时，或者步 S26 为活动步，转换条件 T0 得到满足时，都将使步 S25 变为活动步，同时将步 S24 或步 S26 变为非活动步。在梯形图中，由 S24 和 S26 的 STL 触点驱动的电路块中均有转换目标 S25，对它们的后续步 S25 的置位是用 SET 指令实现的，对相应的前级步的复位则是由系统程序自动完成的。其实在设计梯形图时，没有必要特别留意如何处理选择序列的合并，只要正确地设计每一步的转换条件和转换目标，就能自然地实现选择序列的合并。

⑥ 如图 3.23 所示，S0 之后的 S20 和 S23 两个步是并列结构，当 S0 为活动步，且满足条件 X0 时，S20 和 S23 同时变为活动步。在梯形图中，用 S0 的 STL 触点和 X0 的常开触点组成的串联电路来控制 SET 指令同时对 S22 和 S24 置位，同时系统自动将前级步 S0 变为非活动步。

⑦ 图 3.23 中并行序列合并处的转换有两个前级步 S22 和 S25，S22 为活动步时，Y2 有输出，S25 为活动步时，Y3 有输出，两个步的输出应独立体现。若转换条件及下级转换目标相同，则应合并体现。根据转换实现的基本规则，当某些步均为活动步且转换条件满足时，将实现并行序列的合并。在梯形图中，用 S22 和 S25 的 STL 触点和 X6 的常开触点组成的串联电路使步 S27 置位变为活动步，同时系统自动将两个前级步 S22 和 S25 变为非活动步。

熟悉了以上三种转换方法后，可以选用任意一种方法将乙零件的功能图转化为梯形图。图 3.24 是用启保停的方法转化的梯形图，至于另外两种方法，读者可自行编写。

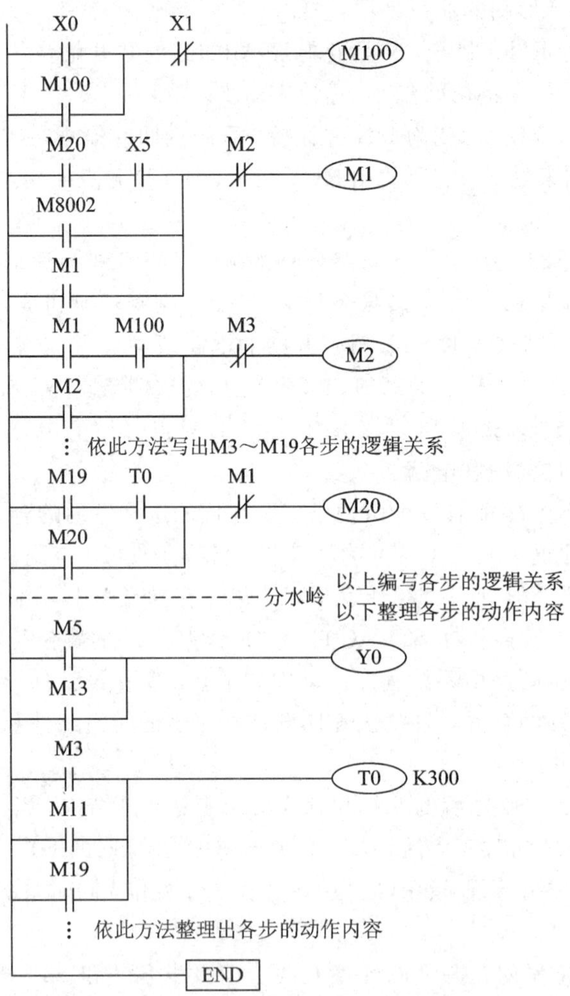

图 3.24 启保停法转化的梯形图

3.3.5 系统调试

程序编写完成后，应把各环节编写的程序合理地联系起来，对程序功能做一个简要的分析，查找编写过程中的疏漏之处，通过调试与修改，最终得到一个满足控制要求的程序。可按如下步骤进行调试：

(1) 将程序传送至 PLC。

(2) 根据 I/O 分配表及外部接线图进行接线，暂时不接输出负载。

(3) 根据控制要求输入模拟现场的信号，观察输出指示灯是否正确无误。

(4) 连接输出负载，空载进行电气系统调试。

(5) 逐步加载，试运行。

(6) 不断改进、完善，直至满足工艺要求。

3.4 评估检测

在设计并检测项目后，应对本项目的完成效果进行评估检测。

(1) 可按表3.3所示的内容，对本项目进行评分。

表3.3　项目评分表

项目评分表(以三人为一组) 项目三：电镀生产线行车的自动控制　班级：　姓名：						
考核方面	评分细则	分数	评分			
			个人自评	学生互评1	学生互评2	教师评分
子任务一(35分)	正解理解控制要求，I/O分配合理，既能完成控制任务，又方便操作，节省点数	5分				
	画出正确的外部接线图	5分				
	时序图绘制正确清晰，能充分反映控制要求	10分				
	时序图分析正确，定时器数目及时间确定正确	5分				
	根据时序图设计梯形图程序，逻辑清楚正确	10分				
子任务二(25分)	对任务理解正确，合理增加I/O	10分				
	画出正确的外部接线图	5分				
	程序设计合理，满足手动控制要求	10分				
系统调试(20分)	正确进行程序输入、编辑及传送	5分				
	外部接线正确	5分				
	不断修改完善程序，满足控制要求	10分				
素质养成(20分)	爱岗敬业，纪律性强，无迟到早退现象	3分				
	按要求搜集相关资料，资料针对性强	5分				
	与团队成员分工协作，有良好的沟通交流能力及团队合作能力	3分				
	项目实施过程中，表现积极主动，责任心强	3分				
	勤于思考，善于发现问题、分析问题、解决问题，有创新精神	3分				
	有良好的安全意识，能够按照实验实训操作规程进行安全文明生产	3分				
总　分						
本项目平均得分(个人自评占10%，团队互评占30%，教师评分占60%)						

(2) 要求学生总结通过本项目的学习，在职业情感智力的提高方面有何心得体会。

3.5 归纳点拨

一、梯形图经验设计方法的步骤

1. 分解梯形图程序

将要编制的梯形图程序成功分解为独立的子梯形图程序。

2. 输入信号逻辑组合

利用输入信号逻辑组合直接控制输出信号。在画梯形图时，应考虑输出线圈的得电条件、失电条件、自锁条件等，注意程序的启动、停止、连续运行、选择性分支和并行分支。

3. 使用辅助元件和辅助触点

如果无法利用输入信号逻辑组合直接控制输出信号，则需要增加一些辅助元件和辅助触点以建立输出线圈的得电和失电条件。

4. 使用定时器和计数器

如果输出线圈的得电和失电条件中需要定时和计数条件，则可使用定时器和计数器逻辑组合建立输出线圈的得电和失电条件。

5. 使用功能指令

如果输出线圈的得电和失电条件中需要功能指令的执行结果作为条件，则可使用功能指令逻辑组合建立输出线圈的得电和失电条件。

6. 画互锁条件

画出各输出线圈之间的互锁条件。互锁条件可以避免同时发生互相冲突的动作。

7. 画保护条件

保护条件可以在系统出现异常时，使输出线圈动作，保护控制系统和生产过程。

在设计梯形图程序时，要注意先设计基本梯形图的程序，当基本梯形图程序的功能能够满足要求后，再增加其他功能。在使用输入条件时，应注意输入条件是电平、脉冲或边沿。一定要将梯形图分解成小功能块并调试完毕，然后再调试全部功能。

由于PLC组成的控制系统复杂程度不同，所以梯形图程序的难易程度也不同，因此以上步骤并不是唯一且必需的，可以灵活运用。

二、经验法的优缺点

由经验设计法的设计过程可知，经验设计法只能用来设计一些简单的梯形图程序或复杂系统的某一局部程序(如手动程序等)。如果采用经验法设计复杂系统的梯形图，存在以下问题：

1. 考虑不周、设计繁琐、设计周期长

采用经验法设计程序，没有一套固定的方法和步骤可以遵循，具有很大的试探性和随意性。设计复杂系统的梯形图时，要用大量的中间元件来完成记忆、联锁、互锁等功能。由于需要考虑的因素很多，它们往往又交织在一起，因此分析起来非常困难，并且很容易遗漏一些问题。修改某一局部程序时，很可能会对系统其他部分程序产生意想不到的影响。梯形图的修改也很麻烦，往往花费很长时间，还得不到一个满意的结果。

2. 可读性差、系统维护困难

用经验法设计的梯形图往往非常复杂，一般是按照设计者的经验和习惯的思路完成的。因此，即使是设计者的同行，要分析这种程序也非常困难，更不用说维修人员了，这给PLC系统的维护和改进带来了许多困难。

三、顺序控制设计法的优缺点

使用顺序控制设计法时，首先要根据系统的工艺过程画出顺序功能图，然后根据顺序功能图画出梯形图。因而在用顺序控制设计法编程时，顺序功能图的绘制是最为关键的一个环节，它将直接决定所设计PLC程序的质量。顺序功能图又称为流程图，能清楚地表现出系统各工作步的功能、步与步之间的转换顺序及其转换条件。顺序功能图并不涉及所描述的控制功能的具体技术，而是一种通用的技术语言，可用于深化设计以及不同专业人员之间的技术交流。顺序控制设计法规律性很强，易于掌握，程序结构清晰，可读性好。

3.6 项目拓展

如图3.25所示，丙零件初始位置在清水槽正上方，按下启动按钮后，行车吊钩下降到下限位，丙零件在清水槽中浸泡；30 s后吊钩开始上升，上升至上限位，行车前进到A槽正上方，吊钩开始下降，下降至下限位，丙零件在A槽液体中浸泡；180 s后吊钩开始上升，上升至上限位，行车后退到清水槽正上方，吊钩开始下降，下降至下限位，丙零件在清水槽中浸泡；30 s后吊钩开始上升，上升至上限位，行车前进到B槽正上方，吊钩开始下降，下降至下限位，丙零件在B槽液体中浸泡；180 s后吊钩开始上升，上升至上限位，行车后退到清水槽正上方，吊钩开始下降，下降至下限位，丙零件在清水槽中浸泡；30 s后吊钩开始上升，上升至上限位，行车前进到C槽正上方，吊钩开始下降，下降至下限位，丙零件在C槽液体中浸泡；180 s后吊钩上升，上升至上限位，行车后退到清水槽正上方，吊钩开始下降，下降至下限位，丙零件在清水槽中浸泡；30 s后吊钩上升，上升至上限位，本次工艺循环结束。根据所述工艺过程，请读者自行编写程序。

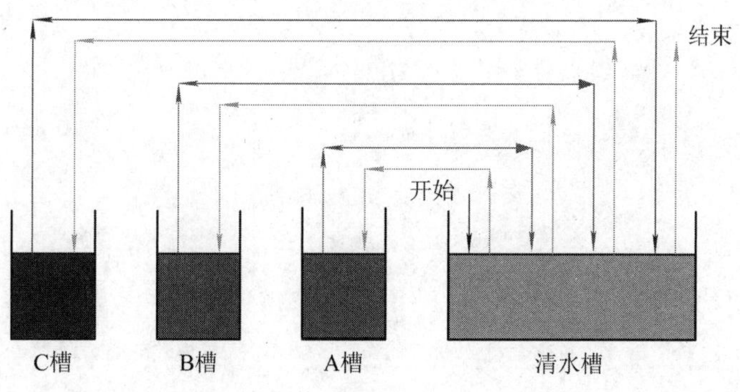

图3.25　丙零件电镀示意图

项目四 压缩空气微热再生干燥器的自动控制

知识目标

(1) 掌握顺序功能图的三种基本结构的特征。

(2) 掌握根据控制任务画出顺序功能图的方法。

(3) 掌握顺序功能图转化梯形图的三种方法。

能力目标

学会运用顺序功能图法解决生产线等顺序控制类设备的自动控制。

素质目标

(1) 通过学习本项目，使学生具备一定的自学能力。

(2) 在项目进行过程中，培养学生具有良好的沟通交流能力和团队协作精神。

(3) 使学生逐步具备发现问题、分析问题和解决问题的能力。

4.1 项目背景

压缩空气是企业生产中重要的动力源之一，空气质量会直接影响生产设备的正常运行，所以对气源进行净化处理是绝对必要的。吸附式微热再生干燥器如图 4.1 所示，是一种专门用于分离压缩空气中水分的设备。

图 4.1 吸附式微热再生干燥器

4.2 控制要求

微热再生干燥器脱水工作示意图如图 4.2 所示。

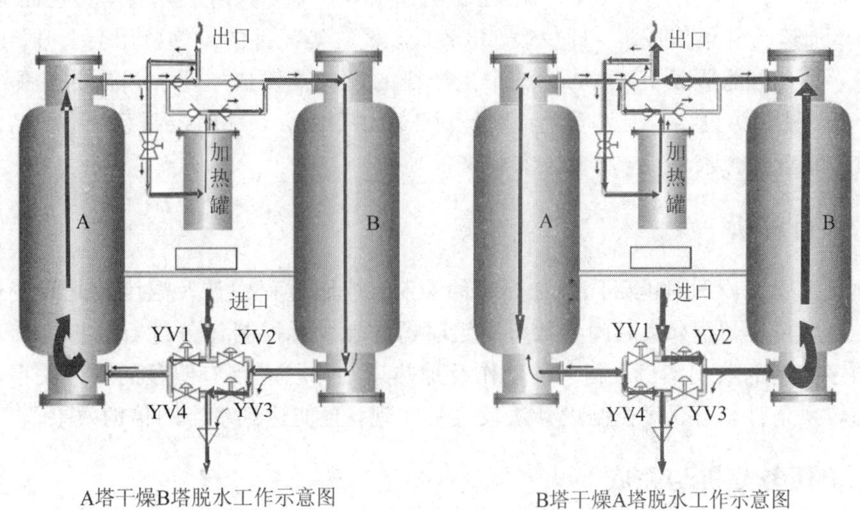

图 4.2 脱水工作示意图

按下启动按钮后，电磁阀 YV1 和 YV3 打开，同时加热罐开始加热，加热温度到达 180℃时停止加热。在此过程中，绝大部分压缩空气从 YV1 经过 A 塔干燥后到达出口，提供给用户；极少一部分的压缩空气经过加热罐到达 B 塔，对 B 塔内的干燥剂进行脱水，再经过 YV3 排到大气中。

2 小时后，电磁阀 YV1 和 YV3 关闭，电磁阀 YV2 和 YV4 打开，同时加热罐再次开始加热，加热温度到达 180℃时停止加热。在此过程中，绝大部分压缩空气从 YV2 经过 B 塔干燥后到达出口，提供给用户；极少一部分的压缩空气经过加热罐到达 A 塔，对 A 塔内的干燥剂进行脱水，再经过 YV4 排到大气中。

再经过 2 小时，电磁阀 YV2 和 YV4 关闭，电磁阀 YV1 和 YV3 再次打开，如此循环工作。

按下停止按钮，结束当前工作周期后设备停止工作。

4.3 项目实施

4.3.1 资讯搜集

(1) 搜集微热再生干燥器的相关资料，并分组讨论。

(2) 搜集顺序功能图的结构形式。

(3) 搜集功能图转化梯形图的方法。

4.3.2 信息共享

压缩空气是企业生产中重要的动力源之一，空气压缩机直接排出的压缩空气中含有很多杂质，主要由水、油及颗粒杂质所构成。如果不对其进行处理而直接使用，空气中的杂质会对系统中的元件造成很大的损害，设备的维护成本上升，使用寿命缩短，严重时将会污染产品，造成产品的报废。同时压缩空气中含有 100%相对湿度的水分，随着压缩空气在管道中冷却，其中的水分将析出。在压缩空气系统中，如果存在水分，将会带来许多的弊端，如增加运行和维修成本，即仪表、电磁阀、气缸等元件的维修费用会上升；设备的工作效率低，并有可能造成生产中断；整个生产线的设备投资成本增加，需要在系统中增加冷凝、分离、排污等设备；工艺质量特别是对于喷漆、喷砂、气动控制系统、食品、制药等行业，因压缩空气含水率高，将直接影响产品质量。

4.3.3 项目解析

本项目主要完成两对电磁阀及加热罐的控制，控制过程中涉及温度及时间变量，温度参数可由温度传感器提供，时间参数可用定时器控制。对控制任务进行分析可知，本项目是一个顺序控制的典型案例，阀门的动作及加热罐工作状态都有明显的顺序关系，且有明确的状态转换条件，用顺序控制设计法较容易实现，且能达到事半功倍的效果。

4.3.4 子任务分析与完成

1. I/O 分配

压缩空气微热再生干燥器的自动控制的 I/O 分配如表 4.1 所示。

表 4.1　I/O 分配

输入设备	输入编号	输出设备	输出编号
启动按钮 SB1	X0	电磁阀 YV1	Y0
停止按钮 SB2	X1	电磁阀 YV2	Y1
温度传感器	X2	电磁阀 YV3	Y2
		电磁阀 YV4	Y3
		加热罐	Y4

2. 外部接线图绘制

PLC 外部接线图如图 4.3 所示。

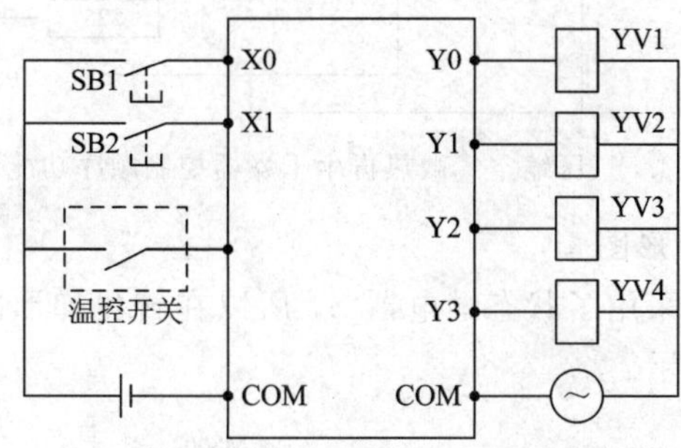

图 4.3　PLC 外部接线图

3. 工作流程图绘制

根据本项目控制任务要求，画出压缩空气微热再生干燥器的工作流程图，如图 4.4 所示。

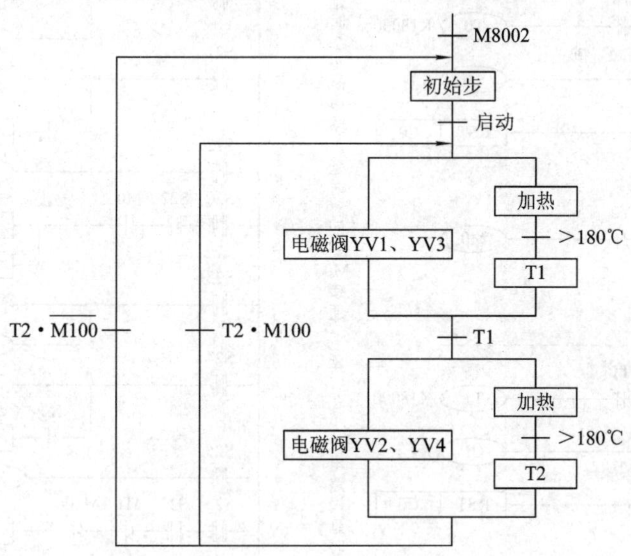

图 4.4　压缩空气微热再生干燥器工作流程图

4. 将流程图转化为功能图

将图 4.4 所示的流程图转化为 PLC 顺序功能图，如图 4.5 所示，本顺序功能图各步采用了状态继电器 S。

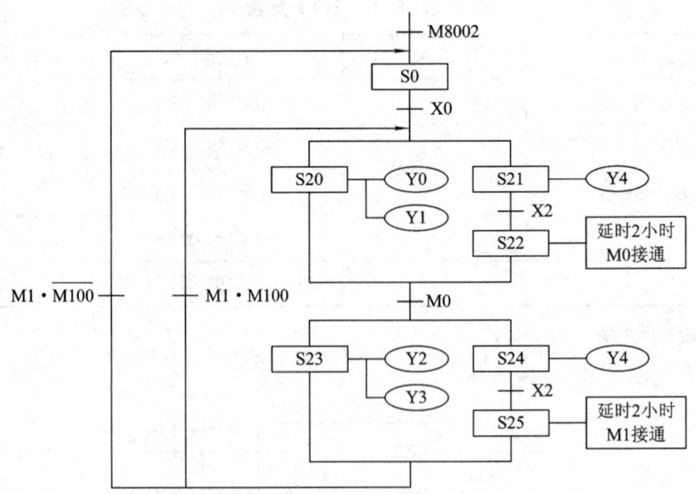

图 4.5　压缩空气微热再生干燥器控制顺序功能图

5. 根据功能图转化梯形图

由于顺序功能图的步采用了状态继电器 S，所以在转化梯形图时应采用步进指令。转化后的梯形图如图 4.6 所示。

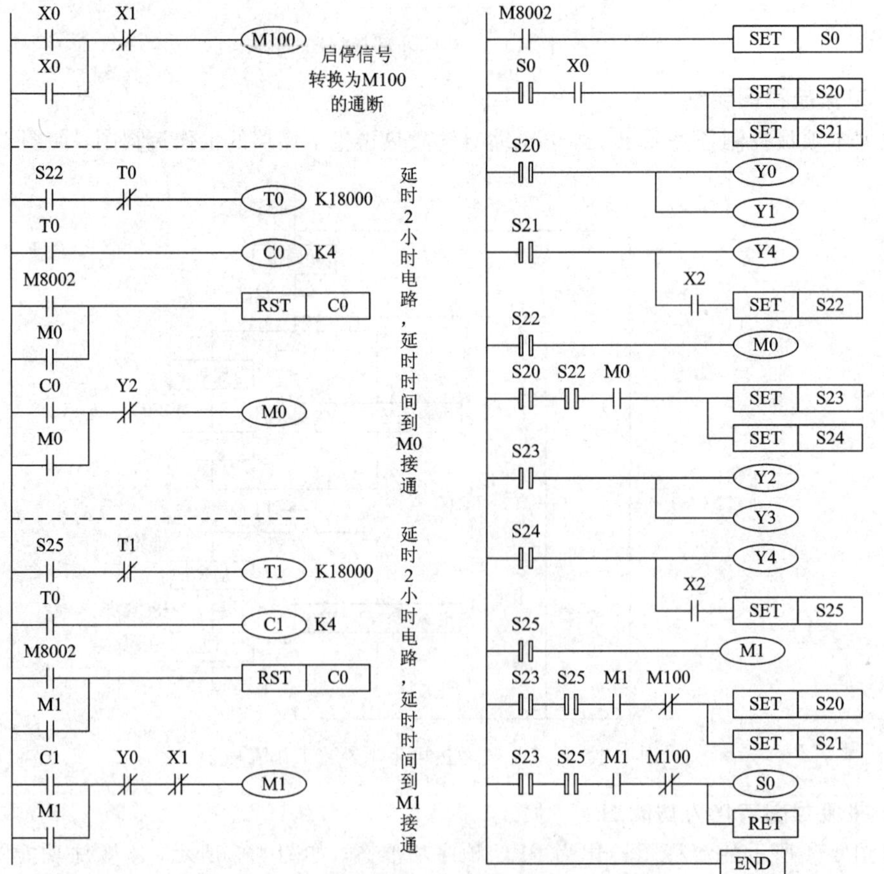

图 4.6　压缩空气微热再生干燥器控制梯形图

4.3.5 系统调试

程序编写完成后，应通过调试与修改，完善所编程序。

(1) 将程序传送至 PLC。

(2) 根据 I/O 分配表及外部接线图进行接线，暂时不接输出负载。

(3) 根据控制要求输入模拟现场的信号，观察输出指示灯是否正确无误。

(4) 连接输出负载，空载进行电气系统调试。

(5) 逐步加载，试运行。

(6) 不断改进、完善，直至满足工艺要求。

4.4 评估检测

在设计并检测项目后，应对本项目的完成效果进行评估检测。

(1) 可按表 4.2 所示的内容，对本项目进行评分。

表 4.2 项目评分表

项目评分表(以三人为一组) 项目四：压缩空气微热再生干燥器的自动控制　　班级：　　姓名：						
考核方面	评分细则	分数	评分			
			个人自评	学生互评 1	学生互评 2	教师评分
子任务一(60 分)	顺序功能图正确	15 分				
	I/O 分配合理，无遗漏	10 分				
	外部接线图正确无误	10 分				
	梯形图正确	15 分				
	具有必要的电气保护和电气联锁	10 分				
系统调试(20 分)	正确进行程序输入、编辑及传送	5 分				
	外部接线正确	5 分				
	不断修改完善程序，满足控制要求	10 分				
素质养成(20 分)	爱岗敬业，纪律性强，无迟到早退现象	3 分				
	按要求搜集相关资料，资料针对性强	5 分				
	与团队成员分工协作，有良好的沟通交流能力及团队合作能力	3 分				
	项目实施过程中，表现积极主动，责任心强	3 分				
	勤于思考，善于发现问题、分析问题、解决问题，有创新精神	3 分				
	有良好的安全意识，能够按照实验实训操作规程进行安全文明生产	3 分				
总分						
本项目平均得分(个人自评占 10%，团队互评占 30%，教师评分占 60%)						

(2) 要求学生总结通过本项目的学习，在成就动机培养方面有何心得体会。

4.5 归纳点拨

一、长延时电路的设计

本项目中，首先进行A塔干燥B塔脱水，当加热罐加热温度达到180℃以后，加热罐停止工作；2小时后改为B塔工作A塔干燥，加热罐继续加热，温度达到180℃以后，加热罐停止工作；再经过2小时又改为A塔干燥B塔脱水，如此不断循环下去。在这个过程中，存在一个延时2小时的电路设计，因为一个定时器根本无法满足要求，需要多个定时器串联或用定时器和计数器串联来实现。

二、基本要求

按下停止按钮，系统必须运行完当前周期的操作后才可停止。这是自动控制类设备的一个基本要求，可以利用启保停电路接通一个辅助继电器M，然后在最后一步后设计一个选择分支，将M的常开或常闭触点与相应的转换条件串联，通过M的状态判断要返回的位置，选择继续下一个循环的运行或停止运行。当按下启动按钮，M100的常开触点接通，且满足转换条件M1时，从功能图中可以看出，程序选择了激活步S20和步S21，系统将继续运行；当按下停止按钮，M100的常闭触点接通，且满足转换条件M1时，从功能图中可以看出，程序选择了激活步S0，系统将回到初始步，停止运行。

4.6 项目拓展

按下启动按钮后，加热罐先进行加热，温度到达180℃后，电磁阀YV1和YV3打开，同时电磁阀YV2和YV4关闭；2小时后电磁阀YV1和YV3关闭，电磁阀YV2和YV4打开，如此循环工作。按下停止按钮，结束当前工作周期后设备停止工作。根据描述，请读者自行设计程序。

项目五　装配线上运料小车的自动控制

知识目标

(1) 掌握高级指令的表示形式、功能及指令长度。

(2) 学会 MOV、CMP 等高级指令的用法。

能力目标

学会运用高级指令编程处理问题。

素质目标

(1) 通过学习本项目，使学生具备一定的自学能力。

(2) 在项目进行过程中，培养学生具有良好的沟通交流能力和团队协作精神。

(3) 使学生逐步具备发现问题、分析问题和解决问题的能力。

5.1 项 目 背 景

在大部分流水线设备的制造过程中，首先通常进行的是各种零件的加工制造，然后再进行零件的装配。自动化装配线是专业从事产品制造后期的各种装配、检测、标示、包装等工序的生产设备。在生产过程中，物料流动是通过运输来完成的，应选择经济合理的运输方式，根据不同需求设计制作各种行业的自动化装配线，利用自动化程序控制，提高生产效率，降低生产成本。图 5.1 为电视机生产装配检测线。

图 5.1 电视机生产装配检测线

5.2 控 制 要 求

图 5.1 所示的装配线共有 6 个工位，生产工人在各自的工位上按照工艺要求进行零件组装，组装完成后可呼叫运输小车将其运至中转站，停留 5 s，以便下一工作站的机械手将其抓走，工件被抓走后，再次呼叫有效。运输小车由一台三相交流异步电动机拖动，在轨道上往复运动，每个工位设有一个到位开关和一个呼叫按钮，中转站设有一个到位开关。装配生产线示意图如图 5.2 所示。

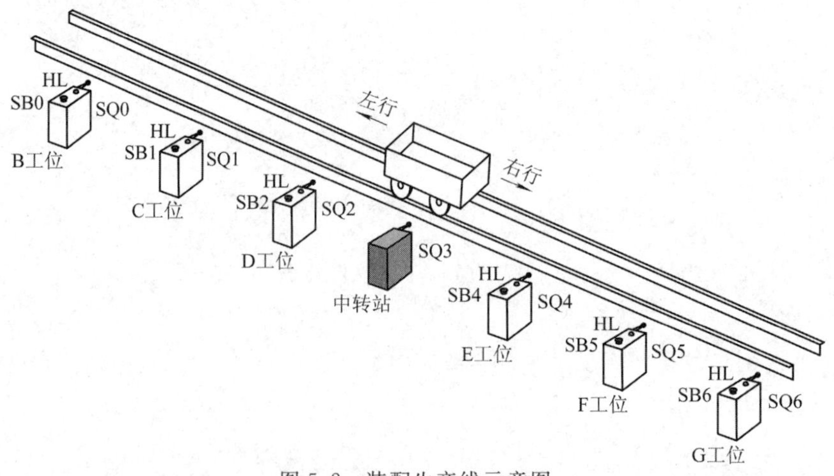

图 5.2 装配生产线示意图

具体控制要求如下：

(1) PLC 通电后，小车停在中转站。若没有用车呼叫(以下简称呼车)，则各工位的呼车指示灯亮，表示可以呼车。

(2) 当某工位呼车(按动本位的呼车按钮)时，所有工位的呼车指示灯均灭，表示此时呼车无效。

(3) 小车到达呼叫工位时，停留 10 s 供该工位使用，此时其他工位呼车无效。

(4) 10 s 后小车驶向中转站，到达中转站后停留 5 s，此时呼车依旧无效。

(5) 小车在中转站停留 5 s 供机械手抓取工件，5 s 时间到且工件被抓取后，解除呼车封锁，此时所有工位的呼车指示灯亮，呼叫有效。

5.3 项目实施

5.3.1 资讯搜集

(1) 搜集装配生产线的相关知识。

(2) 了解高级指令的表达形式、指令长度的相关知识。

5.3.2 信息共享

一、生产线运料小车

装配线是一种特殊的产品导向布局形式。装配线指由一些物料搬运设备连接起来的连续生产线。装配线是一种很重要的技术，可以说，任何有着多种零部件并进行大批量生产的最终产品在某种程度上都采用装配线生产。因此装配线的布置受装配线设备、产品、人员、物流运输以及生产方式等多种因素的影响。皮带装配线多应用于电子、五金行业及小家电行业的装配线，倍速链主要应用于电子及工矿产品的装配行业。

通常假定装配线节拍一定，并且所有工作站的加工时间基本相等。产品类型不同的装配产品有很大差异性，主要体现在：

第一，装配线上物料搬运设备，皮带或传送器、天车。

第二，生产线平面布置的类型，U 型、直线型、分支型。

第三，节拍控制形式，机动、人动。

第四，装配品种，单一产品或多种产品。

第五，装配线工作站的特性，工人可以坐、站、跟着装配线走或随装配线一起移动等。

第六，装配线的长度，几个或许多工人。

二、高级指令

1. 功能指令的表示格式

高级指令表示格式与基本指令不同。高级指令采用编号 FNC00～FNC249 表示，并给出对应的助记符(大多用英文名称或缩写表示)。例如，FNC45 的助记符是 MEAN(平均)，若使用简易编程器时可键入 FNC45，若采用智能编程器或在计算机上编程时也可键入助记符 MEAN。MEAN 属于操作码部分，表达了该指令所做的具体任务。

MEAN之后都为操作数部分，表达了参加指令的操作数的位置。操作数部分由“源操作数”(源)、“目标操作数”(目)和“数据个数”三部分组成。

有些高级指令需要操作数，有些高级指令则不需要操作数，而大多数高级指令包含1～4个操作数。无论操作数有多少，其排列次序总是：源在前，目标在后，数据个数在最后。图5.3所示为一个计算平均值指令，它有三个操作数，[S]表示源操作数，[D]表示目标操作数，如果使用变址功能，则可表示为[S.]和[D.]。当源或目标不止一个时，可用[S1·]、[S2·]、[D1·]、[D2·]表示。n和m可用于表示其他操作数，常用于表示常数K和H，或作为源和目标操作数的补充说明。当这种操作数较多时，可用n1、n2和m1、m2等表示。

X1　[S]　[D]　n

MEAN　D0　D4Z　K3

0	LD	X	1
1	MEAN		45
2		D	0
4		D	4Z
6		K	3
8	…		

图5.3　功能指令表示格式及语句表

图5.3中，源操作数为D0、D1、D2，目标操作数为D4Z0(Z0为变址寄存器)，K3表示有3个数。显然上述平均值指令的含义是：当X1接通时，执行的操作为

[(D0)+(D1)+(D2)]÷3→(D4Z0)

功能指令的指令段通常占1个程序步，16位操作数占2步，32位操作数占4步。

2. 功能指令的执行方式与数据长度

1) 连续执行与脉冲执行

功能指令包括连续执行和脉冲执行两种类型。如图5.4所示，指令助记符MOV后面的“P”表示脉冲执行，即该指令仅在X1接通(由OFF到ON)时执行一次(将D10中的数据送到D40中)；如果没有“P”，则表示连续执行，即该指令在X1接通(ON)的每一个扫描周期内都要被执行。

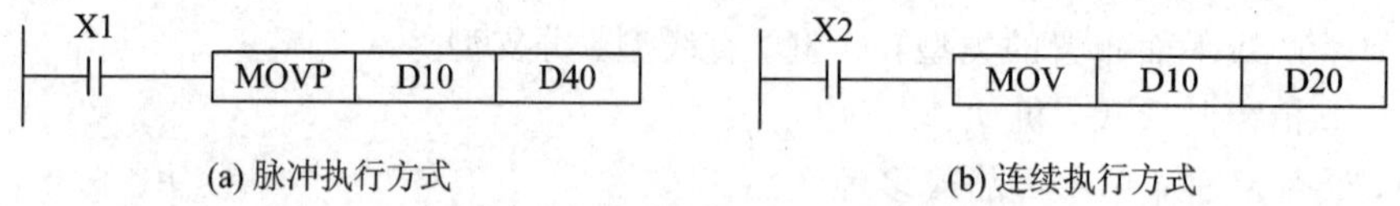

图5.4　功能指令的两种执行方式

2) 数据长度

功能指令可处理16位数据或32位数据。处理32位数据的指令是在助记符前加“D”标志，无此标志即为处理16位数据的指令。需要注意，32位计数器(C200～C255)的一个软元件为32位，不可作为处理16位数据指令的操作数使用。如图5.5所示，第一条指令是将D10中的数据送到D12中，处理的是16位数据。第二条指令MOV前面带有“D”，则当X3接通时，执行D21D20～D23D22(32位)。在使用32位数据时，建议使用首编号为偶数的操作数，不容易出错。

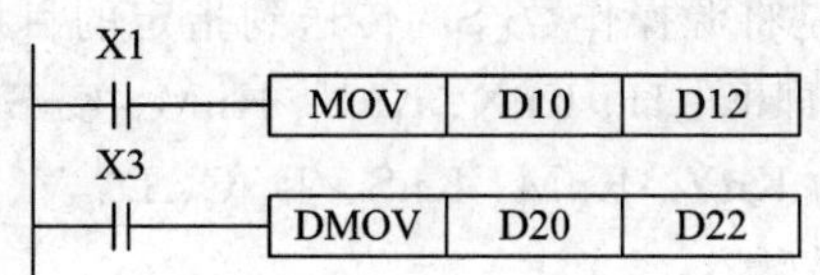

图 5.5　处理 16 位或 32 位数的功能指令

3. 功能指令的数据格式

1) 位元件与字元件

位元件与字元件只具有 ON 或 OFF 两种状态。采用一个二进制位即可表达的组件称为位组件，如 X、Y、M、S 等均为位组件。PLC 专门设置了组合位元件的方法，将多个位元件按 4 位一组的原则来组合，通用表示方法是由 Kn 加起始的软元件号组成，n 为单元数。例如 K2 M0 表示 M0～M7 组成两个位元件组(K2 表示两个单元)，它是一个 8 位数据，M0 为最低位。

而 T、C、D 等处理数值的软元件则称为字元件。字元件是 FX2N 系列 PLC 数据类组件的基本结构，一个字元件由 16 位二进制数组成，第 0～14 位为数值位，最高位(第 15 位)为符号位。可以使用两个字元件组成双字元件，以组成 32 位数据操作数。

2) 数据格式

在 FX 系列 PLC 内部，数据以二进制(BIN)补码的形式存储，所有的四则运算都使用二进制数。二进制补码的最高位为符号位，正数的符号位为 0，负数的符号位为 1。FX 系列 PLC 可实现二进制码与 BCD 码的相互转换。

为更精确地进行运算，可采用浮点数运算。在 FX 系列 PLC 中提供了二进制浮点运算和十进制浮点运算，设有将二进制浮点数与十进制浮点数相互转换的指令。二进制浮点数采用编号连续的一对数据寄存器表示，例如 D11 和 D10 组成的 32 位寄存器中，D10 的 16 位加上 D11 的低 7 位共 23 位为浮点数的尾数，而 D11 中除最高位的前 8 位是阶位，最高位是尾数的符号位(0 为正，1 为负)。十进制的浮点数也可用一对数据寄存器表示，编号小的数据寄存器为尾数段，编号大的为指数段，例如使用数据寄存器(D1，D0)时，表示数为

$$\text{十进制浮点数}=〔\text{尾数 D0}〕\times 10^{〔\text{指数D1}〕}$$

其中，D0、D1 的最高位是正负符号位。

5.3.3　项目解析

本项目的任务主要是完成生产线上运料小车的呼叫控制，可通过将停车位号和呼车位号进行对比，根据对比结果确定小车运行方向。当呼车位号大于停车位号时，小车自动向高位行驶；当呼车位号小于停车位号时，小车自动向低位行驶；当小车到达呼车位时，自动停车。在设计过程中同时要考虑一些联锁关系及指示灯的显示问题。

通过项目解析，首先可知本项目用到的两个重要指令是 MOV(传送)指令和 CMP(比较)指令。

MOV 指令的梯形图格式为

X000　[MOV　(S.)　(D.)　]

指令说明：MOV 指令是将源操作数[S.]传送到指定的目标操作数[D.]中。源操作数[S.]可取所有的数据类型，即 K、H、KnX、KnY、KnM、KnS、T、C、D、V、Z，其目标操作数[D.]可取的数据类型为 KnY、KnM、KnS、T、C、D、V、Z。

CMP 指令的梯形图格式为

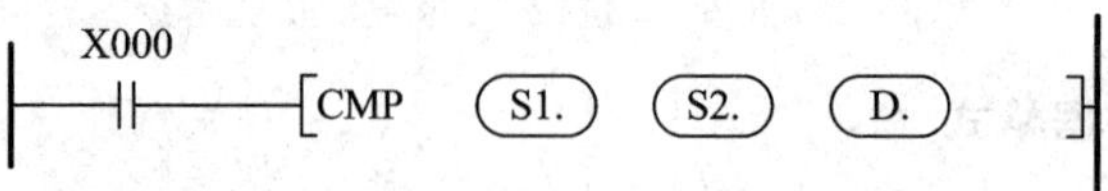

指令说明：CMP 指令是将源操作数[S1.]和[S2.]的数据进行比较，将结果送到目标操作数元件[D.]中。待比较的源操作数[S.]的数据类型均为 K、H、KnX、KnY、KnM、KnS、T、C、D、V、Z，其目标操作数[D.]的数据类型均为 Y、M、S。

其次，按照控制要求画出程序设计流程图。本项目的流程示意图如图 5.6 所示。

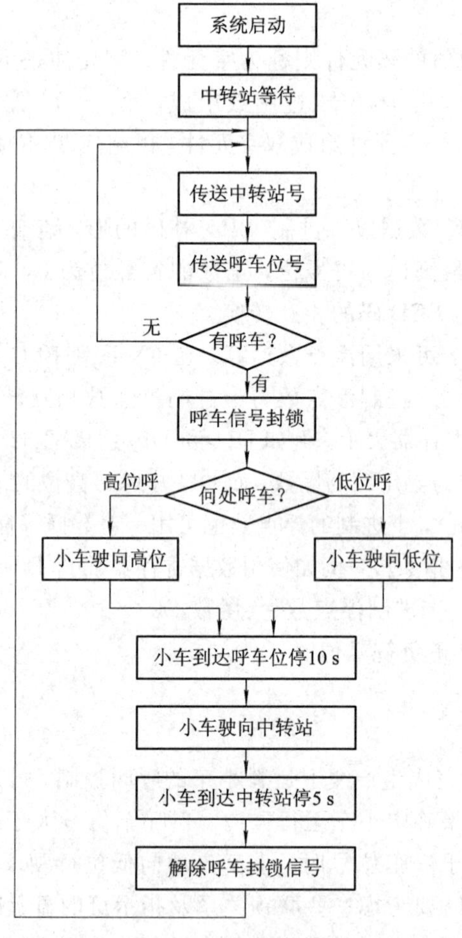

图 5.6　流程示意图

5.3.4　子任务分析与完成

1. I/O 分配

根据装配线上运料小车的自动控制的任务要求，确定输入和输出点的个数，分配继电器编号，如表 5.1 所示。

表 5.1　I/O 分配表

输入设备	输入编号	输入设备	输入编号	输出设备	输出编号
A 工位限位开关 SQ0	X10	A 工位呼车按钮 SB0	X0	呼车指示灯 HL	Y0
B 工位限位开关 SQ1	X11	B 工位呼车按钮 SB1	X1	电机正转	Y1
C 工位限位开关 SQ2	X12	C 工位呼车按钮 SB2	X2	电机反转	Y2
中转站限位开关 SQ3	X13	D 工位呼车按钮 SB4	X4		
D 工位限位开关 SQ4	X14	E 工位呼车按钮 SB5	X5		
E 工位限位开关 SQ5	X15	F 工位呼车按钮 SB6	X6		
F 工位限位开关 SQ6	X16	中转站工件检测开关	X7		
系统启动按钮	X20	系统停止按钮	X21		

2. 外部接线图绘制

画出装配线上运料小车的自动控制的 PLC 外部接线图，如图 5.7 所示。

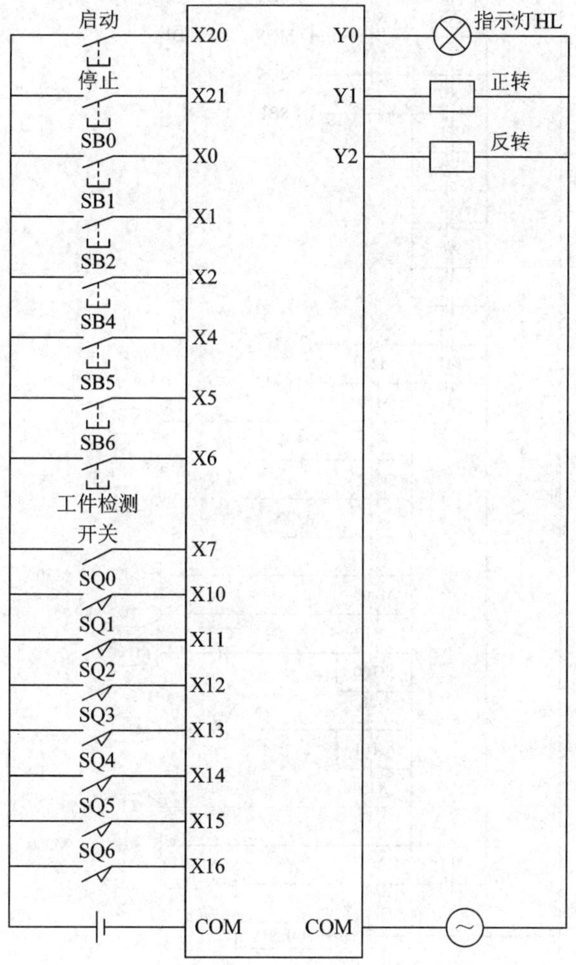

图 5.7　外部接线图

3. 梯形图设计

设计装配线上运料小车的自动控制的梯形图，如图 5.8 所示。

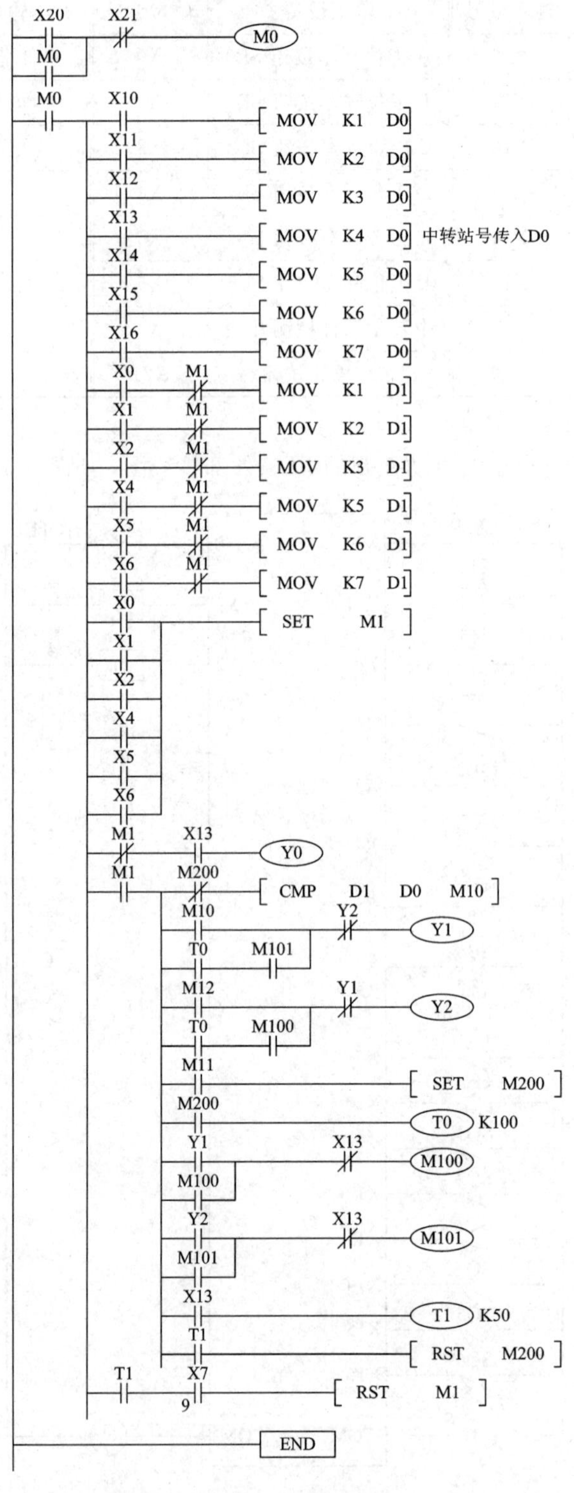

图 5.8 梯形图

5.3.5　系统调试

程序编写完成后，应把各环节编写的程序合理地联系起来，对程序功能做一个简要的分析，查找编写过程中的疏漏之处，通过调试与修改，最终得到一个满足控制要求的程序。

1. 程序分析

对本项目的程序分析如下：

(1) 按下启动按钮 X20，M0 接通，执行程序；按下停止按钮 X21，M0 断开，停止执行程序。

(2) 采用 MOV 指令分别向 D0、D1 数据寄存器中传送停车位信号(PLC 通电后，小车停在中转站，中转站位号为 4)和呼车位信号(A、B、C、D、E、F 六个工位号分别为 1、2、3、5、6、7)。有呼车信号时，M1 置 ON，Y0 无输出；没有呼车信号时，M1 置 0，Y0 有输出，各位的呼车指示灯亮，示意各工位可以呼车。

(3) 本项目中，用 SET、RST 指令进行呼车封锁和解除封锁的控制。只要某位呼车，SET 指令即将 M1 置为 ON，从而使其他传送呼车信号的 MOV 指令无法执行，实现先呼车的位优先用车。同时指示灯灭，示意其他位不能呼车，即呼车封锁开始。

(4) 执行 CMP 指令可以判别呼车位号与停车位号的大小，从而决定小车的行驶方向。若呼车位号比停车位号大，则 Y1 接通，小车驶向高位，同时使辅助继电器 M100 接通并保持，为小车返回中转站做准备。在小车行进途中，经过各位时必然要按压各位的限位开关，即行车途中 D0 通道的内容随时改变，但由于其位号都比呼车位号小(D1 中的呼车位号不变)，故可继续行驶直至到达呼车位。若呼车位号比停车位号小，则 Y2 接通，小车驶向低位，同时使辅助继电器 M101 接通并保持，为小车返回中转站做准备。在行车途中要压动各限位开关，但其位号都比呼车位号大，故可继续行驶直至到达呼车位。

(5) 当小车到达呼车位时，其一，比较 D0 与 D1 中的两个数的大小，当两个数相等时，使 M10 和 M12 变为 OFF，即 Y1 和 Y2 变为 OFF，小车停在呼车位。其二，使 M11 变为 ON，则立即启动定时器 T0 开始计时，使小车在呼车位停留 10 s。其三，使用 SET 指令，用 M11 将 M200 置为 ON，而 M200 的常闭触点串联在比较指令前，确保小车到达呼叫位后不再执行比较指令。

(6) 到达 10 s 时间，T0 常开触点闭合，与 M100 或 M101 的常开触点共同使 Y2 或 Y1 接通，小车返回中转站。

(7) 小车返回中转站后，T1 定时器开始计时 5 s，5 s 时间到达后用 RST 指令使 M1 和 M200 复位，M1 复位使得呼车指示灯亮并解除呼车封锁，此后各工位又可以开始呼车。M200 复位使比较指令有效，再有呼车即执行比较指令。

(8) 若系统运行过程中掉电再复电时，不按下启动按钮程序是不会执行的。另外，在 PLC 外部也应设置失压保护措施，所以掉电再复电时，小车不会自行启动。

2. 程序调试

分析完程序之后，可按如下步骤进行调试：

(1) 将程序传送至 PLC。

(2) 根据 I/O 分配表及外部接线图进行接线，暂时不接输出负载。

(3) 根据控制要求输入模拟现场的信号，观察输出指示灯是否正确无误。

(4) 连接输出负载，空载进行电气系统调试。

(5) 逐步加载，试运行。

(6) 不断改进、完善，直至满足工艺要求。

5.4 评估检测

在设计并检测项目后，应对本项目的完成效果进行评估检测。

(1) 可按表5.2所示的内容，对本项目进行评分。

表5.2 项目评分表

项目评分表(以三人为一组) 项目五 装配线上运料小车的自动控制 班级： 姓名：						
考核方面	评分细则	分数	评分			
			个人自评	学生互评1	学生互评2	教师评分
子任务一(60分)	根据控制要求绘制流程图	15分				
	I/O分配合理，无遗漏	10分				
	外部接线图正确无误	10分				
	梯形图正确	15分				
	具有必要的电气保护和电气联锁	10分				
系统调试(20分)	正确进行程序输入、编辑及传送	5分				
	外部接线正确	5分				
	不断修改完善程序，满足控制要求	10分				
素质养成(20分)	爱岗敬业，纪律性强，无迟到早退现象	3分				
	按要求搜集相关资料，资料针对性强	5分				
	与团队成员分工协作，有良好的沟通交流能力及团队合作能力	3分				
	项目实施过程中，表现积极主动，责任心强	3分				
	勤于思考，善于发现问题、分析问题、解决问题，有创新精神	3分				
	有良好的安全意识，能够按照实验实训操作规程进行安全文明生产	3分				
总 分						
本项目平均得分(个人自评占10%，团队互评占30%，教师评分占60%)						

(2) 要求学生总结通过本项目的学习，在自我调控能力培养方面有何心得体会。

5.5　归 纳 点 拨

对于一些控制要求更为复杂的程序，需要用到更多的高级指令。高级指令可以使 PLC 程序变得更为简单，功能更为强大。这里介绍一些其他的常用指令。

FX2N 系列 PLC 有丰富的功能指令，包括程序流向控制、传送与比较、算术与逻辑运算、循环与移位等 19 类功能指令。这里重点介绍几类常用指令。

一、程序流向控制类指令(FNC00～FN09)

1. 条件跳转指令

条件跳转指令 CJ(P)的编号为 FNC00，操作数为指针标号 P0～P127，其中 P63 为 END 所在步序，无需标记。指针标号允许用变址寄存器修改。CJ 和 CJP 都占用 3 个程序步，指针标号占用 1 步。

如图 5.9 所示，当 X20 接通时，由 CJ P10 指令跳到标号为 P10 的指令处开始执行，跳过了程序的一部分，减少了扫描周期。如果 X20 断开，跳转不会执行，则程序按原顺序执行。

在程序中两条跳转指令可以使用相同的指针号，如图 5.10 所示，执行情况如下：当 X20 接通时，第一条跳转指令生效，从此步跳到标号为 P9 的指令处开始执行；当 X20 断开，而 X21 接通时，则第二条跳转指令生效，程序从此步跳到标号为 P9 的指令处开始执行。

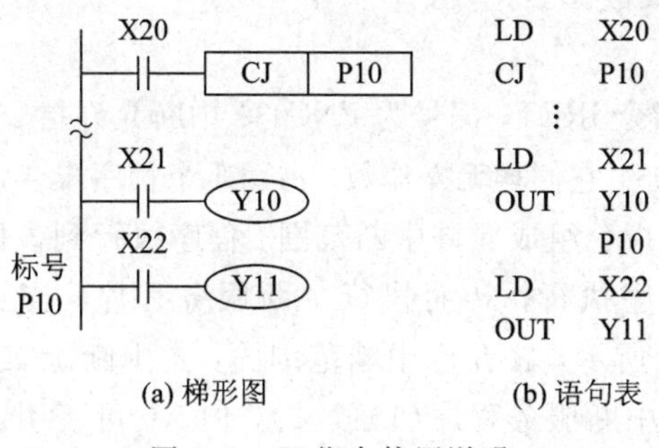

图 5.9　CJ 指令使用说明

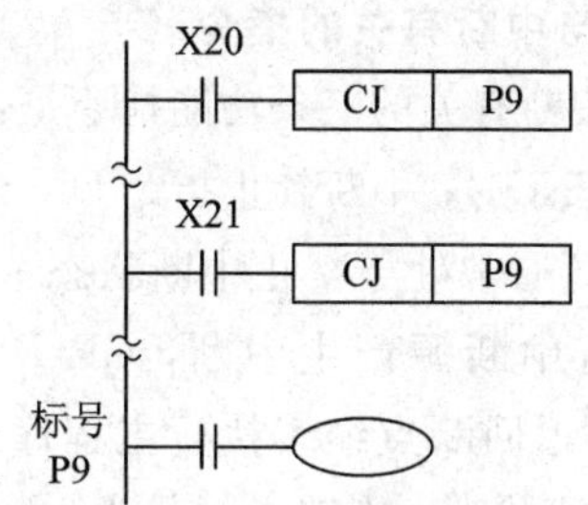

图 5.10　CJ 指令使用相同指针号

使用跳转指令时应注意：

(1) CJP 指令表示脉冲执行方式。

(2) 在一个程序中一个标号只能出现一次，否则将出错。

(3) 在跳转执行期间，即使被跳过程序的驱动条件改变，其线圈(或结果)仍可保持跳转前的状态，因为跳转期间根本没有执行这段程序。

(4) 如果在跳转开始时，定时器和计数器已在工作，则在跳转执行期间它们将停止工作，直到不满足跳转条件后才会继续工作。但对于正在工作的定时器 T192～T199 和高速计数器 C235～C255，不管有无跳转仍可连续工作。

(5) 若积算定时器和计数器的复位(RST)指令在跳转区外，即使它们的线圈被跳转，程序对它们的复位仍然有效。

2. 子程序调用与子程序返回指令

子程序调用指令 CALL 的编号为 FNC01，操作数为 P0～P127，此指令占用 3 个程序步。子程序返回指令 SRET 的编号为 FNC02，无操作数，占用 1 个程序步。

如图 5.11 所示，如果 X0 接通，则程序转到标号 P10 处执行子程序。当执行 SRET 指令时，程序返回 CALL 指令的下一步执行。

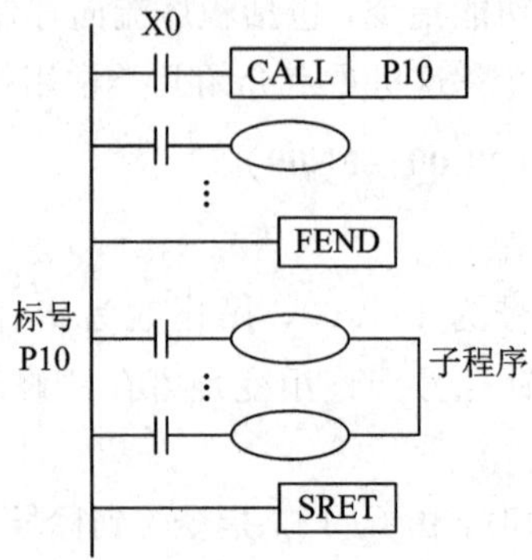

图 5.11　子程序调用与返回指令的使用

使用子程序调用与返回指令时应注意：

(1) 转移标号不能重复，也不可与跳转指令的标号重复。

(2) 子程序可以嵌套调用，最多可采用 5 级嵌套。

3. 与中断有关的指令

与中断有关的三条功能指令是：中断返回指令 IRET，编号为 FNC03；中断允许指令 EI，编号为 FNC04；中断禁止指令 DI，编号为 FNC05。它们均无操作数，占用 1 个程序步。

PLC 通常处于禁止中断状态，由 EI 和 DI 指令组成允许中断范围。程序执行到该区间时，如有中断源产生中断，CPU 将暂停主程序执行，转而执行中断服务程序。当遇到 IRET 时返回断点继续执行主程序。如图 5.12 所示，在允许中断范围内，若中断源 X0 或 X1 为接通状态，则转入标号为 I001 或 I101 的中断服务程序(1)或(2)，但 X0 可否引起中断与 M8050 的控制有关。当 X10 有效时，则 M8050 为 ON，程序中断不能执行。

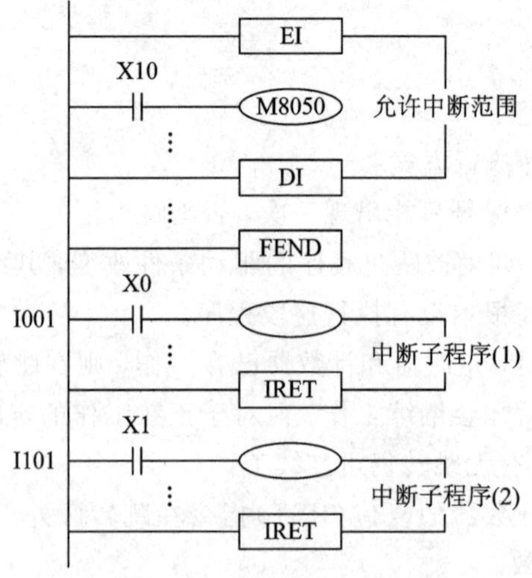

图 5.12　中断指令的使用

使用中断相关指令时应注意：

(1) 中断的优先级排列如下：如果多个中断依次发生，则以发生先后为序，即发生越早级别越高；如果多个中断源同时发出信号，则中断指针号越小优先级越高。

(2) 当 M8050～M8058 为 ON 时，禁止执行相应的 I0□□～I8□□中断；M8059 为 ON 时，则禁止所有计数器中断。

(3) 无需中断禁止时，可只用 EI 指令，不必采用 DI 指令。

(4) 执行一个中断服务程序时，如果在中断服务程序中有 EI 和 DI，可实现二级中断嵌套，否则禁止其他中断。

4. 主程序结束指令

主程序结束指令 FEND 的编号为 FNC06，无操作数，占用 1 个程序步。FEND 表示主程序结束，当执行到 FEND 时，PLC 进行输入/输出处理，监视定时器刷新，完成后返回起始步。

FEND 指令的使用说明如图 5.13 所示。

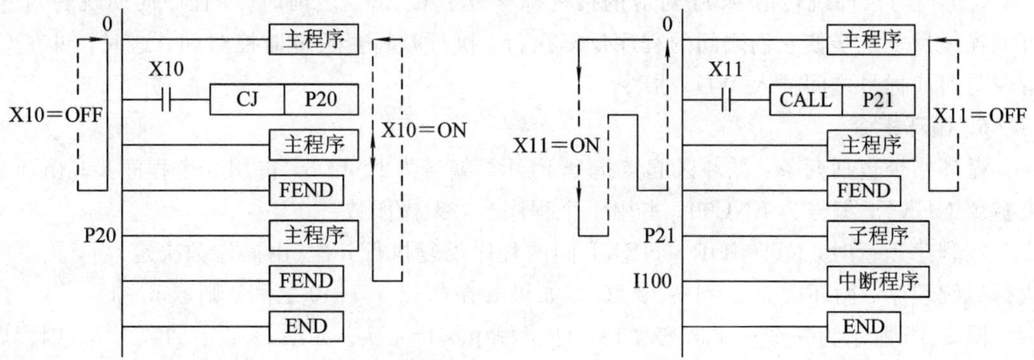

图 5.13　FEND 指令的使用说明

使用 FEND 指令时应注意：

(1) 子程序和中断服务程序应放在 FEND 之后。

(2) 子程序和中断服务程序必须写在 FEND 和 END 之间，否则程序会出错。

5. 监视定时器指令

监视定时器指令 WDT(P)编号为 FNC07，无操作数，占用 1 个程序步。WDT 指令的功能是对 PLC 的监视定时器进行刷新。

FX 系列 PLC 的监视定时器缺省值为 200 ms(可用 D8000 来设定)，正常情况下 PLC 扫描周期小于此定时时间。如果由于外界干扰或程序本身的原因使扫描周期大于监视定时器的设定值，使 PLC 的 CPU 出错灯点亮并停止工作，可通过在适当位置增设 WDT 指令复位监视定时器，以使程序能继续执行直到停止。

如图 5.14 所示，利用 WDT 指令将一个 240 ms 的程序一分为二，使它们都小于 200 ms，则不再会出现报警停机现象。

使用 WDT 指令时应注意：

(1) 如果在后续的 FOR～NEXT 循环中，执行时间可能超过监视定时器的定时时间，可将 WDT 插入循环程序中。

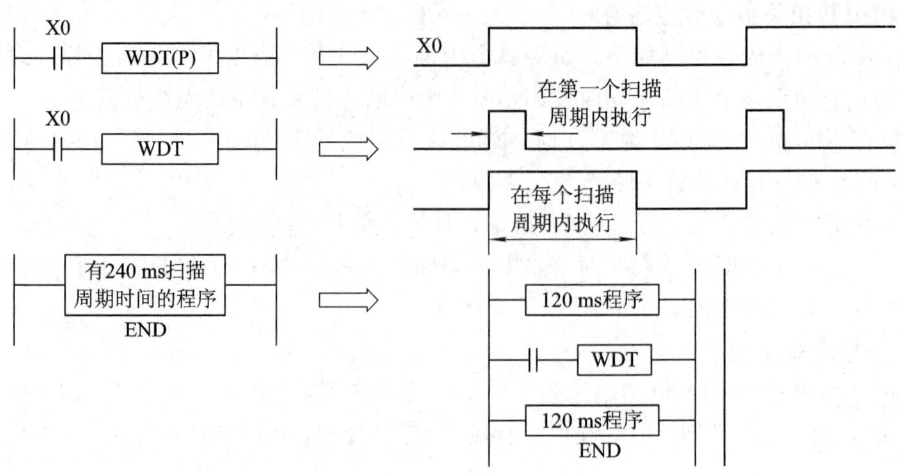

图 5.14 监视定时器指令的使用

(2) 当与条件跳转指令 CJ 对应的指针标号位于 CJ 指令之前时(即程序向回跳转)，有可能连续反复跳步使它们之间的程序反复执行，执行时间会超过监控时间，这时，可在 CJ 指令与对应标号之间插入 WDT 指令。

6. 循环指令

循环指令包括两条：循环区起点指令 FOR，编号为 FNC08，占用 3 个程序步；循环结束指令 NEXT，编号为 FNC09，占用 1 个程序步，无操作数。

在程序运行时，位于 FOR～NEXT 间的程序反复执行 n 次(由操作数决定)后，再继续执行后续程序。循环次数 n=1～32 767。如果 n 在－32 767～0 之间，则取 n=1。

图 5.15 所示为一个三重嵌套循环，外层程序执行 4 次。如果 D0Z 中的数为 6，则程序(C)执行一次，程序(B)将执行 6 次，即程序(B)共执行 24 次。

利用 CJ 指令(X10 接通)跳出 FOR～NEXT 循环体(A)。如果 X10 断开，K1X0 中的数值为 7，则程序(B)将执行 1 次，程序(A)将行 7 次，即程序(A)总共执行 4×6×7=168 次。

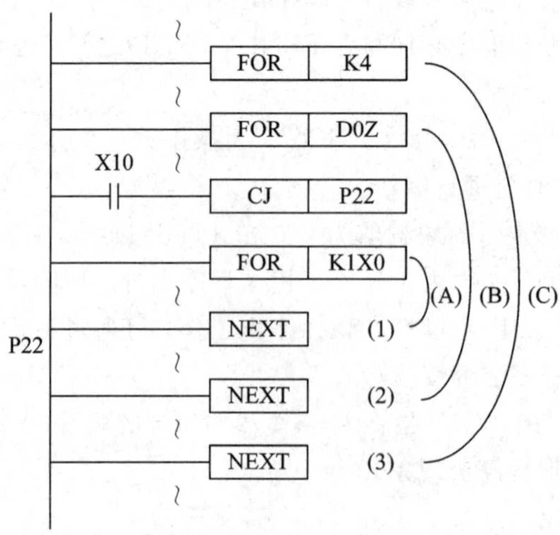

图 5.15 循环指令的使用

使用循环指令时应注意：

(1) FOR和NEXT必须成对使用。

(2) FX2N系列PLC可循环嵌套5层。

(3) 在循环中，可利用CJ指令在循环未结束时跳出循环体。

(4) FOR应放在NEXT之前，NEXT应在FEND和END之前，否则均会出错。

二、传送与比较类指令(FNC10～FNC19)

1. 比较指令

比较指令包括CMP(比较)和ZCP(区间比较)两条指令。

1) 比较指令CMP

(D)CMP(P)指令的编号为FNC10，将源操作数[S1.]和源操作数[S2.]的数据进行比较，比较结果用目标元件[D.]的状态来表示。如图5.16所示，当X10接通时，将常数100与C20的当前值进行比较，比较结果传入M0～M2中。X10为OFF时不执行，M0～M2的状态也保持不变。

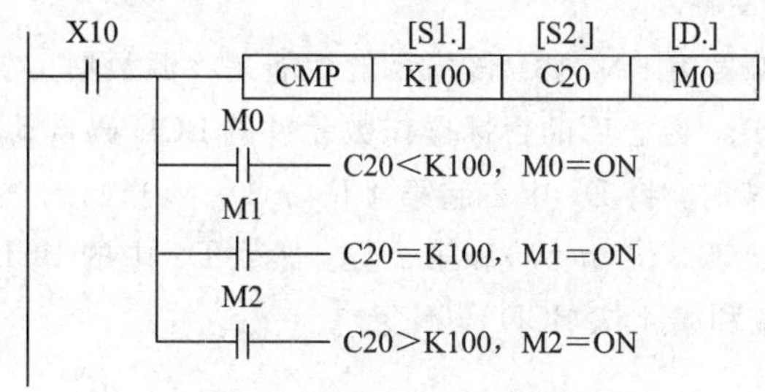

图5.16　比较指令的使用

2) 区间比较指令ZCP

(D)ZCP(P)指令的编号为FNC11，指令执行时将源操作数[S.]与[S1.]、[S2.]的内容进行比较，并将比较结果传入目标操作数[D.]中。如图5.17所示，当X0为ON时，将C30当前值与K100和K120相比较，将结果传入M3、M4、M5中。X0为OFF时，ZCP不执行，M3、M4、M5的状态保持不变。

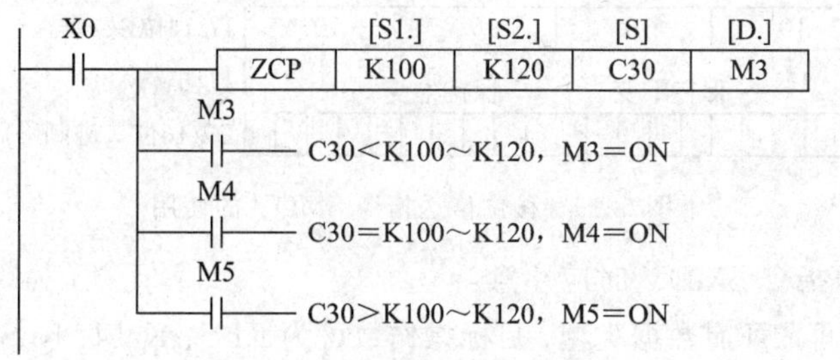

图5.17　区间比较指令的使用

使用比较指令CMP/ZCP时应注意：

(1) [S1.]、[S2.]可取任意数据格式，目标操作数[D.]可取Y、M和S。

(2) 使用ZCP时，[S2.]的数值不能小于[S1.]。

(3) 所有源数据可作为二进制值进行处理。

2. 传送类指令

1）传送指令 MOV

(D)MOV(P)指令的编号为 FNC12，该指令的功能是将源数据传送到指定的目标。如图 5.18 所示，当 X0 为 ON 时，可将[S.]中的数据 K100 传送到目标操作元件[D.]即 D10 中。在指令执行时，常数 K100 会自动转换成二进制数。当 X0 为 OFF 时，指令不执行，数据保持不变。

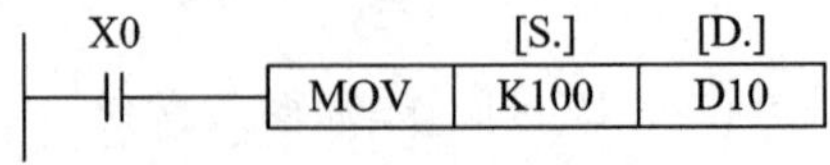

图 5.18　传送指令 MOV 的使用

使用传送指令 MOV 时应注意：

(1) 源操作数可取所有数据类型，目标操作数可以是 KnY、KnM、KnS、T、C、D、V、Z。

(2) 传送指令的 16 位运算占用 5 个程序步，32 位运算则占用 9 个程序步。

2）移位传送指令 SMOV

SMOV(P)指令的编号为 FNC13。该指令的功能是将源数据(二进制)自动转换成 4 位 BCD 码，再进行移位传送，传送后的目标操作数元件的 BCD 码自动转换成二进制数。如图 5.19 所示，当 X0 为 ON 时，将 D1 中右起第 4 位(m1=4)开始的 2 位(m2=2) BCD 码移到目标操作数 D2 的右起第 3 位(n=3)和第 2 位。然后 D2 中的 BCD 码会自动转换为二进制数，而 D2 中的第 1 位和第 4 位 BCD 码不变。

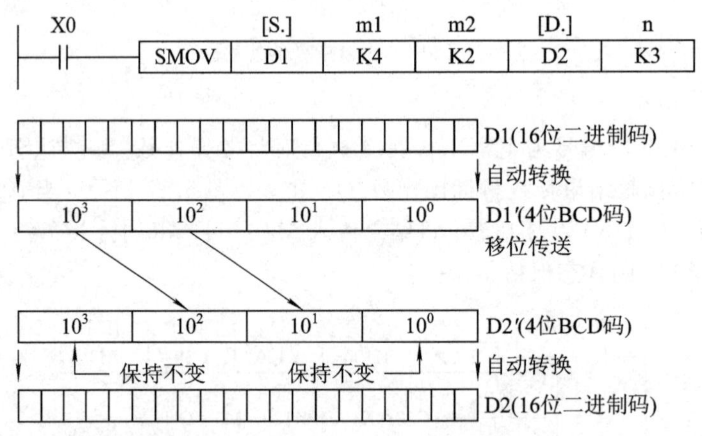

图 5.19　移位传送指令 SMOV 的使用

使用移位传送指令 SMOV 时应注意：

(1) 源操作数可取所有数据类型，目标操作数可为 KnY、KnM、KnS、T、C、D、V、Z。

(2) SMOV 指令只有 16 位运算，占用 11 个程序步。

3）取反传送指令 CML

(D)CML(P)指令的编号为 FNC14，可将源操作数元件的数据逐位取反并传送到指定目标。如图 5.20 所示，当 X0 为 ON 时，执行 CML，将 D0 的低 4 位取反后传送到 Y3～Y0 中。

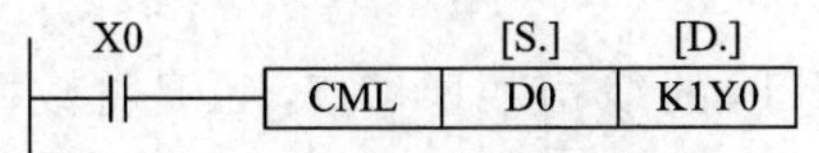

图 5.20　取反传送指令的使用

使用取反传送指令 CML 时应注意：

(1) 源操作数可取所有数据类型，目标操作数可为 KnY、KnM、KnS、T、C、D、V、Z。若源数据为常数 K，则该数据会自动转换为二进制数。

(2) 取反传送指令的 16 位运算占用 5 个程序步，32 位运算占用 9 个程序步。

4) 块传送指令 BMOV

BMOV(P)指令的 ALCE 编号为 FNC15，可将源操作数指定元件开始的 n 个数据组成数据块传送到指定的目标。如图 5.21 所示，传送顺序既可从高元件号开始，也可从低元件号开始，传送顺序由系统自动决定。若采用需要指定位数的位元件，则源操作数和目标操作数的指定位数应相同。

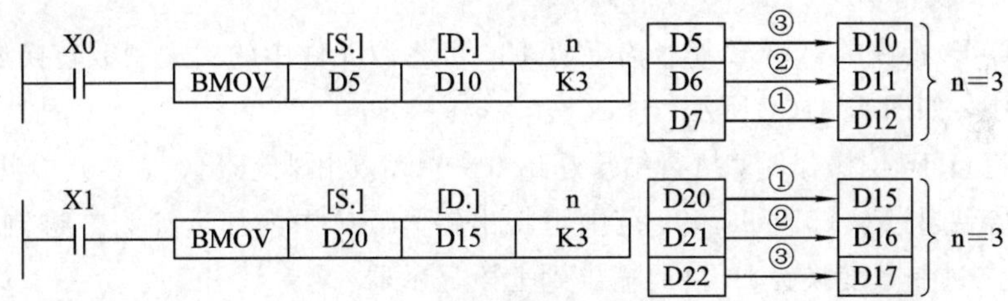

图 5.21　块传送指令的使用

使用块传送指令 BMOV 时应注意：

(1) 源操作数可取 KnX、KnY、KnM、KnS、T、C、D 和文件寄存器，目标操作数可取 KnT、KnM、KnS、T、C 和 D。

(2) BMOV 指令只有 16 位操作，占用 7 个程序步。

(3) 如果元件号超出允许范围，数据仅可传送到允许范围的元件。

5) 多点传送指令 FMOV

(D)FMOV(P)指令的编号为 FNC16，其功能是将源操作数中的数据传送到指定目标开始的 n 个元件中，传送后 n 个元件中的数据完全相同。如图 5.22 所示，当 X0 为 ON 时，将 0 传送到 D100～D119 中。

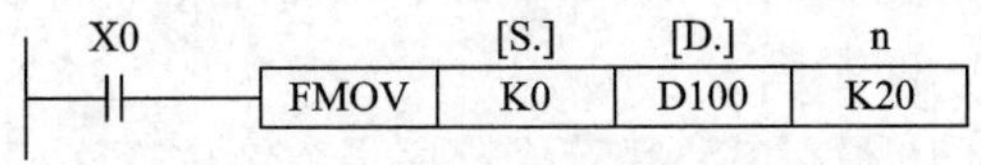

图 5.22　多点传送指令应用

使用多点传送指令 FMOV 时应注意：

(1) 源操作数可取所有的数据类型，目标操作数可取 KnX、KnM、KnS、T、C、D，n 小于等于 512。

(2) 多点传送指令的 16 位操作占用 7 个程序步，32 位操作则占用 13 个程序步。

(3) 如果元件号超出允许范围，数据仅可传送到允许范围的元件中。

3. 数据交换指令

数据交换指令(D)XCH(P)的编号为FNC17，可是将数据在指定的目标元件之间交换。如图5.23所示，当X0为ON时，将D1和D17中的数据相互交换。

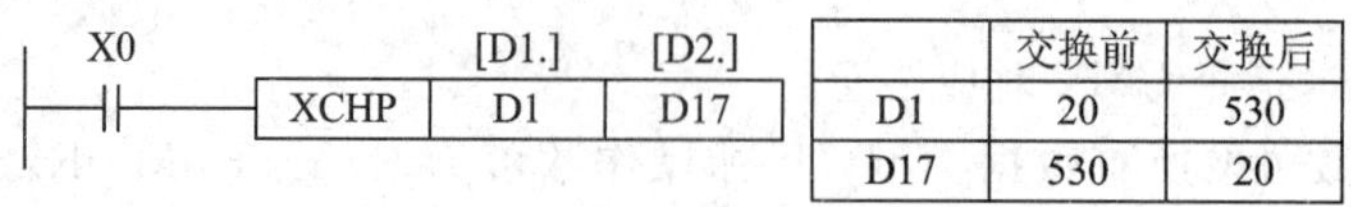

	交换前	交换后
D1	20	530
D17	530	20

图5.23 数据交换指令的使用

使用数据交换指令XCH时应注意：

(1) 操作数的元件可取KnY、KnM、KnS、T、C、D、V和Z。

(2) 交换指令一般采用脉冲执行方式，否则每一次扫描周期都要交换一次数据。

(3) 数据交换指令的16位运算占用5个程序步，32位运算占用9个程序步。

4. 数据变换指令

1) BCD变换指令

(D)BCD(P)指令的ALCE编号为FNC18，可将源元件中的二进制数转换成BCD码送到目标元件中，如图5.24(a)所示。

当指令进行16位操作时，执行结果超出0～9999范围将会出错；当指令进行32位操作时，执行结果超过0～99 999 999范围也将出错。PLC中内部运算为二进制运算，可用BCD指令将二进制数变换为BCD码输出到七段显示器。

2) BIN变换指令

(D)BIN(P)指令的编号为FNC19，可将源元件中的BCD数据转换成二进制数据送到目标元件中，如图5.24(b)所示。常数K不能作为本指令的操作元件，因为在任何处理之前常数都会被转换成二进制数。

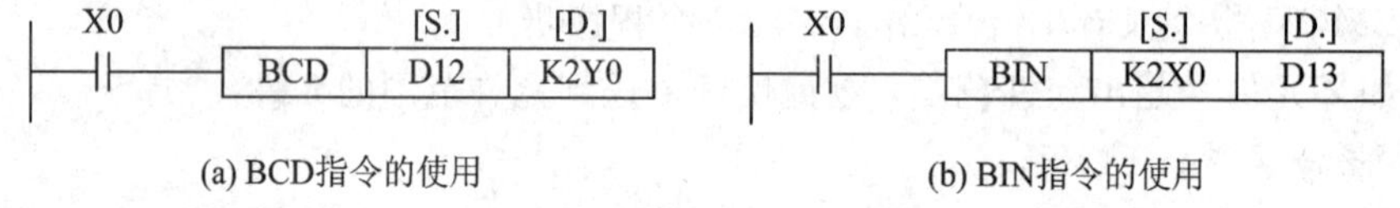

(a) BCD指令的使用　　(b) BIN指令的使用

图5.24 数据变换指令的使用

使用数据变换指令BCD/BIN时应注意：

(1) 源操作数可取KnK、KnY、KnM、KnS、T、C、D、V和Z，目标操作数可取KnY、KnM、KnS、T、C、D、V和Z。

(2) 数据变换指令的16位运算占用5个程序步，32位运算占用9个程序步。

三、算术和逻辑运算类指令(FNC20～FNC29)

1. 算术运算指令

1) 加法指令ADD

(D)ADD(P)指令的编号为FNC20，可将指定源元件中的二进制数的相加结果送到指定的目标元件中。如图5.25所示，当X0为ON时，执行程序(D10)+(D12)→(D14)。

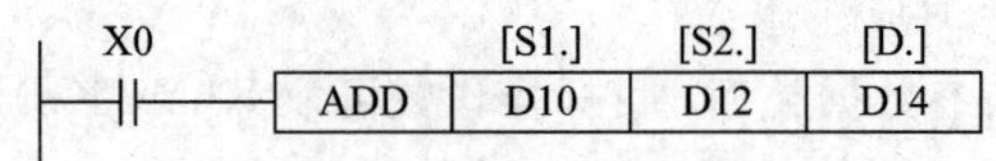

图 5.25　加法指令的使用

2）减法指令 SUB

(D)SUB(P)指令的编号为 FNC21，可将[S1.]指定元件中的内容以二进制形式减去[S2.]指定元件的内容，其结果存入由[D.]指定的元件中。减法指令的使用与加法指令类似。

使用加法和减法指令时应注意：

(1) 操作数可取所有数据类型，目标操作数可取 KnY、KnM、KnS、T、C、D、V 和 Z。

(2) 加法和减法指令的 16 位运算占用 7 个程序步，32 位运算占用 13 个程序步。

(3) 数据为有符号二进制数，最高位为符号位(0 为正，1 为负)。

(4) 加法指令包含零标志(M8020)、借位标志(M8021)和进位标志(M8022)三个标志。当运算结果超过 32 767(16 位运算)或 2 147 483 647(32 位运算)时，进位标志置 1；当运算结果小于－32 767(16 位运算)或－2 147 483 647(32 位运算)时，借位标志置 1。

3）乘法指令 MUL

(D)MUL(P)指令的编号为 FNC22，数据均为有符号数。如图 5.26 所示，当 X0 为 ON 时，将二进制 16 位数[S1.]、[S2.]相乘，其结果传入[D.]中，[D.]为 32 位数，即 (D0)×(D2)→(D5，D4)(16 位乘法)；当 X1 为 ON 时，执行程序(D1，D0)×(D3，D2)→(D7，D6，D5，D4)(32 位乘法)。

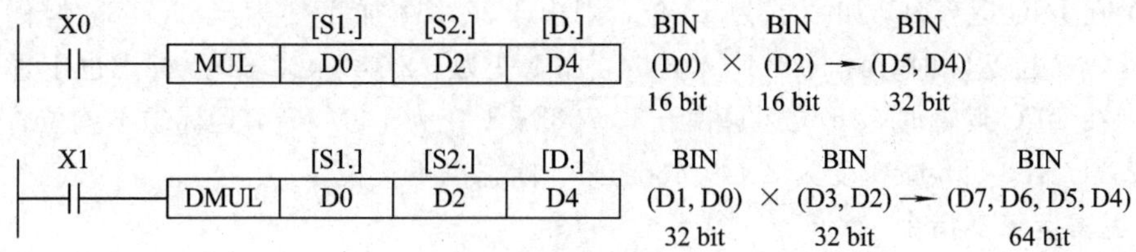

图 5.26　乘法指令的使用

4）除法指令 DIV

(D) DIV (P)指令的编号为 FNC23。其功能是将[S1.]指定为被除数，[S2.]指定为除数，将除得的结果送到[D.]指定的目标元件中，余数送到[D.]的下一个元件中。如图 5.27 所示，当 X0 为 ON 时，执行程序(D0)÷(D2)→(D4)商，(D5)余数(16 位除法)；当 X1 为 ON 时，执行程序(D1，D0)÷(D3，D2)→(D5，D4)商，(D7，D6)余数(32 位除法)。

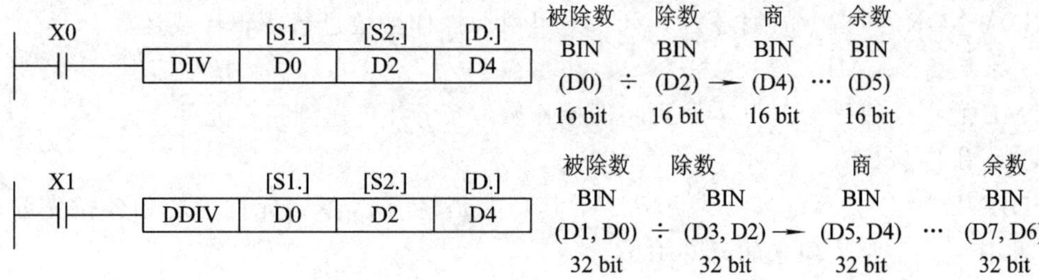

图 5.27　除法指令的使用

使用乘法和除法指令时应注意：

(1) 源操作数可取所有数据类型，目标操作数可取 KnY、KnM、KnS、T、C、D、V 和 Z，要注意 Z 只有 16 位乘法时能使用，32 位不可用。

(2) 乘法和除法指令的 16 位运算占用 7 个程序步，32 位运算占用 13 个程序步。

(3) 32 位乘法运算中，如采用位元件作为目标，则只能得到乘积的低 32 位，高 32 位将丢失，这种情况下应先将数据移入字元件再运算；除法运算中将位元件指定为[D.]，则无法得到余数，除数为 0 时发生运算错误。

(4) 积、商和余数的最高位为符号位。

5) 加 1 和减 1 指令

加 1 指令(D) INC (P)的编号为 FNC24，减 1 指令 (D) DEC (P)的编号为 FNC25。当条件满足时，INC 和 DEC 指令可将指定元件的内容加 1 或减 1。如图 5.28 所示，当 X0 为 ON 时，执行程序(D10)＋1→(D10)；当 X1 为 ON 时，执行程序(D11)＋1→(D11)。若指令是连续指令，则每个扫描周期均作一次加 1 或减 1 运算。

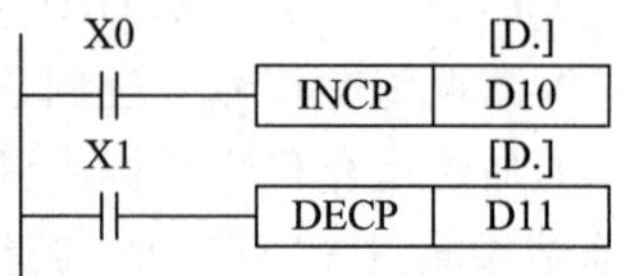

图 5.28　加 1 和减 1 指令的使用

使用加 1 和减 1 指令时应注意：

(1) 指令的操作数可为 KnY、KnM、KnS、T、C、D、V、Z。

(2) 加 1 和减 1 指令的 16 位运算占用 3 个程序步，32 位运算占用 5 个程序步。

(3) 在 INC 运算时，如数据为 16 位，则由＋32 767 加 1 变为－32 768，但标志不置位；同样，32 位运算时，由＋2 147 483 647 加 1 变为－2 147 483 648，标志也不置位。

(4) 在 DEC 运算时，16 位运算由－32 768 减 1 变为＋32 767，且标志不置位；32 位运算由－2 147 483 648 减 1 变为 2 147 483 647，标志也不置位。

2. 逻辑运算类指令

1) 字逻辑与指令 WAND

(D)WAND(P)指令的编号为 FNC26，可将两个源操作数按位进行与操作，并将结果传送到指定元件。

2) 字逻辑或指令 WOR

(D)WOR(P)指令的编号为 FNC27，可对两个源操作数按位进行或运算，并将结果传送到指定元件。如图 5.29 所示，当 X1 有效时，执行程序(D20) ∨ (D22)→(D24)。

3) 字逻辑异或指令 WXOR

(D)WXOR(P)指令的编号为 FNC28，可对源操作数位进行逻辑异或运算。

4) 求反指令 CML

CML 的指令编号为 FNC14，可将源操作数取反，并传送到指定元件。

5) 求补指令 NEG

(D) NEG (P)指令的编号为 FNC29，其功能是将[D.]指定元件内容的各位先取反再加 1，将其结果再存入原来的元件中。

WAND、WOR、WXOR、CML 和 NEG 指令的使用如图 5.29 所示。

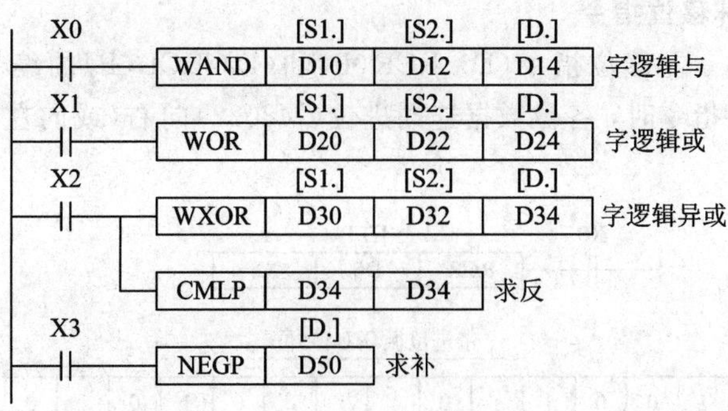

图 5.29　逻辑运算指令的使用

使用逻辑运算指令时应注意：

(1) WAND、WOR 和 WXOR 指令的[S1.]和[S2.]均可取所有的数据类型，而目标操作数可取 KnY、KnM、KnS、T、C、D、V 和 Z。

(2) NEG 指令只有目标操作数，可取 KnY、KnM、KnS、T、C、D、V 和 Z。

(3) WAND、WOR、WXOR 指令的 16 位运算占用 7 个程序步，32 位运算占用 13 个程序步；而 NEG 分别占用 3 步和 5 步。

四、循环与移位类指令(FNC30～FNC39)

1. 循环移位指令

右、左循环移位指令(D)ROR(P)和(D)ROL(P)的编号分别为 FNC30 和 FNC31。执行这两条指令时，各位数据向右(或向左)循环移动 n 位，最后一次移出的位同时存入进位标志 M8022 中，如图 5.30 和图 5.31 所示。

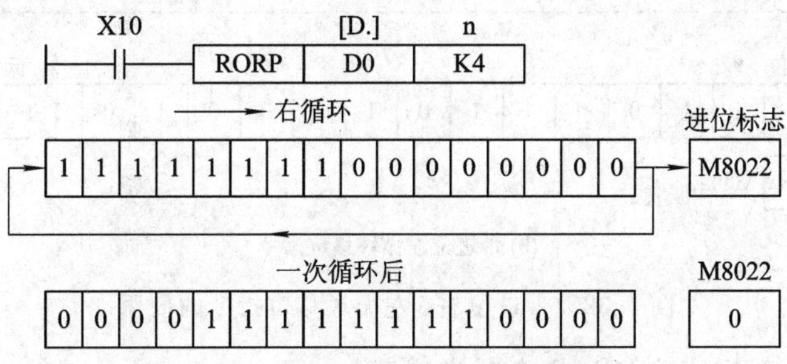

图 5.30　ROR 右循环移位指令的使用

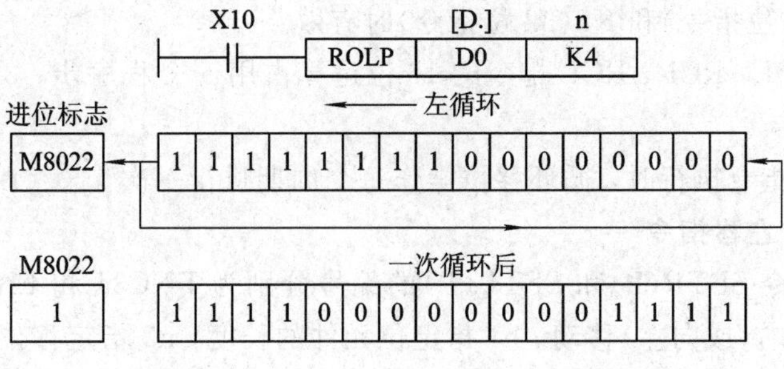

图 5.31　ROL 左循环移位指令的使用

2. 带进位的循环移位指令

带进位的循环右、左移位指令(D) RCR(P)和(D) RCL(P)的编号分别为 FNC32 和 FNC33。执行这两条指令时，各位数据连同进位(M8022)向右(或向左)循环移动 n 位，如图 5.32 所示。

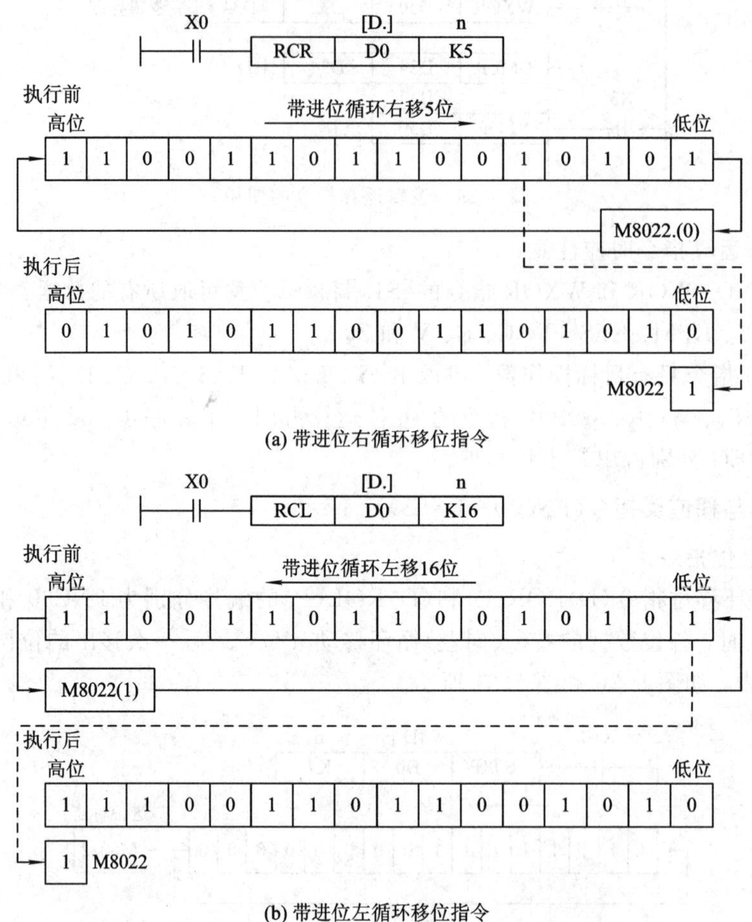

图 5.32　带进位右、左循环移位指令的使用

使用 ROR/ROL/RCR/RCL 指令时应注意：

(1) 目标操作数可取 KnY、KnM、KnS、T、C、D、V 和 Z，目标元件中指定位元件的组合只有在 K4(16 位指令)和 K8(32 位指令)时有效。

(2) ROR、ROL、RCR、RCL 指令的 16 位运算占用 5 个程序步，32 位运算占用 9 个程序步。

(3) 采用连续指令执行时，循环移位操作每个周期执行一次。

3. 位右移和位左移指令

位右、左移指令 SFTR(P)和 SFTL(P)的编号分别为 FNC34 和 FNC35，可将位元件中的状态成组地向右(或向左)移动。n1 指定位元件的长度，n2 指定移位位数，n1 和 n2 的关系及范围因 PLC 机型不同而有差异，一般为 n2≤n1≤1024。位右移指令的使用如图 5.33 所示。

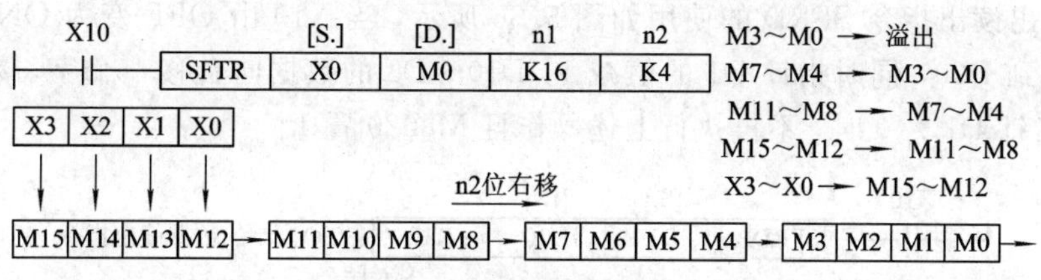

图 5.33　位右移指令的使用

使用位右移和位左移指令时应注意：

(1) 源操作数可取 X、Y、M、S，目标操作数可取 Y、M、S。

(2) 位右移和位左移指令只有 16 位操作，占用 9 个程序步。

4. 字右移和字左移指令

字右移和字左移指令 WSFR(P)和 WSFL(P)的编号分别为 FNC36 和 FNC37。字右移和字左移指令以字为单位，其工作过程与位移位相似，是将 n1 个字右移或左移 n2 个字。

WSFR 字右移指令的使用如图 5.34 所示。

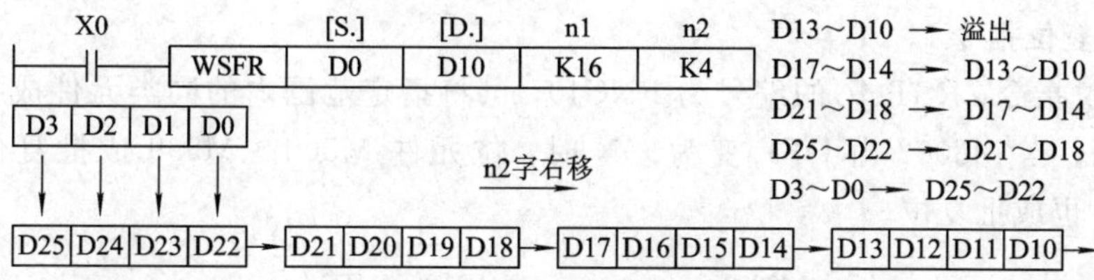

图 5.34　字右移指令的使用

使用字右移和字左移指令时应注意：

(1) 源操作数可取 KnX、KnY、KnM、KnS、T、C 和 D，目标操作数可取 KnY、KnM、KnS、T、C 和 D。

(2) 字移位指令只有 16 位操作，占用 9 个程序步。

(3) n1 和 n2 的关系为 n2≤n1≤512。

5. 先入先出写入和读出指令

先入先出写入指令和先入先出读出指令 SFWR(P)和 SFRD(P)的编号分别为 FNC38 和 FNC39。先入先出写入指令 SFWR 的使用如图 5.35 所示，当 X10 由 OFF 变为 ON 时，SFWR 执行，D0 中的数据写入 D2，而 D1 变成指针，其值为 1(D1 必须先清 0)；当 X10 再次由 OFF 变为 ON 时，D0 中的数据写入 D3，D1 变为 2；依次类推，D0 中的数据依次写入数据寄存器。D0 中的数据从右边的 D2 顺序存入，源数据写入的次数放在 D1 中，当 D1 中的数据达到 n－1 后，不再执行上述操作，同时进位标志 M8022 置 1。

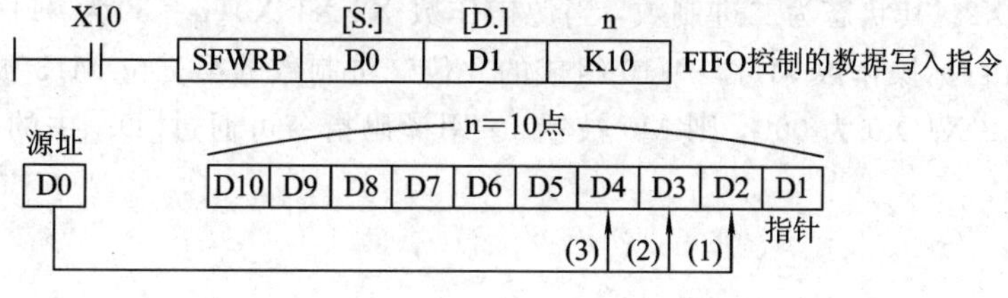

图 5.35　先入先出写入指令的使用

先入先出读出指令 SFRD 的使用如图 5.36 所示，当 X10 由 OFF 变为 ON 时，D2 中的数据传送到 D20，同时指针 D1 的值减 1，D10～D3 的数据向右移一个字，数据总是从 D2 读出；指针 D1 为 0 时，不再执行上述操作且 M8020 置 1。

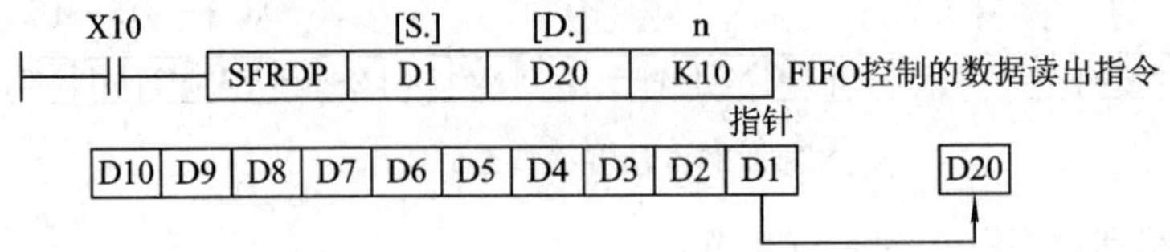

图 5.36 先入先出读出指令的使用

使用 SFWR 和 SFRD 指令时应注意：

(1) 目标操作数可取 KnY、KnM、KnS、T、C 和 D，源操作数可取所有的数据类型。

(2) SFWR 和 SFRD 指令只有 16 位运算，占用 7 个程序步。

(3) 先入先出控制常用于按产品入库并顺序从库内取出产品的情况。

五、数据处理指令(FNC40～FNC49)

1. 区间复位指令

区间复位指令 ZRST(P)的编号为 FNC40，可将指定范围内的同类元件成批复位。如图 5.37 所示，当 M8002 由 OFF 变为 ON 时，位元件 M500～M599 成批复位，字元件 C235～C255 也成批复位。

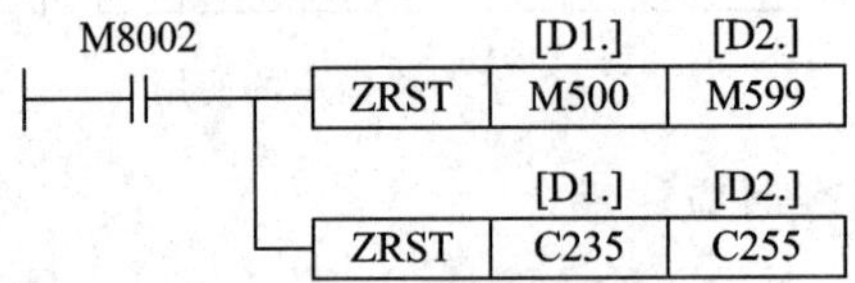

图 5.37 区间复位指令的使用

使用区间复位指令时应注意：

(1) [D1.]和[D2.]可取 Y、M、S、T、C、D，且应为同类元件。同时[D1.]的元件号应小于[D2.]指定的元件号，若[D1.]的元件号大于[D2.]元件号，则只有[D1.]指定的元件被复位。

(2) ZRST 指令只有 16 位运算，占用 5 个程序步，但[D1.]、[D2.]也可以指定 32 位计数器。

2. 译码和编码指令

1) 译码指令 DECO

DECO(P) 指令的编号为 FNC41。如图 5.38 所示，n=3 则表示[S.]源操作数为 3 位，即为 X0、X1、X2。其状态为二进制数，当源操作数 X2 X1 X0(n=3)为 011 时，相当于十进制数 3，则由目标操作数 M17～M10 组成的 8 位二进制数的第三位 M13 被置 1，其余各位为 0。如果 X2 X1 X0 为 000，则 M0 被置 1。用译码指令可通过[D.]中的数值来控制元件的启停状态。

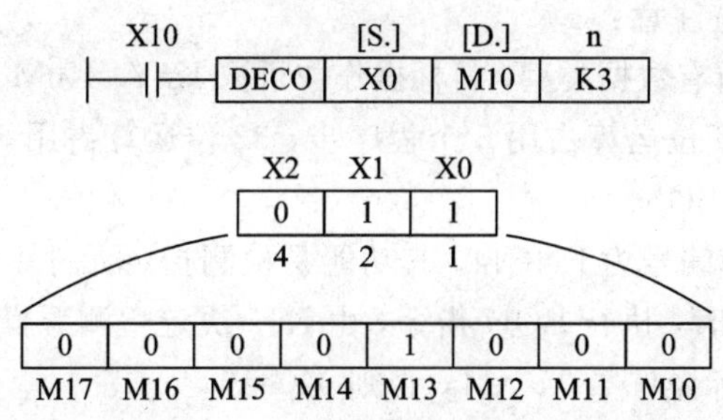

图 5.38　译码指令的使用

使用译码指令 DECO 时应注意：

(1) 位源操作数可取 X、T、M 和 S，位目标操作数可取 Y、M 和 S，字源操作数可取 K、H、T、C、D、V 和 Z，字目标操作数可取 T、C 和 D。

(2) 若[D.]指定的目标元件是字元件 T、C、D，则 n≤4；若为位元件 Y、M、S，则n=1～8。译码指令为 16 位运算，占用 7 个程序步。

2）编码指令 ENCO

ENCO(P)指令的编号为 FNC42。如图 5.39 所示，当 X1 有效时执行编码指令，将[S.]中最高位的 1(M3)所在位数(4)放入目标元件 D10 中，即将 011 放入 D10 的低 3 位。

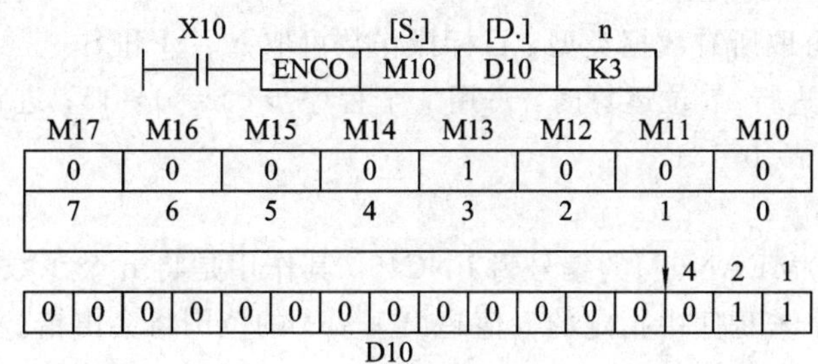

图 5.39　编码指令的使用

使用编码指令时应注意：

(1) 当源操作数为字元件时，可取 T、C、D、V 和 Z；当源操作数为位元件时，可取 X、Y、M 和 S。目标元件可取 T、C、D、V 和 Z。编码指令为 16 位运算，占用 7 个程序步。

(2) 操作数为字元件时，n≤4；操作数为位元件时，n=1～8；n=0 时不作处理。

(3) 若指定源操作数中有多个 1，则只有最高位的 1 有效。

3. ON 位数统计和 ON 位判别指令

1）ON 位数统计指令 SUM

(D)SUM(P)指令的编号为 FNC43，可用于统计指定元件中 1 的个数。如图 5.40 所示，当 X0 有效时执行 SUM 指令，将源操作数 D0 中 1 的个数送入目标操作数 D2 中；若 D0 中没有 1，则零标志 M8020 将置 1。

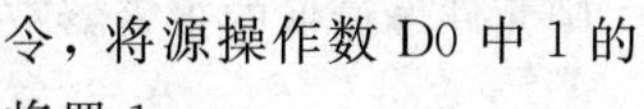

X0　[S.]　[D.]

SUM　D0　D2

图 5.40　ON 位数统计指令的使用

使用 SUM 指令时应注意：

(1) 源操作数可取所有数据类型，目标操作数可取 KnY、KnM、KnS、T、C、D、V 和 Z。

(2) SUM 指令的 16 位运算占用 5 个程序步，32 位运算占用 9 个程序步。

2) ON 位判别指令 BON

(D)BON(P)指令的编号为 FNC44，其功能是检测指定元件中的指定位是否为 1。如图 5.41 所示，当 X10 有效时，执行 BON 指令，由 K15 决定检测源操作数 D10 的第 15 位。当检测结果为 1 时，则目标操作数 M0=1，否则 M0=0。

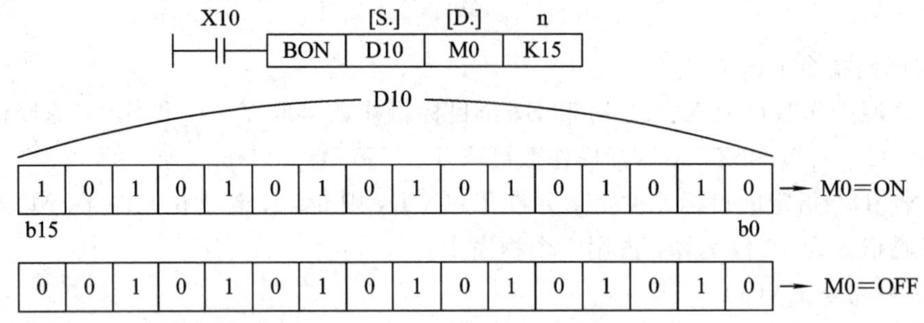

图 5.41　ON 位判别指令的使用

使用 BON 指令时应注意：

(1) 源操作数可取所有数据类型，目标操作数可取 Y、M 和 S。

(2) BON 指令进行 16 位运算时，占用 7 个程序步，n=0～15；进行 32 位运算时，则占用 13 个程序步，n=0～31。

4. 平均值指令

平均值指令(D)MEAN(P)的编号为 FNC45。其作用是将 n 个源数据的平均值送到指定目标(余数省略)，若程序中指定的 n 值超出 1～64 的范围将会出错。平均值指令 MEAN 的使用如图 5.42 所示。

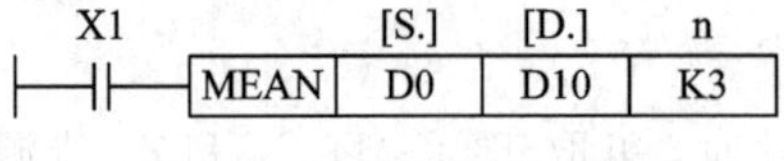

图 5.42　MEAN 指令的使用

5. 报警器置位与复位指令

报警器置位指令 ANS(P)和报警器复位指令 ANR(P)的编号分别为 FNC46 和 FNC47。如图 5.43 所示，若 X0 和 X1 同时为 ON 且超过 1 s，则 S900 置 1(用于报警)；当 X0 或 X1 变为 OFF 时，虽然定时器可复位，但 S900 仍保持 1 不变；若在 1 s 内 X0 或 X1 再次变为 OFF，则定时器复位。当 X3 接通时，则将 S900～S999 之间被置 1 的报警器复位。若 1 个以上的报警器被置 1，则元件号最低的报警器被复位。

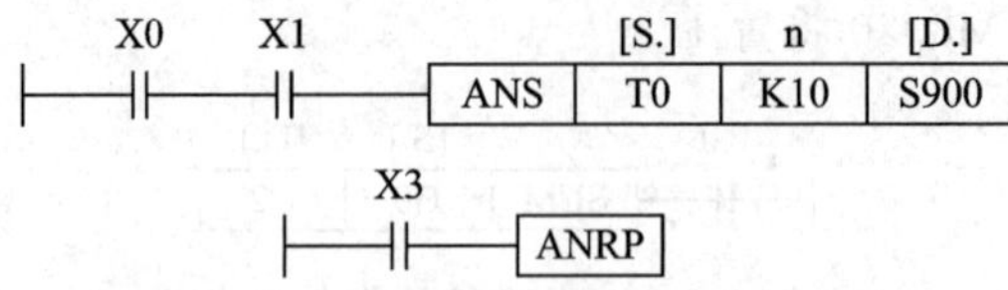

图 5.43　报警器置位与复位指令的使用

使用报警器置位与复位指令时应注意：

(1) ANS 指令的源操作数为 T0～T199，目标操作数为 S900～S999，n＝1～32 767；ANR 指令无操作数。

(2) ANS 指令为 16 位运算指令，占用 7 个程序步；ANR 指令为 16 位运算指令，占用 1 个程序步。

(3) 如果连续执行 ANR 指令，则系统会按扫描周期依次将报警器复位。

6. 二进制平方根指令

二进制平方根指令(D)SQR(P)的编号为 FNC48。如图 5.44 所示，当 X0 有效时，则将存放在 D10 中的数进行平方运算，并将结果存放在 D12 中(结果只取整数)。

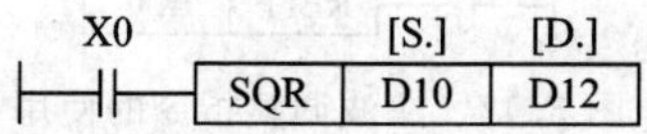

图 5.44　二进制平方根指令的使用

使用 SQR 指令时应注意：

(1) 源操作数可取 K、H、D，数据需大于 0，目标操作数为 D。

(2) SQR 指令的 16 位运算占用 5 个程序步，32 位运算占用 9 个程序步。

7. 二进制整数→二进制浮点数转换指令

二进制整数→二进制浮点数转换指令(D)FLT(P)的编号为 FNC49。如图 5.45 所示，当 X0 有效时，可将存入 D10 中的数据转换成浮点数并存入[D.]中，即存入数据寄存器(D13，D12)中。

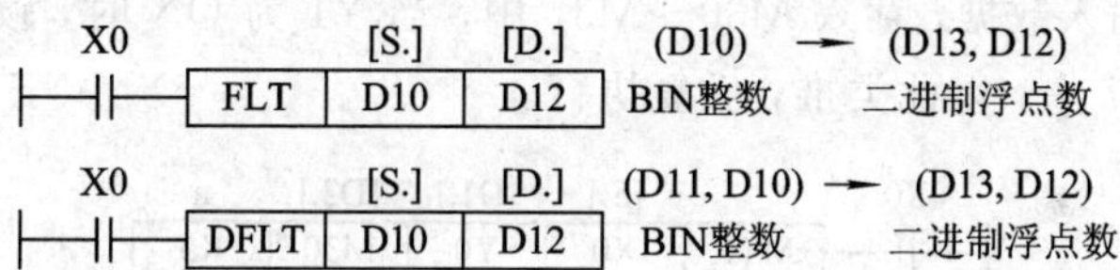

图 5.45　二进制整数→二进制浮点数转换指令的使用

使用 FLT 指令时应注意：

(1) 源操作数和目标操作数均为 D。

(2) FLT 指令的 16 位运算占用 5 个程序步，32 位运算占用 9 个程序步。

六、高速处理指令(FNC50～FNC59)

1. 与输入输/出有关的指令

1) 输入/输出刷新指令 REF

REF(P)指令的编号为 FNC50。FX 系列 PLC 采用集中输入/输出的方式。如果需要最新的输入信息并希望立即输出结果，则必须使用该指令。如图 5.46 所示，当 X0 接通时，X10～X17 共 8 点输出将被刷新；当 X1 接通时，则 Y0～Y7、Y10～Y17 共 16 点输出将被刷新。

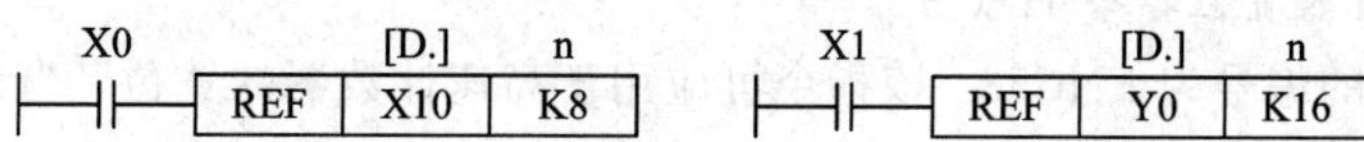

图 5.46　输入/输出刷新指令的使用

使用 REF 指令时应注意：

(1) 目标操作数为元件编号的个位数为 0 的 X 和 Y，n 应为 8 的整倍数。

(2) REF 指令只可进行 16 位运算，占用 5 个程序步。

2) 滤波调整指令 REFF

REFF(P)指令的编号为 FNC51。在 FX 系列 PLC 中，X0～X17 使用数字滤波器，用 REFF 指令可调节其滤波时间，范围为 0～60 ms(实际上由于输入端有 RL 滤波，所以最小滤波时间为 50 μs)。如图 5.47 所示，当 X0 接通时，执行 REFF 指令，滤波时间常数被设定为 1 ms。若 X10 为 OFF，本指令不执行，输入滤波时间为默认值 10 ms。

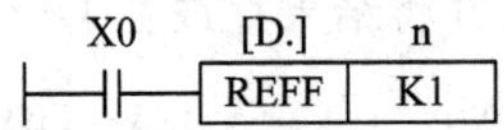

图 5.47　滤波调整指令的使用

使用 REFF 指令时应注意：

(1) REFF 指令为 16 位运算，占用 7 个程序步。

(2) 当 X0～X7 用作高速计数输入时，或使用 FNC56 速度检测指令以及中断输入时，输入滤波器的滤波时间自动设置为 50 ms。

3) 矩阵输入指令 MTR

MTR 指令的编号为 FNC52。利用 MTR 可以构成由连续排列的 8 点输入与 n 点输出组成的 8 列 n 行的输入矩阵。如图 5.48 所示，[S.]指定的输入 X0～X7 共 8 点与 n 点输出 Y0、Y1、Y2(n=3)可组成一个输入矩阵。PLC 在运行时执行 MTR 指令，当 Y0 为 ON 时，读入第一行的输入数据，存入 M30～M37 中；当 Y1 为 ON 时，读入第二行的输入数据，存入 M40～M47 中。以此类推，反复执行。

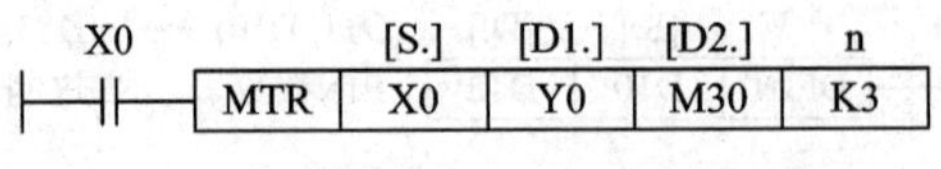

图 5.48　矩阵输入指令的使用

使用 MTR 指令时应注意：

(1) 源操作数[S.]是元件编号的个位数为 0 的 X，目标操作数[D1.]是元件编号的个位数为 0 的 Y，目标操作数[D2.]是元件编号的个位数为 0 的 Y、M 和 S，n 的取值范围是 2～8。

(2) 因输入滤波应答延迟时间为 10 ms，所以对于每一个输出可按 20 ms 顺序中断，立即执行。

(3) 利用 MTR 指令通过 8 点晶体管输出获得 64 点输入，但读一次 64 点输入所需时间为 20 ms×8=160 ms，不适应高速输入操作。

(4) MTR 指令只有 16 位运算，占用 9 个程序步。

2. 高速计数器指令

1) 高速计数器置位指令 HSCS

HSCS 指令的编号为 FNC53。该指令可应用于高速计数器的置位，当计数器的当前值达到预置值时，计数器的输出触点立即动作。它采用了中断方式使置位和输出立即执行，而与扫描周期无关。如图 5.49 所示，[S1.]为设定值(100)，当高速计数器 C255 的当前值由 99 变为 100 或由 101 变为 100 时，Y10 都将立即置 1。

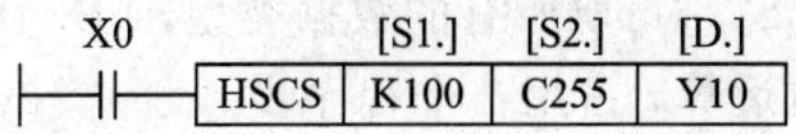

图 5.49　高速计数器置位指令的使用

2）高速计数器比较复位指令 HSCR

HSCR 指令的编号为 FNC54。如图 5.50 所示，当 C254 的当前值由 199 变为 200 或由 201 变为 200 时，采用中断方式使 Y0 立即复位。

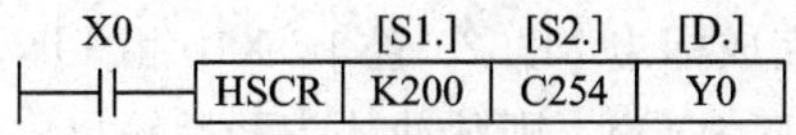

图 5.50　高速计数器比较复位指令的使用

使用 HSCS 和 HSCR 时应注意：

(1) 源操作数[S1.]可取所有数据类型，[S2.]为 C235～C255，目标操作数可取 Y、M 和 S。

(2) HSCS 和 HSCR 指令只有 32 位运算，占用 13 个程序步。

3）高速计数器区间比较指令 HSZ

HSZ 指令的编号为 FNC55。如图 5.51 所示，目标操作数为 Y0、Y1 和 Y2。如果 C251 的当前值小于 K1000 时，Y0 为 ON；如果 C251 的当前值小于等于 K2000 时，Y1 为 ON；如果 C251 的当前值大于 K2000 时，Y2 为 ON。

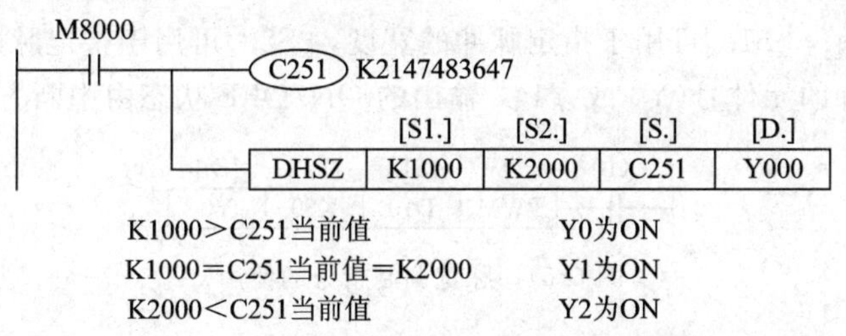

图 5.51　高速计数器区间比较指令的使用

使用高速计数器区间比较指令时应注意：

(1) 操作数[S1.]、[S2.]可取所有数据类型，[S.]为 C235～C255，目标操作数[D.]可取 Y、M、S。

(2) HSZ 指令为 32 位运算，占用 17 个程序步。

3. 速度检测指令

速度检测指令 SPD 的编号为 FNC56。其功能是用于检测给定时间内从编码器输入的脉冲个数，并计算出编码器的旋转速度。如图 5.52 所示，[D.]占用三个目标元件。当 X12 为 ON 时，用 D1 对 X0 的输入上升沿计数，100 ms 后将计数结果送入 D0，然后将 D1 复位，D1 可重新开始对 X0 计数。D2 在计数结束后计算剩余时间。

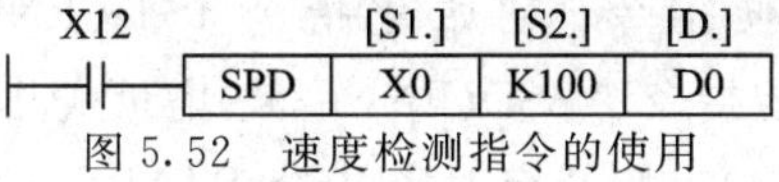

X12　[S1.]　[S2.]　[D.]

SPD	X0	K100	D0

图 5.52　速度检测指令的使用

使用速度检测指令时应注意：

(1) [S1.]为 X0～X5，[S2.]可取所有的数据类型，[D.]可取 T、C、D、V 和 Z。

(2) SPD 指令只有 16 位运算，占用 7 个程序步。

4. 脉冲输出指令

脉冲输出指令(D)PLSY 的编号为 FNC57，可用于产生指定数量的脉冲。如图 5.53 所示，[S1.]可用于指定脉冲频率(1～1000 Hz)，[S2.]可用于指定脉冲的个数(16 位指令的范围为 1～32 767，32 位指令则为 1～2 147 483 647)。如果指定脉冲个数为 0，则会产生无穷多个脉冲。[D.]可用于指定脉冲输出元件号。脉冲的占空比为 50%，脉冲以中断方式输出。指定脉冲输出完毕后，完成标志 M8029 置 1。X10 由 ON 变为 OFF 时，M8029 复位，停止输出脉冲。若 X10 再次变为 ON，则脉冲从头开始输出。

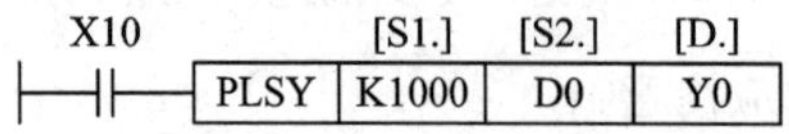

图 5.53　脉冲输出指令的使用

使用脉冲输出指令时应注意：

(1) [S1.]、[S2.]可取所有的数据类型，[D.]可取 Y1 和 Y2。

(2) PLSY 指令可进行 16 和 32 位运算，分别占用 7 个和 13 个程序步。

(3) PLSY 指令在程序中只能使用一次。

5. 脉宽调制指令

脉宽调制指令 PWM 的编号为 FNC58，其功能是用于产生指定脉冲宽度和周期的脉冲串。如图 5.54 所示，[S1.]可用于指定脉冲的宽度，[S2.]可用于指定脉冲的周期，[D.]可用于指定输出脉冲的元件号(Y0 或 Y1)，输出的 ON/OFF 状态由中断方式控制。

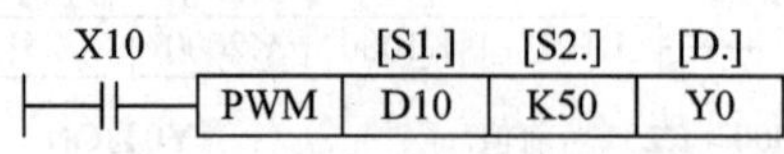

图 5.54　脉宽调制指令的使用

使用脉宽调制指令时应注意：

(1) 操作数的类型与 PLSY 相同；该指令只有 16 位操作，占用 7 个程序步。

(2) [S1.]应小于[S2.]。

6. 可调速脉冲输出指令

可调速脉冲输出指令(D)PLSR 的编号为 FNC59。该指令可以对输出脉冲进行加速，也可进行减速调整。源操作数和目标操作数的类型和 PLSY 指令相同，只能用于晶体管 PLC 的 Y0 和 Y1。可进行 16 位操作，也可进行 32 位操作，分别占用 9 个和 17 个程序步。该指令只能使用一次。

七、其他功能指令

1. 方便指令(FNC60～FNC69)

FX 系列共有 10 条方便指令：初始化指令 IST(FNC60)、数据搜索指令 SER(FNC61)、绝对值式凸轮顺控指令 ABSD(FNC62)、增量式凸轮顺控指令 INCD(FNC63)、示教定时指令 TIMR(FNC64)、特殊定时器指令 STMR(FNC65)、交替输出指令 ALT

(FNC66)、斜坡信号指令 RAMP(FNC67)、旋转工作台控制指令 ROTC(FNC68)和数据排序指令 SORT(FNC69)。下面仅对其中部分指令加以介绍。

1) 凸轮顺控指令

凸轮顺控指令包括绝对值式凸轮顺控指令 ABSD(FNC62)和增量式凸轮顺控指令 INCD(FNC63)两种类型。

绝对值式凸轮顺控指令 ABSD 可用于产生一组对应于计数值在 360°范围内变化的输出波形，输出点的个数由 n 决定，如图 5.55(a)所示。图 5.55(a)中 n 为 4，表明[D.]由 M0～M3 共有 4 点输出。系统预先通过 MOV 指令将对应的数据写入 D300～D307 中，开通点数据写入偶数元件，关断点数据放入奇数元件，如表 5.3 所示。当执行条件 X0 由 OFF 变 ON 时，M0～M3 将得到如图 5.55(b)所示的波形，通过改变 D300～D307 的数据可改变波形。若 X0 为 OFF，则各输出点状态不变。其中，X1 为旋转角度信号。该指令只能使用一次。

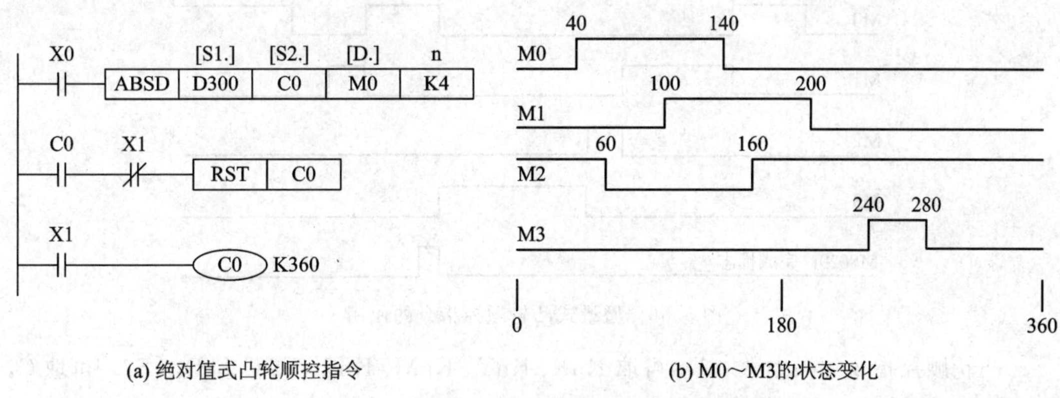

(a) 绝对值式凸轮顺控指令　　(b) M0～M3的状态变化

图 5.55　绝对值式凸轮顺控指令的使用

表 5.3　旋转台旋转周期 M0～M3 状态

开通点	关断点	输出
D300＝40	D301＝140	M0
D302＝100	D303＝200	M1
D304＝160	D305＝60	M2
D306＝240	D307＝280	M3

增量式凸轮顺控指令 INCD 可用于产生一组对应于计数值变化的输出波形。如图 5.56 所示，n＝4，说明有 4 个输出，分别为 M0～M3，其 ON/OFF 状态受凸轮提供的脉冲个数控制。使 M0～M3 为 ON 状态的脉冲个数分别存放在 D300～D303 中(用 MOV 指令写入)。图 5.56 中的波形是 D300～D303 分别为 20、30、10 和 40 时的输出。当计数器 C0 的当前值依次达到 D300～D303 的设定值时，计数器将自动复位。过程计数器 C1 可用于统计复位的次数，M0～M3 根据 C1 的值依次动作。由 n 指定的最后一段输出完成后，标志 M8029 置 1，此后将周期性重复动作。若 X0 为 OFF，则 C0、C1 均复位，同时 M0～M3 变为 OFF；当 X0 再次接通后，系统重新开始工作。

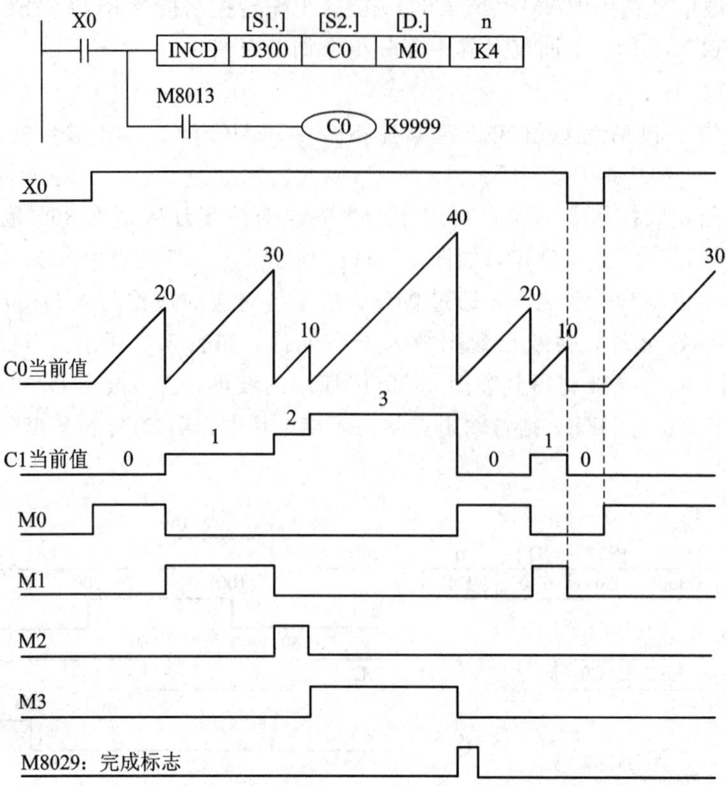

图 5.56　增量式凸轮顺控指令的使用

凸轮顺控指令源操作数[S1.]可取 KnX、KnY、KnM、KnS、T、C 和 D，[S2.]可取 C，目标操作数可取 Y、M 和 S。该指令为 16 位运算，占用 9 个程序步。

2）定时器指令

定时器指令包括示教定时器指令 TTMR（FNC64）和特殊定时器指令 STMR（FNC65）两种类型。

使用示教定时器指令 TTMR 时，可用一个按钮来调整定时器的设定时间。如图 5.57 所示，当 X10 为 ON 时，执行 TTMR 指令，X10 按下的时间由 M301 记录，该时间乘以 10^n后存入 D300。按钮按下的时间为 t，存入 D300 的值为 $10^n \times t$ 。X10 为 OFF 时，D301 复位，D300 保持不变。TTMR 指令为 16 位运算，占用 5 个程序步。

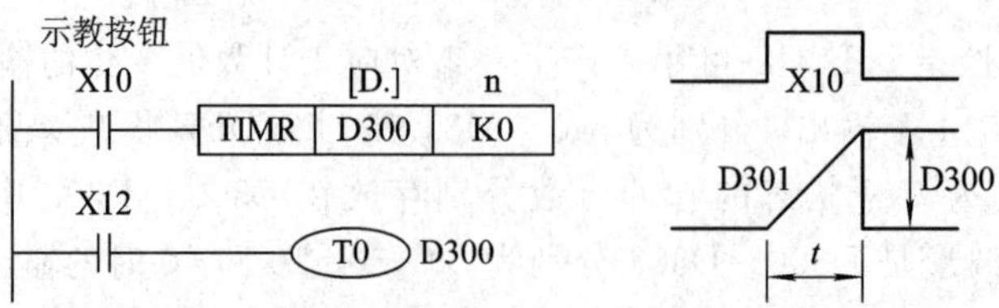

图 5.57　示教定时器指令的使用

特殊定时器指令 STMR 可用于产生延时断开定时器、单脉冲定时器和闪动定时器。如图 5.58 所示，m＝1～32 767，可用于指定定时器的设定值；[S.]源操作数取 T0～T199（100 ms 定时器）。T12 的设定值为 100 ms×50＝5 s，M0 是延时断开定时器，M1 为

X2 ON/OFF单脉冲定时器，M2、M3为闪动定时器。

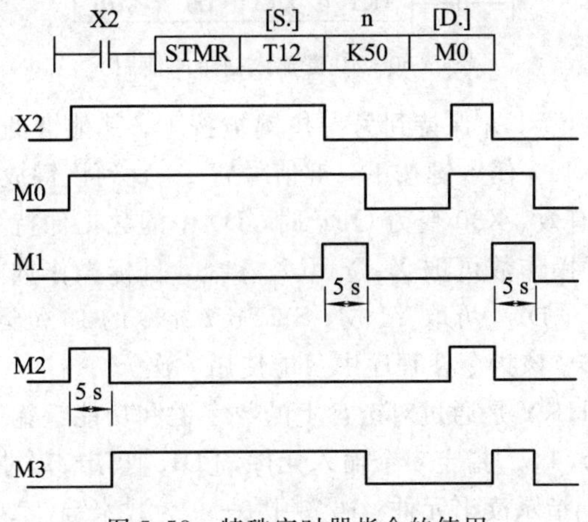

图 5.58　特殊定时器指令的使用

3）交替输出指令

交替输出指令 ALT(P)的编号为 FNC66，可用于实现由一个按钮控制负载的启动和停止。如图 5.59 所示，当 X0 由 OFF 变为 ON 时，Y0 的状态将改变一次。若连续使用 ALT 指令，则每个扫描周期 Y0 均改变一次状态。[D.]可取 Y、M 和 S。ALT 指令为 16 位运算，占用 3 个程序步。

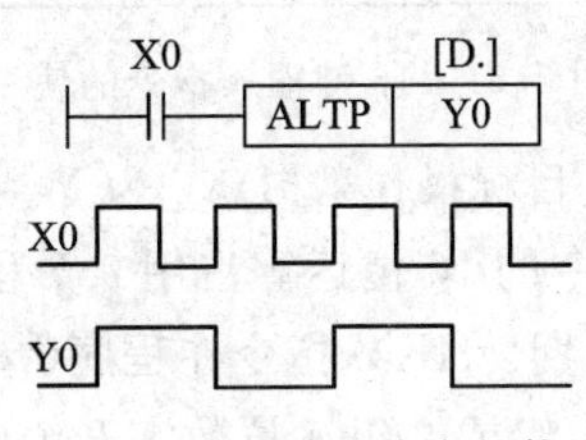

图 5.59　交替输出指令的使用

2. 外部 I/O 设备指令(FNC70～FNC79)

外部 I/O 设备指令是 FX 系列与外设传递信息的指令，共有 10 条指令。分别是 10 键输入指令 TKY(FNC70)、16 键输入指令 HKY(FNC71)、数字开关输入指令 DSW(FNC72)、七段译码指令 SEGD(FNC73)、带锁存的七段显示指令 SEGL(FNC74)、方向开关指令 ARWS(FNC75)、ASCII 码转换指令 ASC(FNC76)、ASCII 打印指令 PR(FNC77)、特殊功能模块读指令 FROM(FNC78)和特殊功能模块写指令 T0(FNC79)。

1）数据输入指令

数据输入指令包含 10 键输入指令 TKY(FNC70)、16 键输入指令 HKY(FNC71)和数字开关输入指令 DSW(FNC72)。

10 键输入指令(D)TKY 的使用如图 5.60 所示。源操作数[S.]采用 X0 作为首元件，10 个键 X0～X11 分别对应数字 0～9。X0 接通时执行 TKY 指令，如果以 X2(2)、X9(8)、X3(3)、X0(0)的顺序按键，则[D1.]中存入数据为 2830，实现了将按键变成十进制的数字量。当传送的数据大于 9999，则高位溢出并丢失。使用 32 位指令 DTKY 时，D1 和 D2 组合使用，高位大于 99 999 999 则会溢出。

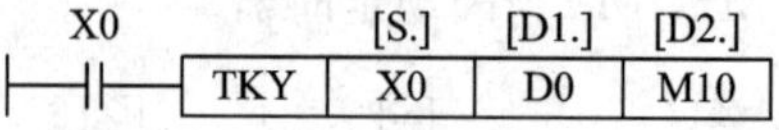

X0		[S.]	[D1.]	[D2.]
─┤├─	TKY	X0	D0	M10

图 5.60　10 键输入指令的使用

当按下 X2 后，M12 置 1 并保持到另一按键被按下，其他键的操作与之相同。M10～M19 动作对应于 X0～X11。任一键按下，键信号置 1，直到该键放开。当两个或更多键被按下时，首先按下的键有效。X30 变为 OFF 时，D0 中的数据保持不变，但 M10～M20 全部为 OFF。该指令的源操作数可取 X、Y、M、和 S，目标操作数[D.]可取 KnY、KnM、KnS、T、C、D、V 和 Z，[D2.]可取 Y、M、S。TKY 指令的 16 位运算占用 7 个程序步，32 位运算占用 13 个程序步。该指令在程序中只能使用一次。

16 键输入指令(D)HKY 是通过对键盘上的数字键和功能键输入的内容实现输入的复合运算。如图 5.61 所示，[S.]指定 4 个输入元件，[D1.]指定 4 个扫描输出点，[D2.]为键输入的存储元件，[D3.]指示读出元件。16 键中 0～9 为数字键，A～F 为功能键，HKY 指令输入的数字范围为 0～9999，以二进制的方式存放在 D0 中，如果大于 9999 则溢出。DHKY 指令可在 D0 和 D1 中存放最大为 99 999 999 的数据。功能键 A～F 与 M0～M5 对应，按下 A 键，M0 置 1 并保持。按下 D 键，M0 置 0，M3 置 1 并保持。其余按键以此方式类推。如果同时按下多个键，则先按下的有效。

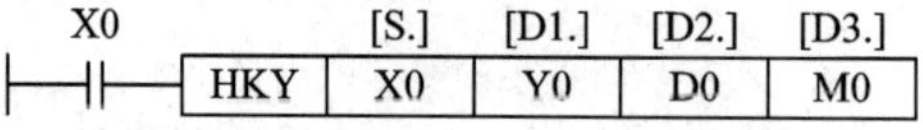

X0		[S.]	[D1.]	[D2.]	[D3.]
─┤├─	HKY	X0	Y0	D0	M0

图 5.61　16 键输入指令的使用

HKY 指令的源操作数为 X，目标操作数[D1.]为 Y。[D2.]可以取 T、C、D、V 和 Z，[D3.]可取 Y、M 和 S。HKY 指令的 16 位运算占用 9 个程序步，32 位运算占用 17 个程序步。扫描全部 16 键需 8 个扫描周期。HKY 指令在程序中只能使用一次。

数字开关指令 DSW 可读取 1 组或 2 组 4 位数字开关的设置值。如图 5.62 所示，源操作数[S.]为 X，用来指定输入点。[D1.]为目标操作数 Y，用来指定选通点。[D2.]指定数据存储单元，可取 T、C、D、V 和 Z。n 指定数字开关组数。该指令只有 16 位运算，占用 9 个程序步，可使用两次。图 5.62 中，n＝1 指有 1 组 BCD 码数字开关。输入开关为 X10～X13，按 Y10～Y13 的顺序选通读取，数据以二进制数的形式存放在 D0 中。若 n＝2，则有两组开关，将第 2 组开关接入 X14～X17，仍由 Y10～Y13 顺序选通读取，数据以二进制的形式存放在 D1 中，第 2 组数据只有在 n＝2 时才有效。当 X0 保持为 ON 时，Y10～Y13 依次为 ON。一个周期完成后，标志位 M8029 置 1。

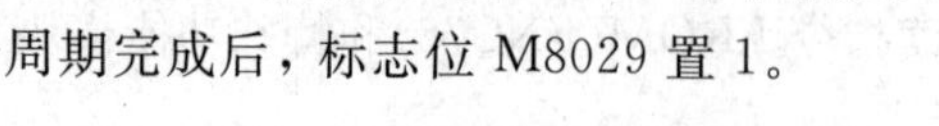

X0		[S.]	[D1.]	[D2.]	n
─┤├─	DSW	X10	Y10	D0	K1

图 5.62　数字开关指令的使用

2）数字译码输出指令

数字译码输出指令包括七段译码指令 SEGD(FNC73)和带锁存的七段显示指令 SEGL(FNC74)两种类型。

七段译码指令 SEGD(P)的使用如图 5.63 所示，将[S.]指定元件的低 4 位所确定的十六进制数(0～F)经译码后存于[D.]指定的元件中，以驱动七段显示器，[D.]的高8位保持不变。如果要显示0，则应在D0中放入数据3FH。

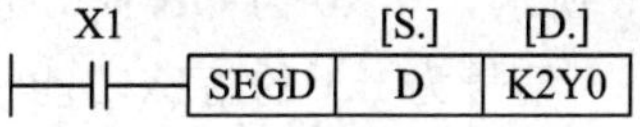

图5.63　七段译码指令的使用

带锁存的七段显示指令SEGL可用12个扫描周期的时间来控制一组或两组带锁存的七段译码显示。

3) 方向开关指令

方向开关指令ARWS(FNC75)可用于方向开关的输入和显示。如图5.64所示，该指令有4个参数，源操作数[S.]可取X、Y、M、S。在图5.64中选择X10开始的4个按钮，位左移键和右移键用来指定输入的位，增加键和减少键用来设定指定位的数值。X0接通时指定位是最高位，按一次右移键或左移键可移动一位。指定位的数值可由增加键和减少键来修改，其值可显示在七段显示器上。目标操作数[D1.]为输入的数据，由七段显示器监视其中的值(操作数可取T、C、D、V、和Z)。[D2.]只能用Y作为操作数，n=0～3，其确定方法与SEGL指令相同。ARWS指令只能使用一次，而且必须采用晶体管输出型的PLC。

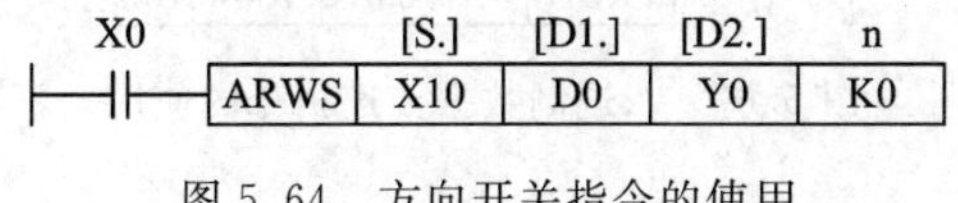

图5.64　方向开关指令的使用

4) ASCII码转换指令

ASCII码转换指令ASC(FNC76)的功能是将字符变换成ASCII码，并存放在指定的元件中。如图5.65所示，当X0有效时，将字符“FX－40MR!”变成ASCII码并送入D300～D303中(先低8位，后高8位)，D300＝H5846，D301＝H342D，D302＝H4D34，D303＝H2152。源操作数是8个字节以下的字母或数字，目标操作数可取T、C、D。

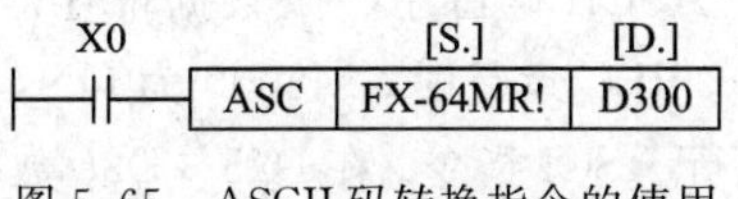

图5.65　ASCII码转换指令的使用

5) 特殊功能模块指令

特殊功能模块读指令FROM(FNC78)和特殊功能模块写指令TO(FNC79)的使用如图5.66所示。

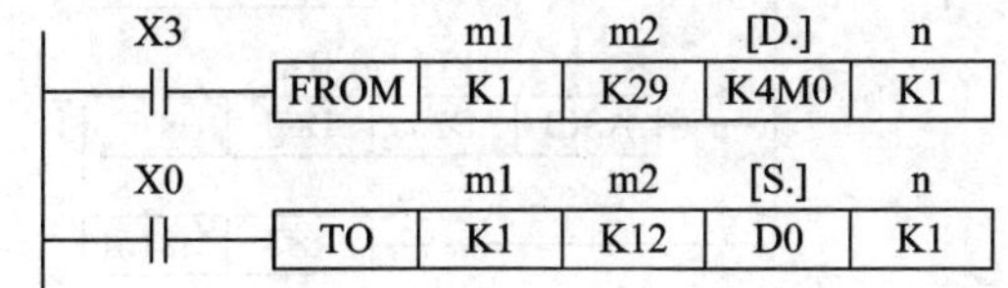

图5.66　特殊功能模块读指令与特殊功能模块写指令的使用

FROM 指令使用说明如图 5.66 所示，当 X3 为 ON 时，将编号为 m1 的特殊功能模块内以 m2 开始的 n 个缓冲寄存器的数据读入 PLC，并存入[D.]开始的 n 个数据寄存器中。

TO 指令使用说明如图 5.66 所示，当 X0 为 ON 时，可将 PLC 基本单元中从[S.]指定的元件开始的 n 个字的数据，写入编号为 m1 的特殊功能模块内以 m2 开始的 n 个缓冲寄存器中。

3. 外围设备(SER)指令(FNC80～FNC89)

外围设备(SER)指令包括串行通信指令 RS(FNC80)、八进制数据传送指令 PRUN(FNC81)、HEX→ASCII 转换指令 ASCI(FNC82)、ASCII→HEX 转换指令 HEX(FNC83)、校验码指令 CCD(FNC84)、模拟量输入指令 VRRD(FNC85)、模拟量开关设定指令 VRSC(FNC86)和 PID 运算指令 PID(FNC88)共 8 条指令。

1) 八进制数据传送指令

八进制数据传送指令(D)PRUN(P)(FNC81)可用于八进制数的传送。如图 5.67 所示，当 X10 为 ON 时，将 K4X20(X20～X27 和 X30～X37)传到发送缓冲区中的 K4M810(M810～M817 和 M820～M827)，因为 X 为八进制，数据不会写入 M818 和 M819(故 M818 和 M819 的内容不变)。源操作数可取 KnX、KnM，目标操作数取 KnY、KnM，n=1～8，该指令的 16 位和 32 位运算分别占用 5 个和 9 个程序步。

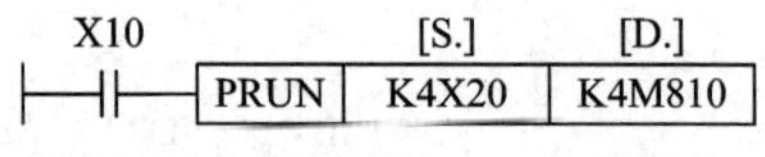

图 5.67　八进制数据传送指令的使用

2) 十六进制数与 ASCII 码转换指令

十六进制数与 ASCII 码转换指令包括 HEX→ASCII 转换指令 ASCI(FNC82)和 ASCII→HEX 转换指令 HEX(FNC83)两条指令。

HEX→ASCII 转换指令 ASCI(P)的功能是将源操作数[S.]中的内容(十六进制数)转换成 ASCII 码放入目标操作数[D.]中。如图 5.68 所示，n 表示要转换的字符数(n=1～256)。M8161 控制系统采用 16 位模式或 8 位模式。16 位模式时，每 4 个 HEX 占用 1 个数据寄存器，转换后每两个 ASCII 码占用一个数据寄存器；8 位模式时，转换结果传送到[D.]低 8 位，其高 8 位为 0。PLC 运行时，M8000 为 ON，M8161 为 OFF，此时为 16 位模式。当 C20 为 ON 时，则执行 ASCI 指令。在 D25～D26 数据寄存器中的 6 位十六进制数将被转换为 ASCII 码，送入 D50～D55 的 6 个数据寄存器中。该指令的源操作数可取所有数据类型，目标操作数可取 KnY、KnM、KnS、T、C 和 D。ASCI 指令只有 16 位运算，占用 7 个程序步。

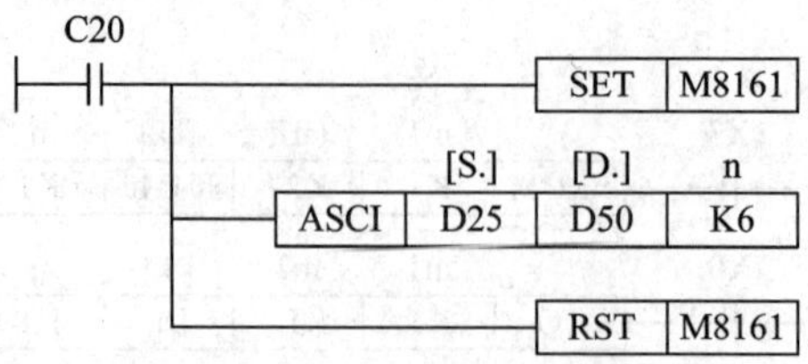

图 5.68　HEX→ASCII 转换指令的使用

ASCII→HEX 指令 HEX(P)的功能与 ASCI 指令相反，是将 ASCII 码表示的信息转换成十六进制的信息。如图 5.69 所示，可将源操作数 D25～D30 中的 ASCII 码转换成十六进制信息，放入目标操作数 D50 和 D51 中。HEX 指令只有 16 位运算，占用 7 个程序步。源操作数可取 K、H、KnX、KnY、KnM、KnS、T、C 和 D，目标操作数可取 KnY、KnM、KnS、T、C、D、V 和 Z。

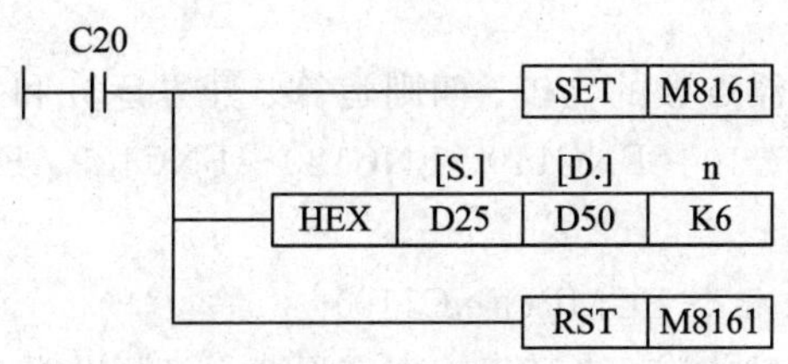

图 5.69　ASCII→HEX 指令的使用

3）校验码指令

校验码指令 CCD(P)(FNC84)的功能是对一组数据寄存器中的十六进制数进行总校验和奇偶校验。如图 5.70 所示，程序将源操作数[S.]指定的 D25～D26 共 6 个字节的 8 位二进制数求和并“异或”，结果分别放在目标操作数 D50 和 D51 中。通信过程中可将数据和、“异或”结果随同发送，对方接收到信息后，先将传送的数据求和并“异或”，再与接收的和及“异或”结果进行比较，以此判断传送信号的正确与否。源操作数可取 KnX、KnY、KnM、KnS、T、C 和 D，目标操作数可取 KnM、KnS、T、C 和 D，n 可取 K、H 或 D，n=1～256。CCD 指令为 16 位运算，占用 7 个程序步。

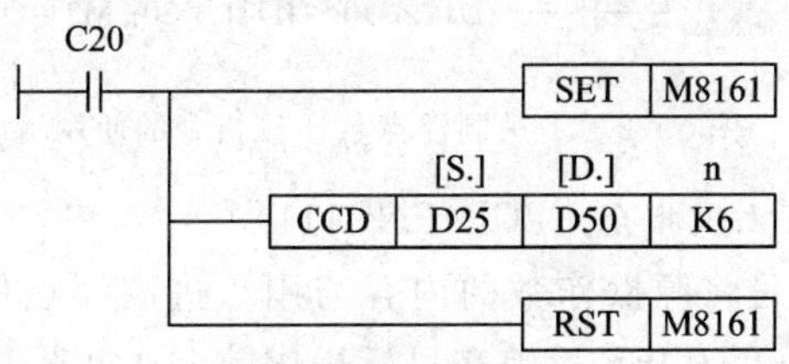

图 5.70　校验码指令的使用

PRUN、ASCI、HEX、CCD 常应用于串行通信中，配合 RS 指令使用。

4）模拟量输入指令

模拟量输入指令 VRRD(P)(FNC85)可用于对 FX2N-8AV-BD 模拟量功能扩展板中的电位器数值进行读操作。如图 5.71 所示，当 X0 为 ON 时，程序读出 FX2N-8AV-BD 中 0 号模拟量的值(由 K0 决定)，并将其送入 D0，作为 T0 的设定值。源操作数可取 K、H，用于指定模拟量的编号，取值范围为 0～7；目标操作数可取 KnY、KnM、KnS、T、C、D、V 和 Z。该指令只有 16 位运算，占用 5 个程序步。

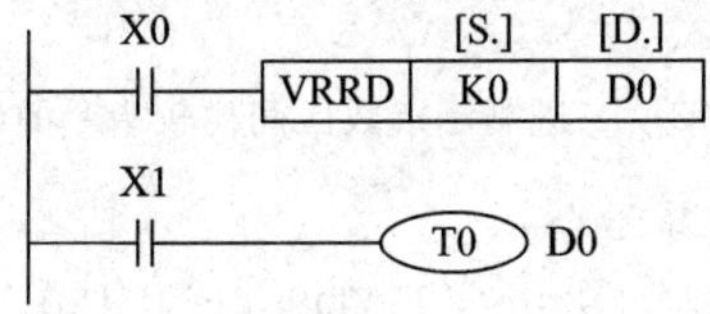

图 5.71　模拟量输入指令的使用

5）模拟量开关设定指令

模拟量开关设定指令 VRSC(P)(FNC86)的作用是将 FX－8AV 中电位器读出的数四舍五入整量化后，以 0～10 之间的整数值存放在目标操作数中。它的源操作数[S.]可取 K 和 H，用来指定模拟量的编号，取值范围为 0～7；目标操作数[D.]的类型与 VRRD 指令相同。该指令为 16 位运算，占用 9 个程序步。

4. 浮点运算指令

浮点数运算指令包括浮点数的比较、四则运算、开方运算和三角函数等功能。这些运算指令分布在编号为 FNC110～FNC119、FNC120～FNC129、FNC130～FNC139 的指令之中。

1）二进制浮点数比较指令 ECMP(FNC110)

ECMP(P)指令的使用如图 5.72 所示，程序将两个源操作数进行比较，比较结果反映在目标操作数中。如果操作数为常数，则自动转换成二进制浮点值处理。该指令源操作数可取 K、H 和 D，目标操作数可取 Y、M 和 S。ECMP 指令为 32 位运算，占用 17 个程序步。

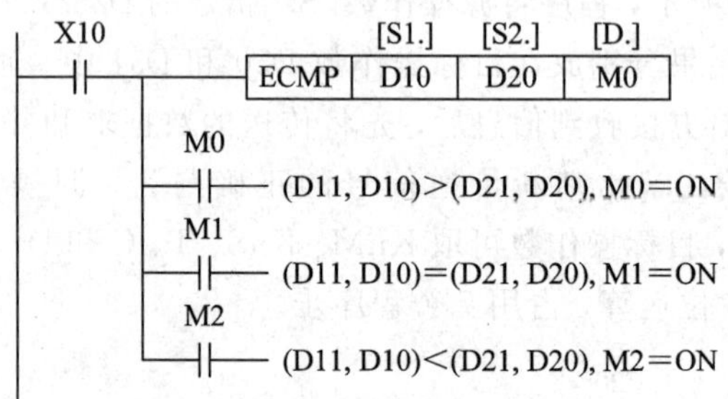

图 5.72 二进制浮点数比较指令的使用

2）二进制浮点数区间比较指令 EZCP(FNC111)

EZCP(P)指令的功能是将源操作数的内容与用二进制浮点值指定的上下两点的范围进行比较，对应的结果用 ON/OFF 反映在目标操作数上，如图 5.73 所示。该指令为 32 位运算，占用 17 个程序步。源操作数可取 K、H 和 D；目标操作数可取 Y、M 和 S。[S1.]应小于[S2.]，操作数为常数时，将被自动转换成二进制浮点值进行处理。

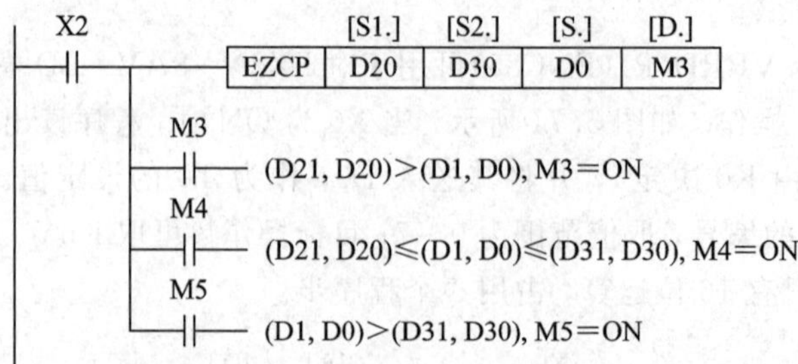

图 5.73 二进制浮点数区间比较指令的使用

3）二进制浮点数的四则运算指令

浮点数的四则运算指令包括加法指令 EADD (FNC120)、减法指令 ESUB(FNC121)、乘法指令 EMVL(FNC122)和除法指令 EDIV(FNC123)四条指令。四则运算指令的使用如

图 5.74 所示，它们都是将两个源操作数中的浮点数进行运算后送入目标操作数。当除数为 0 时出现运算错误，不执行指令。此类指令只有 32 位运算，占用 13 个程序步。运算结果会影响标志位 M8020(零标志)、M8021(借位标志)、M8022(进位标志)。源操作数可取 K、H 和 D，目标操作数为 D。如有常数参与运算，则自动转化为浮点数。

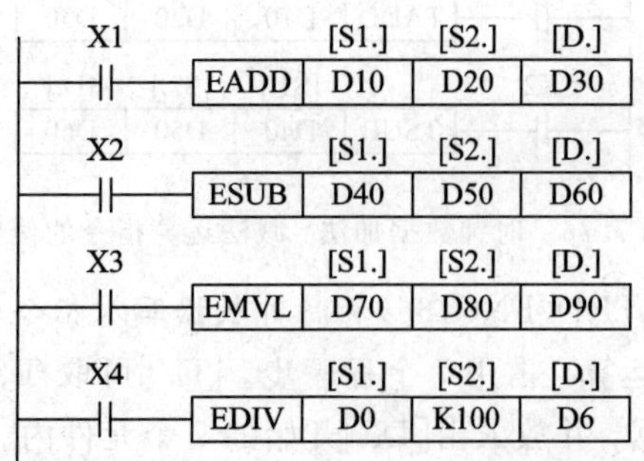

图 5.74 二进制浮点数四则运算指令的使用

二进制的浮点运算还包括开平方、三角函数运算等指令，此处就不一一说明了。

5. 时钟运算指令(FNC160～FNC169)

时钟运算类指令共有七条，指令的编号分布在 FNC160～FNC169 之间。时钟运算类指令可对时钟数据进行运算和比较，对 PLC 内置的实时时钟进行时间校准和时钟数据格式化操作。

1) 时钟数据比较指令 TCMP(FNC160)

TCMP(P)指令的功能是用于比较指定时刻与时钟数据的大小。如图 5.75 所示，将源操作数[S1.]、[S2.]、[S3.]中的时间与[S.]起始的 3 点时间数据比较，根据其比较结果决定目标操作数[D.]中起始的 3 点单元中取 ON 或 OFF 的状态。该指令只有 16 位运算，占用 11 个程序步。TCMP 的源操作数可取 T、C 和 D，目标操作数可取 Y、M 和 S。

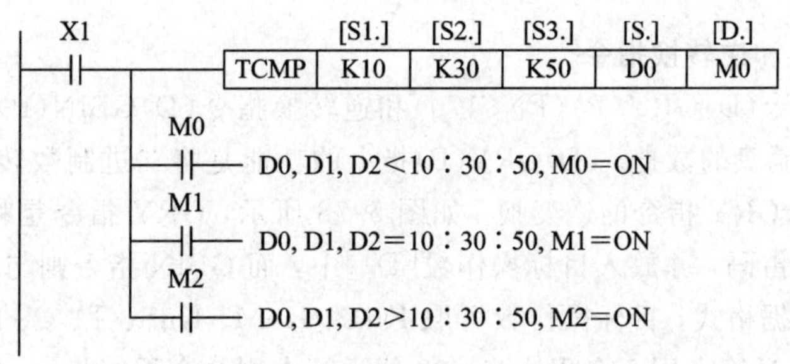

图 5.75 时钟数据比较指令的使用

2) 时钟数据加法运算指令 TADD(FNC162) 和时钟数据减法运算指令 TSUB(FNC162)

TADD(P)指令的功能是将两个源操作数的相加结果送入目标操作数。源操作数和目标操作数均可取 T、C 和 D。TADD 为 16 位运算，占用 7 个程序步。如图 5.76 所示，程序将[S1.]指定的 D10～D12 和 D20～D22 中的时、分、秒相加，并把结果送入[D.]指定的 D30～D32 中。当运算结果超过 24 小时时，进位标志位变为 ON，将进行加法运算的结果减去 24 小时后作为结果进行保存。

TSUB(P)指令的功能是将两个源操作数的相减结果送入目标操作数，将 D40～D42 和 D50～D52 的时钟数据相减后存入 D60～D62 中。运算结果小于 0 时，借位标志位变为 ON，会将其差值加上 24 小时后作为结果存入目标地址。

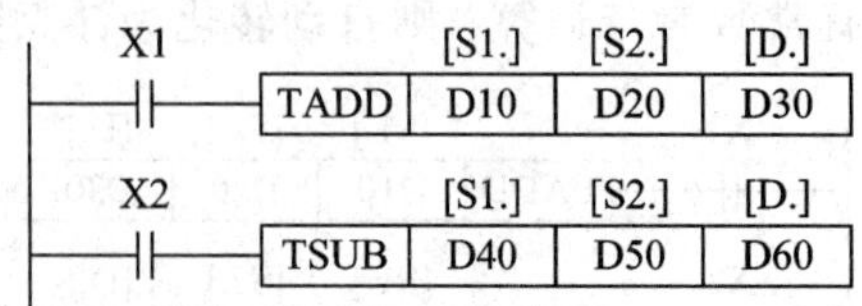

图 5.76　时钟数据加法、减法运算指令的使用

3）时钟数据读取指令 TRD(FNC166)和时钟数据写入指令 TWR(FNC167)

TRD(P)指令为 16 位运算，占用 7 个程序步。[D.]可取 T、C 和 D。TRD 指令的功能是读出内置的实时时钟数据，并放入由[D.]开始的 7 个元件内。如图 5.77 所示，当 X3 为 ON 时，程序将实时时钟(以年、月、日、时、分、秒、星期的顺序存放在特殊辅助寄存器 D8013～8019 之中)传送到 D0～D6 之中。

TWR(P)指令可用来将时间设定值写入内置的实时时钟，写入的数据预先放在[S.]开始的 7 个元件中。执行该指令时，内置的实时时钟时间立即变更，改为使用新的时间。如图 5.77 所示，在 D10～D16 分别存放年、月、日、时、分、秒、星期，当 X4 为 ON 时，D10～D16 中的预置值分别写入 D8013～D8019。

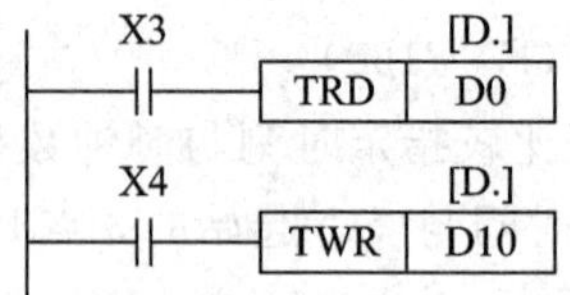

图 5.77　时钟数据读取、写入指令的使用

6. 格雷码转换和逆转换指令

格雷码转换指令(D)GRY(P)(FNC170)和逆转换指令(D)GBIN(P)(FNC171)常用于处理光电码盘、编码盘的数据。(D)GRY(P)指令的功能是将二进制数转换为格雷码，(D)GBIN(P)指令则是 GRY 指令的逆变换。如图 5.78 所示，GRY 指令是将源操作数[S.]中的二进制数变成格雷码，并放入目标操作数[D.]中，而 GBIN 指令则与其相反。它们的源操作数可取任意数据格式，目标操作数可取 KnY、KnM、KnS、T、C、D、V 和 Z。GRY、GBIN 指令的 16 位运算占用 5 个程序步，32 位运算占用 9 个程序步。

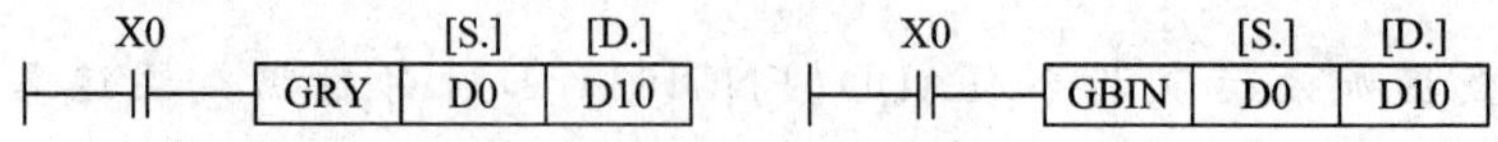

图 5.78　格雷码转换和逆转换指令的使用

7. 触点比较指令(FNC224～FNC246)

触点比较指令共有 18 条。

1）LD 触点比较指令

LD 触点比较指令的功能指令代码、助记符、导通条件、非导通条件如表 5.4 所示。

表 5.4　LD 触点比较指令

功能指令代码	助记符	导通条件	非导通条件
FNC224	(D)LD=	[S1.]=[S2.]	[S1.]≠[S2.]
FNC225	(D)LD>	[S1.]>[S2.]	[S1.]≤[S2.]
FNC226	(D)LD<	[S1.]<[S2.]	[S1.]≥[S2.]
FNC228	(D)LD<>	[S1.]≠[S2.]	[S1.]=[S2.]
FNC229	(D)LD≤	[S1.]≤[S2.]	[S1.]>[S2.]
FNC230	(D)LD≥	[S1.]≥[S2.]	[S1.]<[S2.]

LD=指令的使用如图 5.79 所示，当计数器 C10 的当前值为 20 时，驱动 Y10 置位。其他 LD 触点比较指令不再赘述。

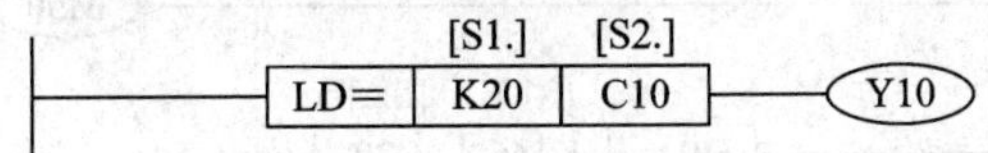

图 5.79　LD=指令的使用

2）AND 触点比较指令

AND 触点比较指令的功能指令代码、助记符、导通条件、非导通条件如表 5.5 所示。

表 5.5　AND 触点比较指令

功能指令代码	助记符	导通条件	非导通条件
FNC232	(D)AND=	[S1.]=[S2.]	[S1.]≠[S2.]
FNC233	(D)AND>	[S1.]>[S2.]	[S1.]≤[S2.]
FNC234	(D)AND<	[S1.]<[S2.]	[S1.]≥[S2.]
FNC236	(D)AND<>	[S1.]≠[S2.]	[S1.]=[S2.]
FNC237	(D)AND≤	[S1.]≤[S2.]	[S1.]>[S2.]
FNC238	(D)AND≥	[S1.]≥[S2.]	[S1.]<[S2.]

AND=指令的使用如图 5.80 所示，当 X10 为 ON 且计数器 C10 的当前值为 200 时，驱动 Y11 置位。

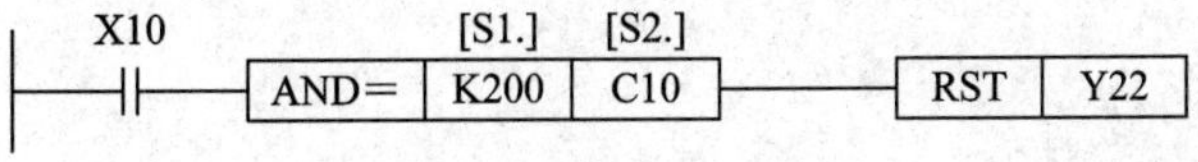

X10　[S1.]　[S2.]

AND=　K200　C10　RST　Y22

图 5.80　AND=指令的使用

3）OR 触点比较指令

OR 触点比较指令的功能指令代码、助记符、导通条件、非导通条件如表 5.6 所示。

表 5.6　OR 触点比较指令

功能指令代码	助记符	导通条件	非导通条件
FNC240	(D)OR＝	[S1.]＝[S2.]	[S1.]≠[S2.]
FNC241	(D)OR＞	[S1]＞[S2.]	[S1.]≤[S2.]
FNC242	(D)OR＜	[S1.]＜[S2.]	[S1.]≥[S2.]
FNC244	(D)OR＜＞	[S1.]≠[S2.]	[S1.]＝[S2.]
FNC245	(D)OR≤	[S1.]≤[S2.]	[S1.]＞[S2.]
FNC246	(D)OR≥	[S1.]≥[S2.]	[S1.]＜[S2.]

OR＝指令的使用如图 5.81 所示，当 M27 为 ON 或 C20 的值为 146 时，M50 接通。

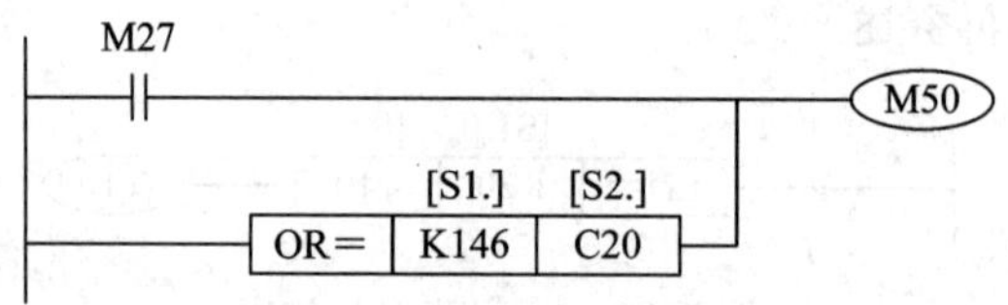

图 5.81　OR＝指令的使用

触点比较指令源操作数可取任意数据格式。该指令的 16 位运算占用 5 个程序步，32 位运算占用 9 个程序步。

5.6　项 目 拓 展

在前述的控制要求基础上再增加一个功能：给位号高的加工位以优先用车的机会，F 工位优先权最高。按要求设计程序。

项目六　冷却水塔的状态监控

知识目标

(1) 掌握代数逻辑表达式的运用。

(2) 掌握由逻辑表达式转化电路的方法。

(3) 掌握采用定时器实现任意周期的脉冲信号的方法。

能力目标

学会用逻辑设计法解决开关量的状态监控问题。

素质目标

(1) 通过学习本项目，使学生具备一定的自学能力。

(2) 在项目进行过程中，培养学生具有良好的沟通交流能力和团队协作精神。

(3) 使学生逐步具备发现问题、分析问题和解决问题的能力。

6.1 项目背景

通常，在工业生产中，生产设备在运行中会产生大量的热，为了保证设备安全运行并满足工艺要求，需要对设备进行降温，循环冷却水系统是专门用于设备降温的供水系统，其原理图如图 6.1 所示。

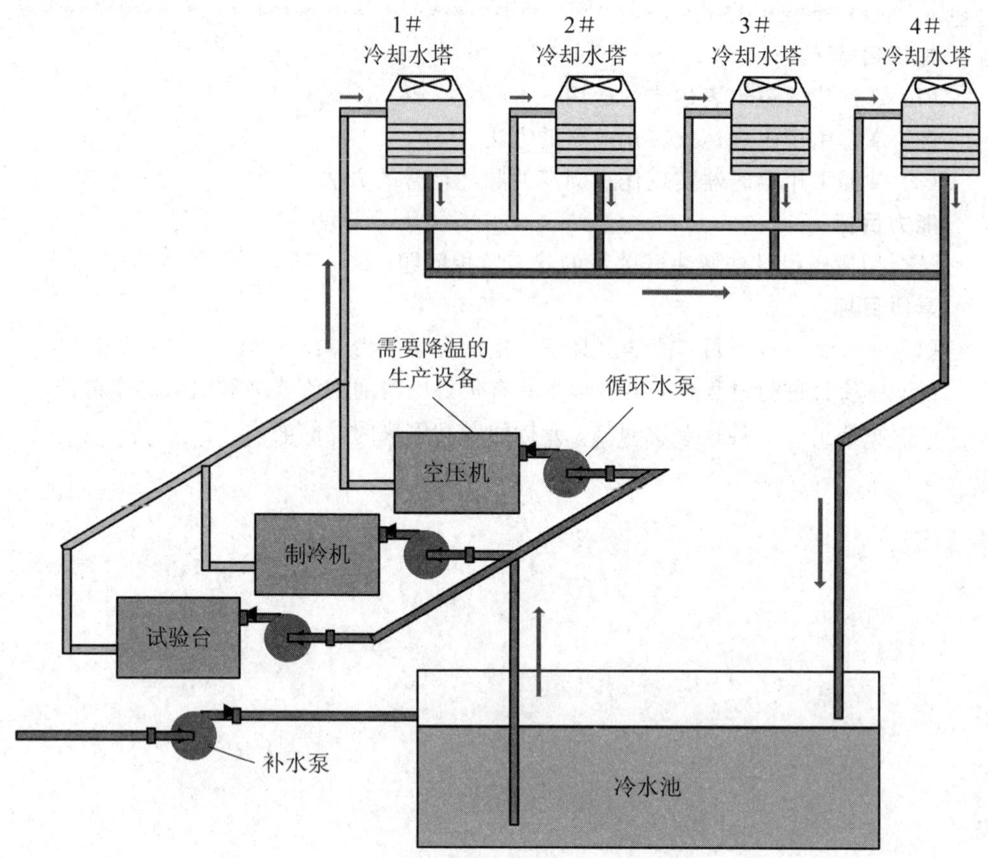

图 6.1 循环冷却水系统原理图

6.2 控制要求

在运行过程中，循环冷却水系统会根据循环水的温度和环境温度自动调节冷却水塔的工作台数，为了方便运行人员了解冷却水塔的工作情况，要求对 4 台水塔的运行状态进行监控，具体要求如下：

(1) 3 台及 3 台以上水塔运行时，绿灯亮。

(2) 2 台水塔运行时，绿灯以 2 Hz 的频率闪烁。

(3) 1 台水塔运行时，红灯以 2 Hz 的频率闪烁。

(4) 所有水塔停止运行时，红灯亮。

6.3 项目实施

6.3.1 资讯搜集

搜集循环冷却水系统的相关资料，并分组讨论。

6.3.2 信息共享

循环冷却水系统是以水为冷却介质，并循环使用的一种冷却水系统。该系统主要由冷却设备、水泵和管道组成。冷水流经需要降温的生产设备(常称换热设备，如制冷机组、空压机等)后，温度上升，经冷却设备降温，再由循环水泵送入需要降温的生产设备，如此循环。冷却设备有敞开式和封闭式之分，因而冷却水循环系统也分为敞开式和封闭式两类。敞开式冷却设备有冷却池和冷却塔两类，主要依靠水的蒸发降低水温，尤其是冷却塔常用风机促进蒸发降温，冷却水损失量较大，故敞开式冷却水循环系统必须补给新鲜水。循环冷却水系统示意图如图 6.2 所示。

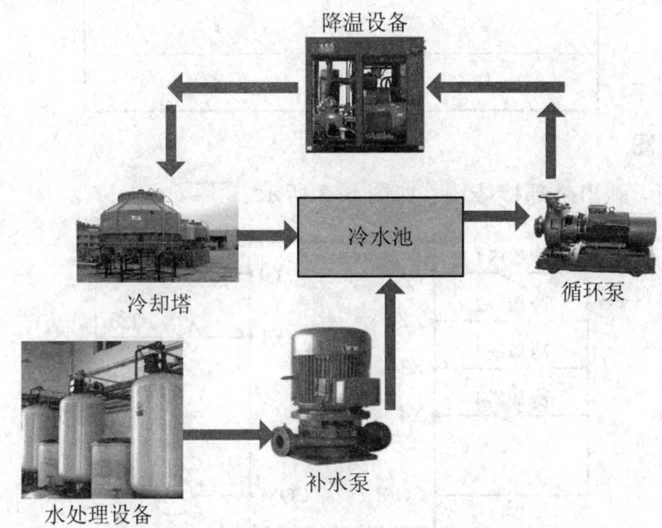

图 6.2　循环冷却水系统示意图

6.3.3 项目解析

本项目主要完成 4 个冷却水塔的状态监控，水塔的工作状态均为开关量，可以将水塔工作看作“1”信号，不工作看作“0”信号。这些设置与逻辑代数知识有联系，因此对此类开关量进行控制时，使用逻辑控制法较好。

6.3.4 子任务分析与完成

逻辑设计法的基础是逻辑代数。在程序设计时，对控制任务进行综合逻辑分析，将控制电路中元件的通、断状态视为以触点通、断状态为逻辑变量的逻辑函数，利用 PLC 的逻辑指令可以顺利地设计出满足要求的较为简单的控制程序。这种方法设计思路清晰，所编写的程序易于优化，是一种较为实用可靠的程序设计方法。

一、I/O 分配

冷却水塔的状态监控 I/O 分配如表 6.1 所示。

本项目需对冷却水塔运行状态进行监控。显然，必须把冷却水塔的各种运行状态的信号输入 PLC 中(由 PLC 外部输入电路实现)，各种运行状态对应的显示信号为 PLC 的输出。

表 6.1 I/O 分配

输入设备	输入编号
冷却水塔 1	X1
冷却水塔 2	X2
冷却水塔 3	X3
冷却水塔 4	X4
绿灯	Y0
红灯	Y1

二、外部接线图

根据项目解析，画出外部接线图，如图 6.3 所示。

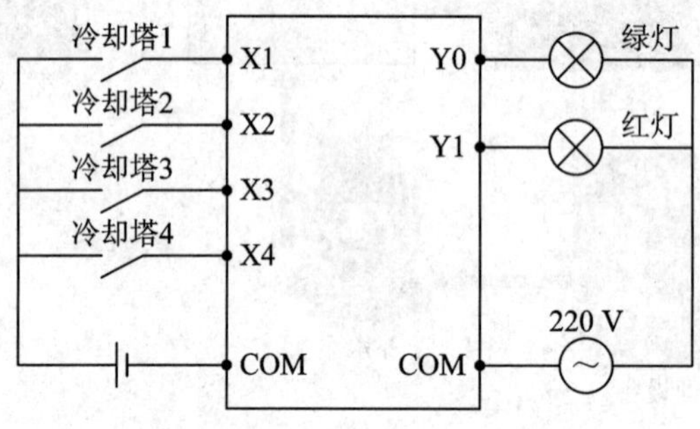

图 6.3 外部接线图

三、程序设计

由于各种运行情况所对应的显示状态是唯一的，因此可将几种运行情况分开，单独进行程序设计。指示灯的亮与闪可采用同一输出，灯的闪烁只是在点亮的基础上串联一个1 s 时钟脉冲。

1. 绿灯常亮的设计

冷却水塔工作为 1，停机为 0。引起绿灯常亮的情况有 5 种，其状态表如表 6.2 所示。

表 6.2 绿灯常亮状态表

X1	X2	X3	X4	Y0
0	1	1	1	1
1	0	1	1	1
1	1	0	1	1
1	1	1	0	1
1	1	1	1	1

由状态表可得 Y0 的逻辑函数表达式为

$$Y0=\overline{X1}X2X3X4+X1\overline{X2}X3X4+X1X2\overline{X3}X4+X1X2X3\overline{X4}+X1X2X3X4$$

根据上述逻辑函数直接绘制梯形图时，所得出的梯形图将会十分繁琐，所以应先对逻辑函数进行化简。化简结果为：Y0＝X1X2(X3＋X4)＋X3X4(X1＋X2)。再根据简化式绘制梯形图，如图 6.4 所示。

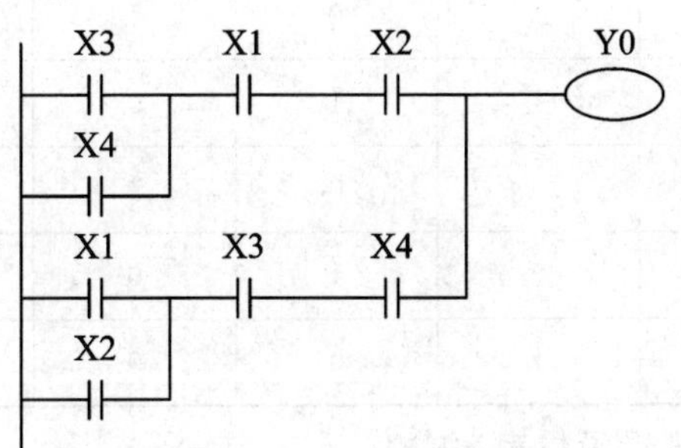

图 6.4 绿灯常亮的梯形图

2. 绿灯闪烁的程序设计

(1) 处理指示灯以 2 Hz 闪烁的情况。

M8011、M8012、M8013、M8014 可分别为 PLC 系统提供 10 ms、100 ms、1 s 和 1 min 的时钟脉冲，可根据闪烁频率值选择使用以上 4 种时钟脉冲。对于 2 Hz 闪烁信号，则需要用两个定时器组成一个周期为 0.5 s 的脉冲电路。

2 Hz 脉冲电路梯形如图 6.5 所示。设开始时 T0 和 T1 均为 OFF，PLC 通(供)电运行，M8000 为 ON，T0 线圈通电；0.2 s 后，T0 的常开触点接通，使 M0 变为 ON，同时 T1 的线圈通电，开始定时。T1 线圈通电 0.3 s 后，其常闭触点断开，使 T0 线圈断电；T0 的常开触点断开，使 M0 变为 OFF；同时使 T1 线圈断电，其常闭触点接通，T0 再次开始定时；之后 M0 的线圈将如此周期性地通电和断电，直到 M8000 变为 OFF。M0 通电和断电的时间分别等于 T1 和 T0 的设定值，因此可以利用定时器生成任意周期(任意闪烁频率)的脉冲信号。

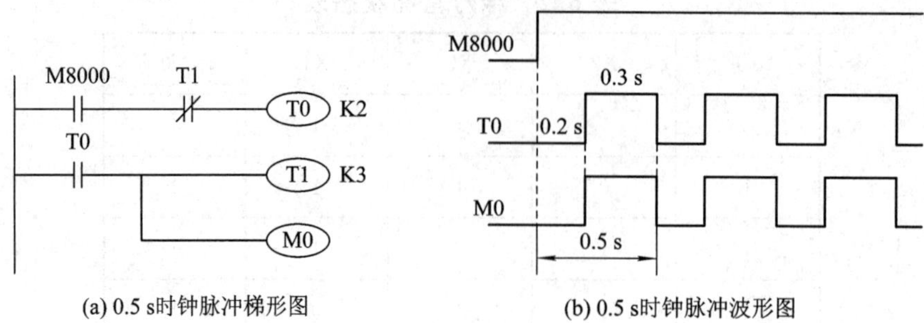

(a) 0.5 s时钟脉冲梯形图　　(b) 0.5 s时钟脉冲波形图

图 6.5　2 Hz 脉冲电路梯形图

(2) 设计绿灯闪烁的程序。

引起绿灯闪烁的情况包含 6 种，其状态表如表 6.3 所示。

表 6.3　绿灯闪烁状态表

X1	X2	X3	X4	Y0
0	0	1	1	1
0	1	0	1	1
0	1	1	0	1
1	0	0	1	1
1	0	1	0	1
1	1	0	0	1

由状态表可得 Y0 的逻辑函数表达式为

$$Y0=\overline{X1}\,\overline{X2}X3X4+\overline{X1}X2\,\overline{X3}X4+\overline{X1}X2X3\,\overline{X4}+X1\,\overline{X2}\,\overline{X3}X4+X1\,\overline{X2}X3\,\overline{X4}+X1X2\,\overline{X3}\,\overline{X4}$$

化简为

$$Y0=\overline{X1}X3(\overline{X2}X4+X2\,\overline{X4})+\overline{X3}X4(\overline{X1}X2+X1\,\overline{X2})+X1\,\overline{X4}(\overline{X2}X3+X2\,\overline{X3})$$

根据简化式绘制梯形图，如图 6.6 所示。

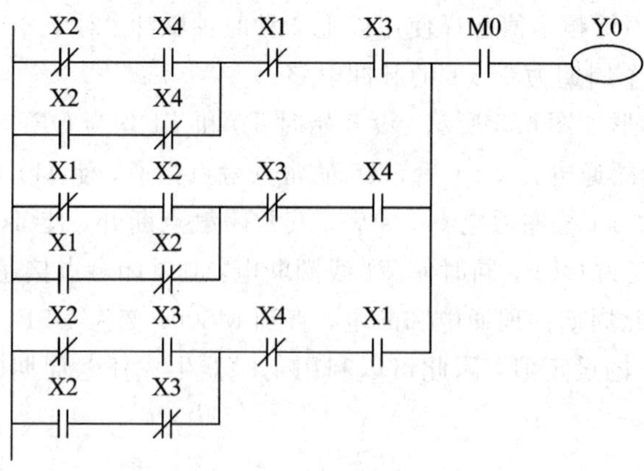

图 6.6　绿灯闪烁的梯形图

3. 红灯闪烁的程序设计

红灯闪烁的状态表如表 6.4 所示。

表 6.4　红灯闪烁状态表

X1	X2	X3	X4	Y1
0	0	0	1	1
0	0	1	0	1
0	1	0	0	1
1	0	0	0	1

由状态表可得 Y1 的逻辑函数表达式为

$$Y1=\overline{X1}\,\overline{X2}\,\overline{X3}X4+\overline{X1}\,\overline{X2}X3\,\overline{X4}+\overline{X1}X2\,\overline{X3}\,\overline{X4}+X1\,\overline{X2}\,\overline{X3}\,\overline{X4}$$

化简为

$$Y1=\overline{X1}\,\overline{X2}(\overline{X3}X4+X3\,\overline{X4})+\overline{X3}\,\overline{X4}(\overline{X1}X2+X1\,\overline{X2})$$

根据简化式绘制梯形图，如图 6.7 所示。

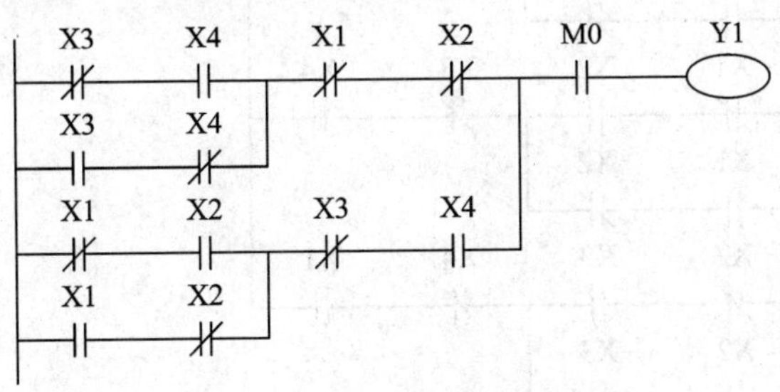

图 6.7　红灯闪烁的梯形图

4. 红灯常亮的程序设计

红灯常亮的状态表如表 6.5 所示。

表 6.5　红灯常亮状态表

X1	X2	X3	X4	Y1
0	0	0	0	1

由状态表可得 Y1 的逻辑函数表达式为

$$Y1=\overline{X1}\,\overline{X2}\,\overline{X3}\,\overline{X4}$$

根据上式很容易绘制出梯形图，如图 6.8 所示。

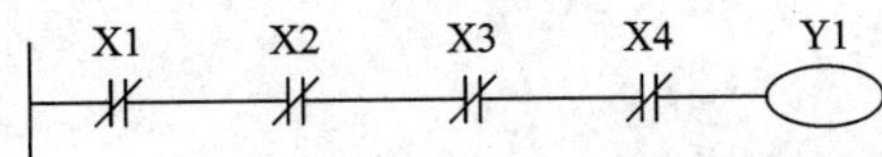

图 6.8　红灯常亮的梯形图

四、总梯形图设计

将绿灯常亮、绿灯闪烁、红灯闪烁、红灯常亮及闪烁电路综合在一起，便可得到本项目的总梯形图，如图 6.9 所示。

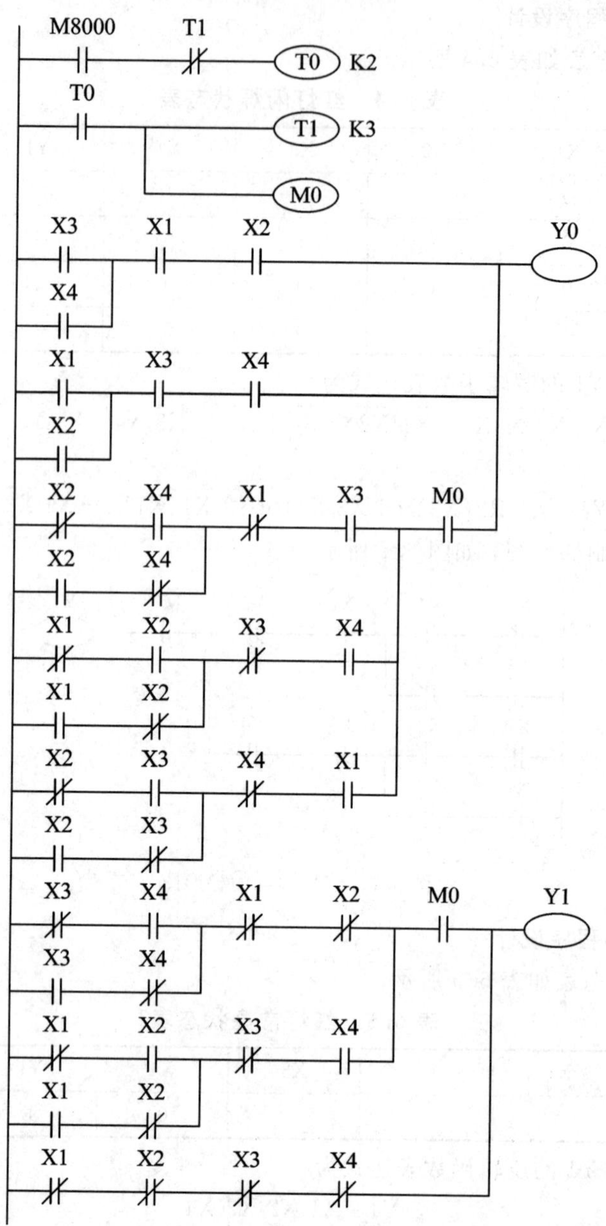

图 6.9 冷却水塔的状态监控总梯形图

6.3.5 系统调试

程序编写完成后，应通过调试与修改，完善所编程序。

(1) 检查 PLC 的 I/O 分配是否合理，接线是否与 I/O 分配相对应。

(2) 检查外部电器元件接线是否正确，连接是否牢固可靠。

(3) 将程序上传至 PLC。

(4) 检查各工作状态下信号灯的变化是否符合控制要求。

6.4 评估检测

在设计并检测项目后，应对本项目的完成效果进行评估检测。

(1) 可按表6.6所示的内容，对本项目进行评分。

表6.6　项目评分表

项目评分表(以三人为一组) 项目六：冷却水塔的状态监控　　班级：　　姓名：						
考核方面	评分细则	分数	评分			
			个人自评	学生互评1	学生互评2	教师评分
任务实现(60分)	正解理解控制要求，I/O分配合理，既能完成控制任务，又方便操作，节省点数	10分				
	画出正确的外部接线图	10分				
	工作状态无遗漏，状态表书写正确	10分				
	逻辑表达式正确，能充分反映控制要求	10分				
	对逻辑表达式进行化简，化简后表达式正确无误	10分				
	根据逻辑表达式设计梯形图程序，程序正确	10分				
系统调试(20分)	正确进行程序输入、编辑及传送	5分				
	外部接线正确	5分				
	程序运行结果满足控制要求	10分				
素质养成(20分)	爱岗敬业，纪律性强，无迟到早退现象	3分				
	按要求搜集相关资料，资料针对性强	5分				
	与团队成员分工协作，有良好的沟通交流能力及团队合作能力	3分				
	项目实施过程中，表现积极主动，责任心强	3分				
	勤于思考，善于发现问题、分析问题、解决问题，有创新精神	3分				
	有良好的安全意识，能够按照实验实训操作规程进行安全文明生产	3分				
总　　分						
本项目平均得分(个人自评占10%，团队互评占30%，教师评分占60%)						

(2) 要求学生总结通过本项目的学习，在社交能力的提高方面有何心得体会。

6.5 归纳点拨

逻辑设计法归纳如下：

(1) 采用不同的逻辑变量表示各输入、输出信号，并设定对应输入、输出信号各种状态时的逻辑值。

(2) 根据控制要求，列出状态表。

(3) 由状态表写出相应的逻辑函数表达式，并进行化简。

(4) 根据化简后的逻辑函数表达式绘制梯形图。

(5) 上机调试，使程序满足要求。

6.6 项目拓展

在冷却水塔的进水口和出水口处增加一路旁通水管和A、B、C三个电动阀，系统示意图如图6.10所示。

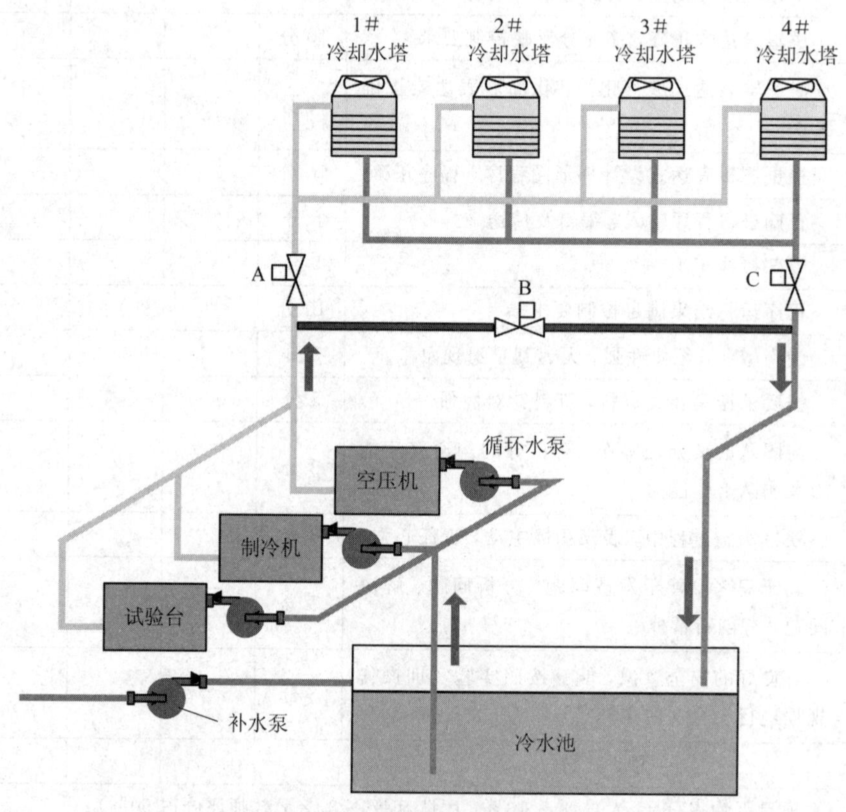

图6.10 增加旁路水管及阀门的冷却水系统示意图

对于增加旁路水管及阀门的冷却水系统的控制要求如下：

当环境温度小于等于−5℃时，为了防止循环水在冷却水塔内结冰，电动阀A和C关闭，电动阀B打开，循环水不经过冷却水塔，直接流经旁通管道实现冷却降温，4个冷却水塔全部停止运行。

当环境温度高于－5℃、低于 20℃时，电动阀 B 关闭，电动阀 A 和 C 打开，循环水经由冷却水塔降温，4 个冷却水塔仍然不运行。

当环境温度大于等于 20℃时，电动阀 B 关闭，电动阀 A 和 C 打开，循环水经由冷却水塔降温，4 个冷却水塔根据水温情况投入运行。

请对 3 个电动阀及 4 个冷却水塔的工作状态予以监控。

项目七　搬运机械手的自动控制

知识目标

(1) 掌握 CJ、ZRST、IST 指令的使用方法。

(2) 掌握跳转指针 P 的使用方法。

(3) 掌握多种工作方式的梯形图的使用方法。

能力目标

(1) 学会根据工艺要求画出具有多种工作方式的顺序功能图。

(2) 学会用步进指令和状态初始化指令写出完整的梯形图。

素质目标

(1) 通过学习本项目，使学生具备一定的自学能力。

(2) 在项目进行过程中，培养学生具有良好的沟通交流能力和团队协作精神。

(3) 使学生逐步具备发现问题、分析问题和解决问题的能力。

(4) 培养学生的移情能力。

7.1 项目背景

在工业自动化生产中，无论是单机、组合机床或自动生产流水线，都要用到机械手来完成工件的取放。机械手是模仿人的手部动作，按给定程序、轨迹和要求实现自动抓取、搬运和操作的自动装置。特别是在高温、高压、多粉尘、易燃、易爆、放射性等恶劣环境中，以及笨重、单调、频繁的操作中，机械手完美地代替了人工作业，因此获得了日益广泛的应用。搬运机械手如图 7.1 所示。

图 7.1　搬运机械手

7.2 控制要求

假设有一个水平或垂直位移的机械设备，现需设计一个 PLC 控制系统控制该设备。要求用一个搬运机械手将工作台上的工件从 A 搬运到 B，其工作示意图如图 7.2 所示。

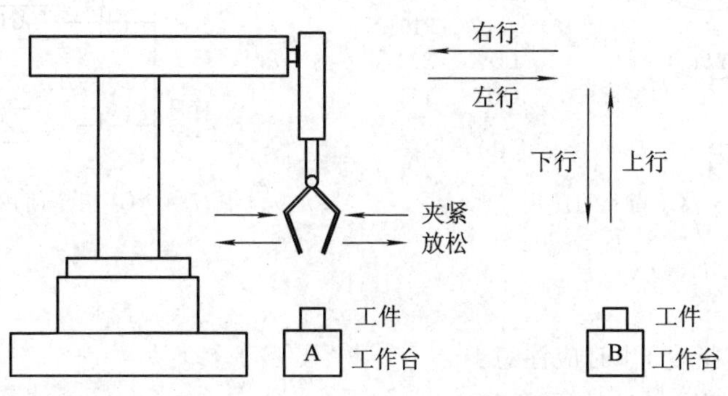

图 7.2　搬运机械手工作示意图

机械手的上升、下移、左移、右移可用双线圈三位电磁阀气动缸实现。当某个电磁阀通电时，应保持相对应的动作，即使线圈断电也仍然保持，直到相反方向的线圈通电，相对应的动作才会结束。机械手的夹紧或放松由一个单线圈两位电磁阀控制。当该线圈通电时，机械手夹紧；该线圈断电时，机械手放松。设备上装有上、下、左、右、抓紧、放松四个限位开关，控制对应工步的结束。

7.3 项目实施

7.3.1 资讯搜集

(1) 搜集搬运机械手及电磁阀的相关知识。

(2) 掌握并了解程序流向控制的相关知识。

(3) 探讨如何实现多种工作方式的控制。

7.3.2 信息共享

一、条件跳转指令

条件跳转指令 CJ(P)的编号为 FNC00，操作数为指针标号 P0～P127，其中，P63 为 END 所在步序，不需标记。指针标号允许用变址寄存器修改。CJ 和 CJP 都占用 3 个程序步，指针标号占用 1 步。

CJ 指令的使用如图 7.3 所示，当 X20 接通时，由 CJ P10 指令跳到标号为 P10 的指令处开始执行，跳过了程序的一部分，减少了扫描周期。如果 X20 断开，跳转不会执行，则程序按原顺序执行。

在程序中两条跳转指令可以使用相同的标号，如图 7.4 所示，执行情况如下：当 X20 接通时，第一条跳转指令生效，从该步跳到标号为 P9 的指令处开始执行；当 X20 断开，而 X21 接通时，第二条跳转指令生效，程序从该步跳到标号为 P9 的指令处开始执行。

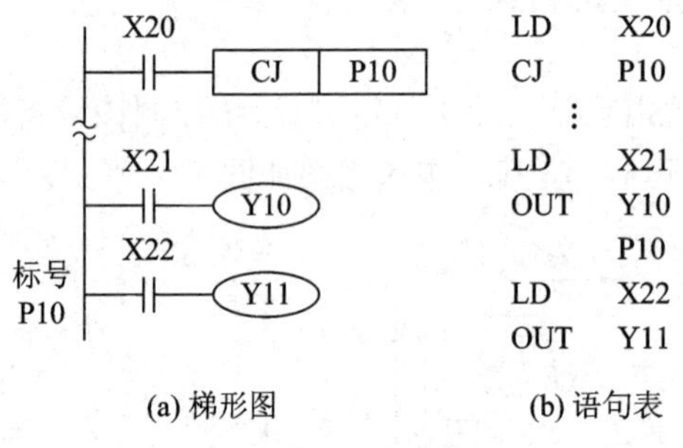

(a) 梯形图　　(b) 语句表

图 7.3　CJ 指令的使用

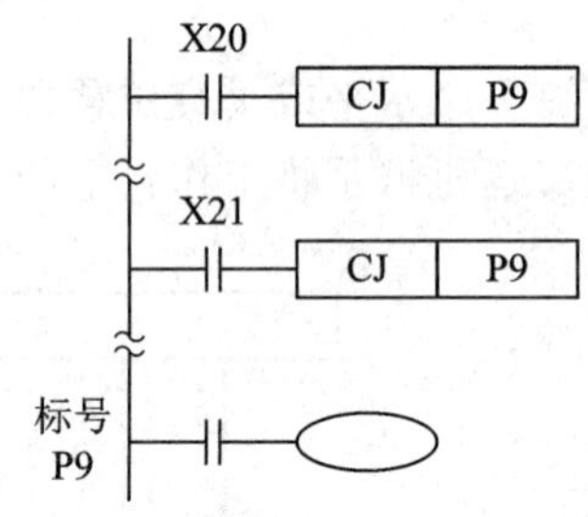

图 7.4　CJ 指令使用相同指针号

使用条件跳转指令 CJ 时应注意：

(1) CJP 指令表示脉冲执行方式。

(2) 在一个程序中一个标号只能出现一次，否则程序将出错。

(3) 在跳转执行期间，即使被跳过程序的驱动条件改变，其线圈(或结果)仍保持跳转前的状态，因为跳转期间根本没有执行这段程序。

(4) 如果在跳转开始时定时器和计数器已在工作，则在跳转执行期间它们将停止工作，直到不满足跳转条件后又继续工作。但对于正在工作的定时器 T192～T199 和高速计数器 C235～C255，不管有无跳转仍连续工作。

(5) 若积算定时器和计数器的复位(RST)指令在跳转区外，即使它们的线圈被跳转，对它们的复位仍然有效。

二、区间复位指令 ZRST

ZRST 指令的梯形图如图 7.5 所示。

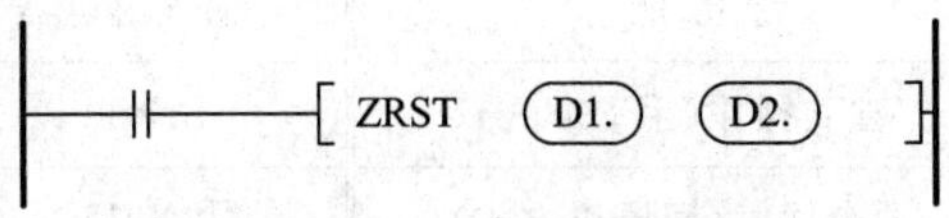

图 7.5　ZRST 指令梯形图

ZRST 指令的功能是将目标操作数 [D1.]和[D2.]指定的元件号范围内的同类元件成批复位。其功能指令编号为 FNC40，目标操作数[D1.]和[D2.]可取的数据类型有 T、C 和 D(字元件)或 Y、M、S(位元件)。

[D1.]和[D2.]指定的元件应为同一类元件，[D1.]的元件号应小于等于[D2.]的元件号。若[D1.]的元件号大于[D2.]的元件号，则只有[D1.]指定的元件被复位。

虽然 ZRST 指令是 16 位处理指令，但可在[D1.]、[D2.]中指定 32 位计数器。但不能混合指定，即不能在[D1.]中指定 16 位计数器，在[D2.]中指定 32 位计数器。

三、状态初始化指令 IST

IST 指令梯形图如图 7.6 所示。

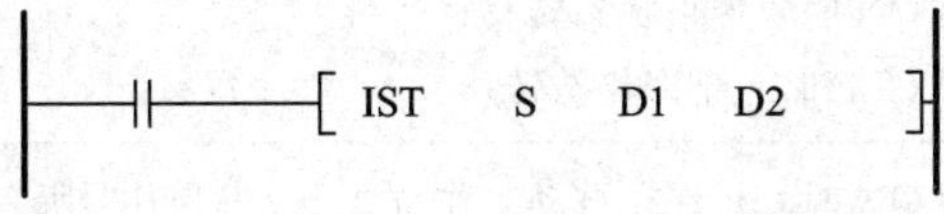

图 7.6　IST 指令梯形图

IST 指令表示状态初始化(使用一次)，主要用于自动控制步进顺控中的状态初始化。源操作数[S.]表示首地址号，可取 X、Y 和 M，它由 8 个相连号的软元件组成。目标操作数[D1.]和[D2.]只能选用状态继电器 S，其范围为 S20～S999。其中，[D1.]表示在自动工作方式时所使用的最低状态继电器号，[D2.]表示在自动工作方式时所使用的最高状态继电器号，[D2.]的地址号必须大于[D1.]的地址号。

编程实例如图 7.7 所示。

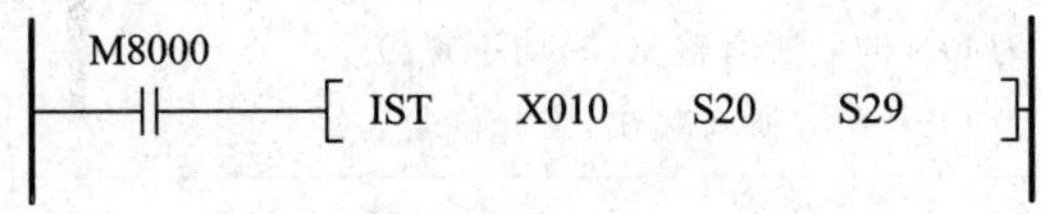

图 7.7　IST 指令实例梯形图

IST 指令的使用应注意以下几方面：

(1) 如果使用 IST 指令，则 S10～S19 可作为原点回归。因此在编程中不要将这些状态作为普通状态使用。另外，S0～S9 可作为初始状态处理；S0～S2 进行如下操作：S0 是独立操作的初始状态，S1 是原点回归初始状态，S2 是自动运行的初始状态；S3～S9 可以自由使用。

(2) IST 指令必须比状态 S0～S2 等一系列的 STL 电路优先编程。

(3) 图 7.7 的实例中，源操作数[S.]分别为 X010～X017，其所指定的运行模式功能如表 7.1 所示。为了防止该例中的 X010～X014 同时处于 ON 状态，必须采用旋钮开关，以保证 5 个输入不同时为 ON。

表 7.1 8 个输入继电器的功能表

输入继电器	功 能	输入继电器	功 能
X010	独立操作(手动方式)	X014	连续运行方式
X011	原点回归(回原位方式)	X015	复位开始(回原位启动)
X012	步进(单步方式)	X016	自动启动
X013	运行一周(单周期方式)	X017	停止

(4) 原点回归完成(M8043)未动作时，如果在独立(X010)、原点回归(X011)、自动(X012、X013、X014)之间进行切换，则所有输出处于 OFF 状态。并且，自动运行在原点回归结束后，才可以再次驱动。

(5) 与 IST 指令有关的特殊辅助继电器及其功能如表 7.2 所示。

表 7.2 与 IST 指令有关的特殊辅助继电器及其功能

序号	特殊辅助继电器	功 能
1	M8040	为 ON 时，禁止状态转移； 为 OFF 时，允许状态转移
2	M8041	为 ON 时，允许在自动工作方式下，从[D1.]所表示的最低位状态开始，进行状态转移； 为 OFF 时，禁止从最低位状态开始进行状态转移
3	M0842	为脉冲继电器，与它串联的触点接通时，产生一个扫描周期宽度的脉冲
4	M0843	为 ON 时，表示返回原位工作方式结束； 为 OFF 时，表示返回原位工作方式还没有结束
5	M0844	表示原位的位置条件
6	M0845	为 ON 时，所有输出 Y 均不复位 为 OFF 时，所有输出 Y 允许复位
7	M0846	当 M8047 为 ON 时，只要状态继电器 S0～S999 中任何一个状态为 ON，M8046 就为 ON； 当 M8047 为 OFF 时，不论状态继电器 S0～S999 中有多少个状态为 ON，M8046 都为 OFF，且特殊数据寄存器 D8040～D8047 内的数据不变
8	M0847	当 M0847 为 ON 时，S0～S999 中正在动作的状态继电器号，从最低号开始按顺序存入特殊数据寄存器 D8040～D8047，最多可存 8 个状态号，也称 STL 监控有效

7.3.3　项目解析

一、工艺要求

搬运机械手的自动控制的运动示意图如图 7.8 所示。

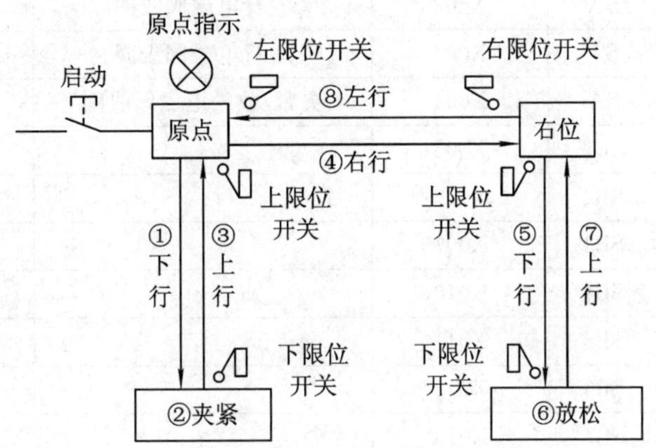

图 7.8　运动示意图

本项目要求完成机械手将工件从 A 点向 B 点传送的操作。机械手的上升、下降与左移、右移都是由双线圈三位电磁阀驱动气缸来实现的。机械手对工件的夹紧、放松可由一个单线圈两位电磁阀驱动气缸完成，只有在电磁阀通电时机械手才能夹紧。该机械手的工作原点位于左上方，按下降、夹紧、上升、右移、下降、松开、上升、左移的顺序依次运动。

二、工作方式

机械手的作方式分为手动操作方式、回原位操作方式和自动操作方式。

手动操作方式：用单个按钮的点动来实现接通或切断各负载的模式。

回原位方式：按“回原位”按钮使机械手自动回到原点的模式。

自动操作方式有以下几种运行状态。

单步运行：每次按启动按钮，机械手前进一个工序。

单周期运行：在原点位置按下启动按钮，每次按下启动按钮，机械手进行一次循环的自动运行并回到原点停止运行。

连续运行：在原点位置上，只要按下启动按钮，机械手的动作将自动、连续不断地周期性循环。若在中途按下停止按钮，则机械手会继续运行到原点后再停止。

7.3.4　子任务分析与完成

一、I/O 分配

搬运机械手的自动控制的输入与输出点分配如表 7.3 所示。

表 7.3 I/O 分配表

输入			输出		
设备名称	代号	输入编号	设备名称	代号	输出编号
手动	SA	X000	上行电磁阀线圈	YV1	Y000
回原位	SA	X001	下行电磁阀线圈	YV2	Y001
单步	SA	X002	左行电磁阀线圈	YV3	Y002
单周期	SA	X003	右行电磁阀线圈	YV4	Y003
连续	SA	X004	夹紧/放松电磁阀线圈	YV5	Y004
回原位	SB1	X005			
启动按钮	SB2	X006			
停止按钮	SB3	X007			
上行按钮	SB4	X010			
下行按钮	SB5	X011			
左行按钮	SB6	X012			
右行按钮	SB7	X013			
夹紧按钮	SB8	X014			
松开按钮	SB9	X015			
上限位开关	SQ1	X016			
下限位开关	SQ2	X017			
左限位开关	SQ3	X020			
右限位开关	SQ4	X021			

二、操作面板设计

搬运机械手的自动控制的操作面板设计如图 7.9 所示。

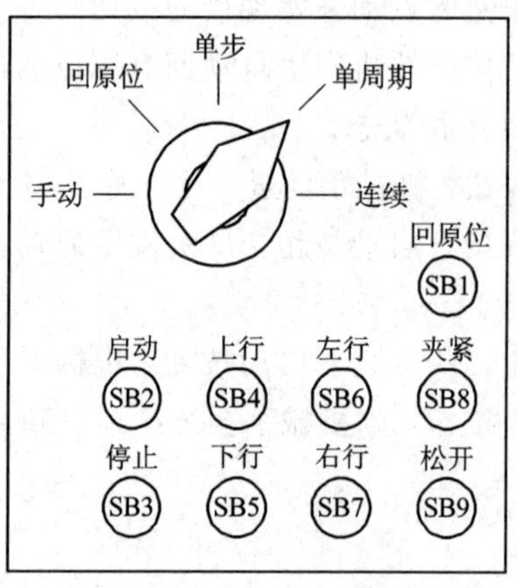

图 7.9 操作面板图

三、外部接线图绘制

搬运机械手的自动控制的 PLC 外部接线图如图 7.10 所示。

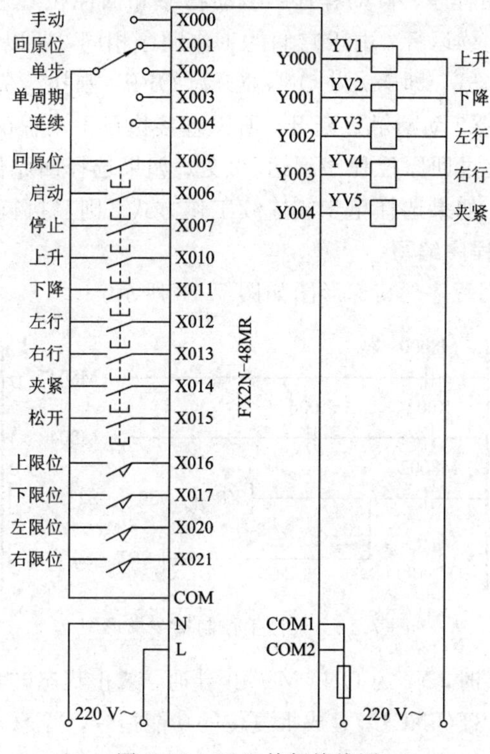

图 7.10　PLC 外部接线图

四、梯形图设计

运用步进指令编写机械手顺序控制的程序比用基本指令更容易、更直观。在机械手的控制系统中，手动和回原位工作方式采用基本指令很容易实现，故手动和回原位工作方式可用基本指令编写，自动工作方式可用步进指令编写。

1. 机械手总体程序结构设计

机械手控制系统的程序总体结构如图 7.11 所示。

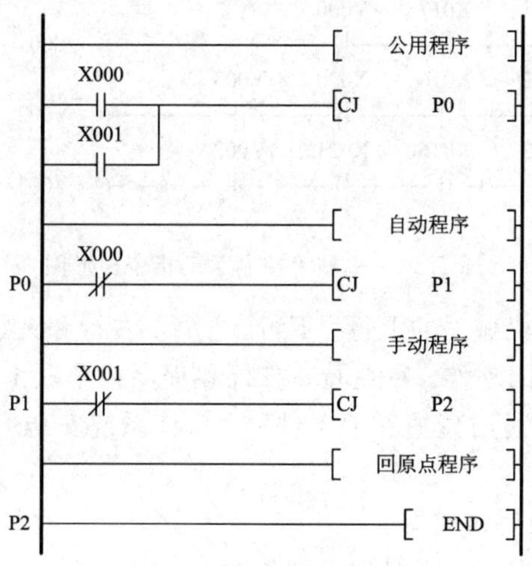

图 7.11　机械手程序总体结构图

机械手程序分为公用程序、自动程序、手动程序和回原位程序四部分。其中，自动程序包括单步、单周期和连续运行，由于它们的工作顺序相同，所以可将其合编在一起。

如果选择手动工作方式，即X0为ON，X1为OFF，则执行完公用程序后，将跳过自动程序到达P0处，由于X0动断触点断开，所以直接执行手动程序。由于P1处X1的动断触点闭合，所以程序可跳过回原位程序到达P2处。如果选择回原位工作方式，同样只执行公用程序和回原位程序；如果选择单步或连续工作方式，则只执行公用程序和自动程序。

2. 机械手控制公用程序编写

编写机械手控制公用程序，其梯形图如图7.12所示。

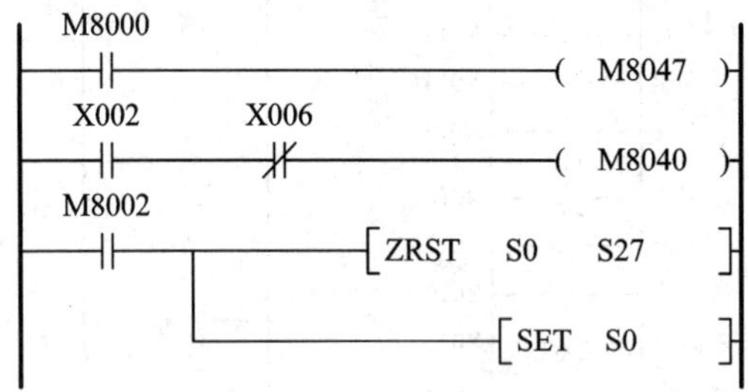

图7.12 机械手控制指令梯形图

当执行单步工作方式时，X2为ON，M8040导通，禁止状态转移，从而实现单步工作方式。图7.12中的指令ZRST(FNC40)是成批复位的功能指令，当X0为ON时，对S0～S27的辅助继电器复位。

3. 机械手控制手动程序编写

编写机械手控制手动程序，其梯形图如图7.13所示。

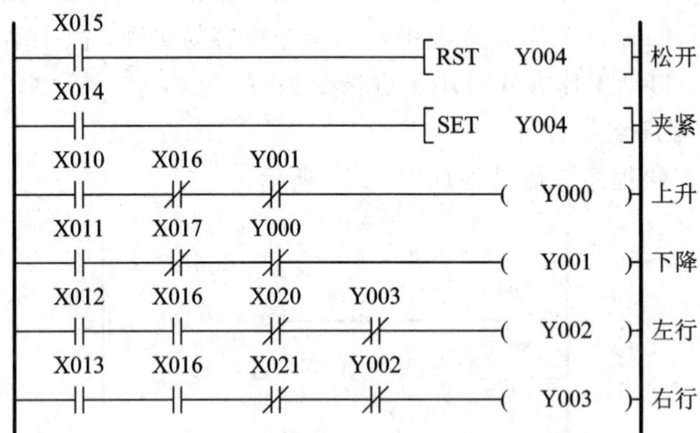

图7.13 机械手控制手动指令梯形图

使用X10～X15对应机械手的上行、下行、左行、右行和夹紧、松开的按钮。按下不同的按钮，机械手执行相应的动作。在左行、右行和程序中串联上限位开关的动合触点，可避免机械手在较低位置运行时碰撞其他工件。为保证系统安全运行，程序之间还增加了必要的联锁系统。

4. 机械手控制回原位程序编写

编写机械手控制回原位程序，其梯形图如图7.14所示。

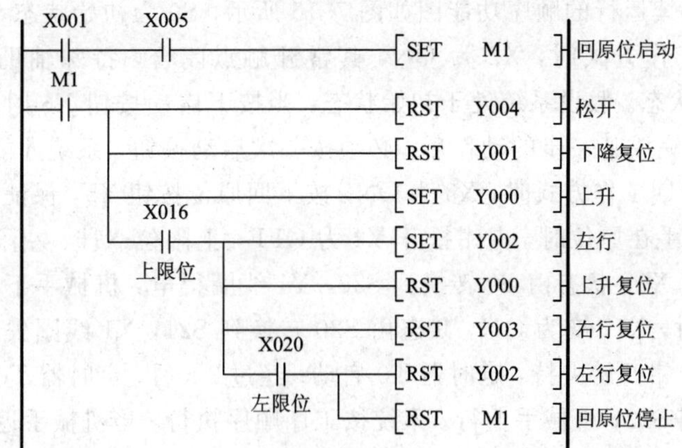

图 7.14　机械手控制回原位指令梯形图

在系统处于回原位状态时，按下回原位按钮(X5 为 ON)，M1 变为 ON，机械手松开并上行；当上升到上限位(X16 变为 ON)时，机械手左行，直至碰到左限位开关(X20 变为 ON)才停止，并且 M1 复位。

5. 机械手控制自动程序编写

编写机械手控制自动程序，其顺序功能图如图 7.15 所示。

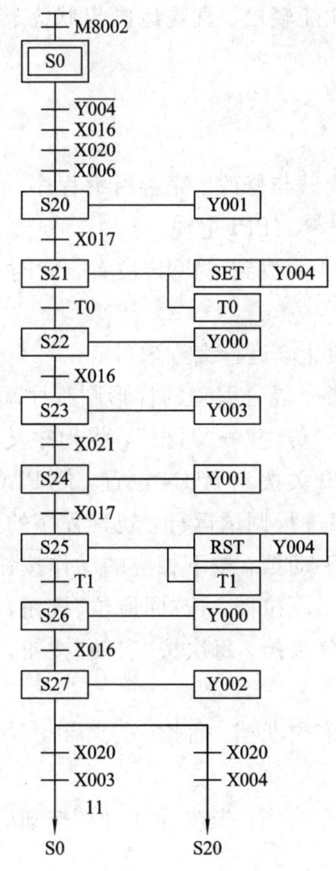

图 7.15　机械手控制自动顺序功能图

机械手自动连续运行的顺序功能图如图 7.15 所示，S0 为初始状态，对应回原位程序。

系统为单步工作方式时，X2 为 ON，其常开触点闭合，特殊辅助继电器 M8040 为 ON，为禁止转移状态。假设系统处于初始状态，当按下启动按钮 X6 时，系统开始以单步工作方式运行，在完成某一步的动作后，必须按一次启动按钮，系统才能进入下一步。

系统处于单周期工作方式时，X3 为 ON，按下回原位按钮 X5，保证机械手的初始状态处于原位。当机械手在原位时，夹钳松开 Y4 为 OFF，上限位 X16、左限位 X20 都为 ON，这时按下启动按钮 X6，状态由 S0 转换到 S20，Y1 线圈得电，机械手下行。当机械手碰到下限位开关 X17 时，X17 变为 ON，状态由 S20 转换到 S21，Y1 线圈失电，机械手停止下行；Y4 被置位，夹钳开始夹持，定时器 T0 启动；经过 2 s 后，定时器 T0 的常开触点接通，状态由 S21 转换到 S22，机械手上行。系统按工序顺序执行。当机械手返回到原位时，X20 变为 ON，此时 X3 为 ON，X4 为 OFF，状态由 S27 转换为 S0，等待下一次启动，此时不是连续工作方式，因此机械手不会连续运行。

单周期工作方式的停止要求与自动工作方式的停止要求相同。按下停止按钮 X7 后，系统不会立即停止，在完成当前的工作周期后，机械手最终停在原位。若此时为连续工作方式，则 X3 为 OFF，X4 为 ON，状态由 S27 转换为 S20，机械手自动进入一次新的运行过程，因此机械手能自动连续运行。

从顺序功能图可以看出，每一状态的继电器都对应机械手的一个工序，只要清楚工序之间的转换条件及转移方向，就能轻松、直观地画出状态转移图，其对应的步进指令梯形图也就很容易画出了。

7.3.5 系统调试

程序编写完成后，应通过调试与修改、完善所编程序。

(1) 在断电状态下，连接好 PC/PPI 电缆。

(2) 将 PLC 运行模式选择开关拨到 STOP 位置，此时 PLC 处于停止状态，可以进行编写。

(3) 在作为编程器的计算机上，运行编程软件。

(4) 将用基本指令与步进指令混合编程的梯形图程序输入到计算机中。

(5) 利用菜单命令“PLC”→“传送”→“写出”，将程序文件下载到 PLC 中。

(6) 将 PLC 运行模式选择开关拨到 RUN 位置，使 PLC 进入运行方式。

(7) 按下启动按钮，对程序进行调试运行，观察程序的运行情况。

① 将转换开关 SA 旋转至手动挡，按下相应的动作按钮，观察机械手的动作情况。

② 将转换开关 SA 旋转至回原位挡，按“回原位”按钮，观察机械手是否返回原位。

③ 将转换开关 SA 旋转至单步挡，每次按“启动”按钮，观察机械手是否向前执行下一个动作。

④ 将转换开关 SA 旋转至单周期挡，每按一次“启动”按钮，观察机械手是否运行一个周期就停止。

⑤ 将转换开关 SA 旋转至连续挡，先按“回原位”按钮，再按“启动”按钮，观察机械手是否连续运行。

(8) 记录程序调试的结果。

7.4 评估检测

在设计并检测项目后，应对本项目的完成效果进行评估检测。

(1) 可按表 7.4 所示的内容，对本项目进行评分。

表 7.4　项目评分表

<table>
<tr><td colspan="7">项目评分表(以三人为一组)
项目七：搬运机械手的自动控制　　班级：　　姓名：</td></tr>
<tr><td rowspan="2">考核方面</td><td rowspan="2">评分细则</td><td rowspan="2">分数</td><td colspan="4">评分</td></tr>
<tr><td>个人自评</td><td>学生互评 1</td><td>学生互评 2</td><td>教师评分</td></tr>
<tr><td rowspan="9">子任务
(60 分)</td><td>I/O 分配合理，无遗漏</td><td>5 分</td><td></td><td></td><td></td><td></td></tr>
<tr><td>操作面板设计正确</td><td>5 分</td><td></td><td></td><td></td><td></td></tr>
<tr><td>外部接线图正确无误</td><td>5 分</td><td></td><td></td><td></td><td></td></tr>
<tr><td>程序总体结构正确</td><td>5 分</td><td></td><td></td><td></td><td></td></tr>
<tr><td>公共程序正确</td><td>6 分</td><td></td><td></td><td></td><td></td></tr>
<tr><td>手动程序正确</td><td>7 分</td><td></td><td></td><td></td><td></td></tr>
<tr><td>回原位程正确</td><td>7 分</td><td></td><td></td><td></td><td></td></tr>
<tr><td>自动程序正确</td><td>15 分</td><td></td><td></td><td></td><td></td></tr>
<tr><td>具有必要的电气保护和电气联锁</td><td>5 分</td><td></td><td></td><td></td><td></td></tr>
<tr><td rowspan="3">系统调试
(20 分)</td><td>正确进行程序输入、编辑及传送</td><td>5 分</td><td></td><td></td><td></td><td></td></tr>
<tr><td>外部接线正确</td><td>5 分</td><td></td><td></td><td></td><td></td></tr>
<tr><td>不断修改完善程序，满足控制要求</td><td>10 分</td><td></td><td></td><td></td><td></td></tr>
<tr><td rowspan="6">素质养成
(20 分)</td><td>爱岗敬业，纪律性强，无迟到早退现象</td><td>3 分</td><td></td><td></td><td></td><td></td></tr>
<tr><td>按要求搜集相关资料，资料针对性强</td><td>5 分</td><td></td><td></td><td></td><td></td></tr>
<tr><td>与团队成员分工协作，有良好的沟通交流能力及团队合作能力</td><td>3 分</td><td></td><td></td><td></td><td></td></tr>
<tr><td>项目实施过程中，表现积极主动，责任心强</td><td>3 分</td><td></td><td></td><td></td><td></td></tr>
<tr><td>勤于思考，善于发现问题、分析问题、解决问题，有创新精神</td><td>3 分</td><td></td><td></td><td></td><td></td></tr>
<tr><td>有良好的安全意识，能够按照实验实训操作规程进行安全文明生产</td><td>3 分</td><td></td><td></td><td></td><td></td></tr>
<tr><td colspan="3">总　　分</td><td></td><td></td><td></td><td></td></tr>
<tr><td colspan="6">本项目平均得分(个人自评占 10%，团队互评占 30%，教师评分占 60%)</td><td></td></tr>
</table>

(2) 要求学生总结通过本项目的学习，在移情能力的培养方面有何心得体会。

7.5 归纳点拨

对于具有多种工作方式的设计，其程序设计的思路总结如下：

(1) 将系统的程序按照工作方式和功能分成若干部分，如公共程序、手动程序、自动程序等。

(2) 公共程序和手动程序相对较为简单，一般采用经验设计法编程。

(3) 自动程序相对步数较多，较为复杂，对于顺序控制类系统一般采用顺序功能图设计程序，可先画出自动工作过程的顺序功能图，再将功能图转化为梯形图程序。

7.6 项目拓展

采用初始状态指令 IST，配合步进指令进行编程。程序共分 4 部分：初始化程序；手动方式程序；回原位方式程序；单步、单周期、自动循环方式程序。初始化程序用梯形图编程，其他程序均可用顺序功能图编程。

第三部分 提 高 篇

项目八　供水系统的 PLC 控制系统设计与实现

知识目标

(1) 掌握 PLC 控制系统的设计步骤。

(2) 掌握 PLC 控制系统的硬件选择。

能力目标

(1) 学会根据工艺要求设计满足要求的 PLC 控制系统(包含机型选择、I/O 地址分配、I/O 模块选择、接线端子图、梯形图程序等)的方法。

(2) 学会控制系统的安装、接线及调试方法。

(3) 学会用 PLC 解决实际问题的方法。

(4) 学会毕业设计的编写。

素质目标

(1) 通过学习本项目，使学生具备一定的自学能力。

(2) 在项目进行过程中，培养学生具有良好的沟通交流能力和团队协作精神。

(3) 使学生逐步具备发现问题、分析问题和解决问题的能力。

(4) 培养学生在设定目标、达成目标的过程中不断克服困难的勇气和决心。

8.1 项目背景

某企业为扩大生产，新购置了一种生产设备，该设备在正常运行时需要大量的冷却水，为此该企业专门新建了一个供水系统为这种设备提供冷却水，供水系统共有 6 台水泵，如图 8.1 所示。

图 8.1　供水系统

水泵正常工作时，上午 8：00 至 11：00 用水量较大，需要 6 台水泵全部运行；11：00 至 14：00，用水量减小，只需要运行 3 台水泵；14：00 至 17：00，用水量增加，需要 6 台水泵全部运行；17：00 以后，用水量减小，只需要运行 3 台水泵，直到 20：00 下班。现计划采用 PLC 对水泵进行控制，要求控制系统分为手动和自动两种方式：手动情况下可对单台水泵进行控制；自动情况下按下启动按钮后，水泵按照上述工作要求自动启动或停止，直到按下停止按钮后，所有水泵停止运行。

8.2 工艺要求分析

该项目主要是实现 6 台水泵电机的启动、运行及停止控制。其控制方式包括手动工作方式和自动式工作方式两种。

手动工作方式下，可对单台水泵进行启停控制。

自动工作方式下，按下启动按钮后，6 台水泵逐台启动，投入运行；3 小时后，停止 4＃、5＃和 6＃水泵；再经过 3 小时后，恢复 4＃、5＃和 6＃水泵的运行；再经过 3 小时，停止 1＃、2＃和 3＃水泵；按下停止按钮，所有水泵停止工作。自动工作方式下水泵运行示意图如图 8.2 所示。

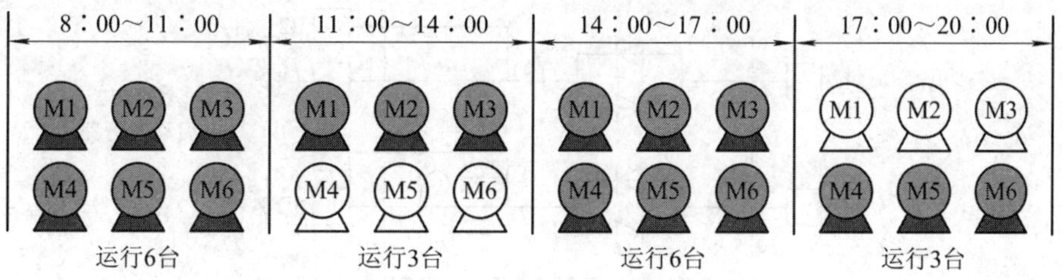

图 8.2　水泵运行示意图

该项目中的6台水泵规格型号相同，其驱动电机的额定功率均为90 kW，额定电流为164 A。若直接全压启动，对供电系统及供水管网会造成较大的冲击，所以无论是手动工作方式还是自动工作方式，启动时都要求逐台降压启动。

8.3 电气控制系统的设计与实现

8.3.1 硬件设计

一、降压启动单元

电动机降压启动有很多种方法，传统的降压启动包括定子回路串电阻降压启动、自耦变压器降压启动、星三角降压启动等。随着科技的进步和发展，近年来出现了一种更为先进的降压启动技术——软启动器降压启动技术。软启动器是一种集电动机软启动、软停车、轻载节电和多种保护功能于一体的新颖鼠笼型异步电动机控制装置。与传统的降压启动方式比较，软启动器具有无冲击电流，恒流启动，节能，可自由地无级调压至最佳启动电流等优点。所以，本项目采用软启动器实现水泵电动机的降压启动。软启动器外观图如图8.3所示。

图8.3 软启动器外观图

软启动器采用三相反并联晶闸管作为调压器，并接入电源和电动机定子之间。三相全控桥式整流电路即为这种电路，如图8.4所示。

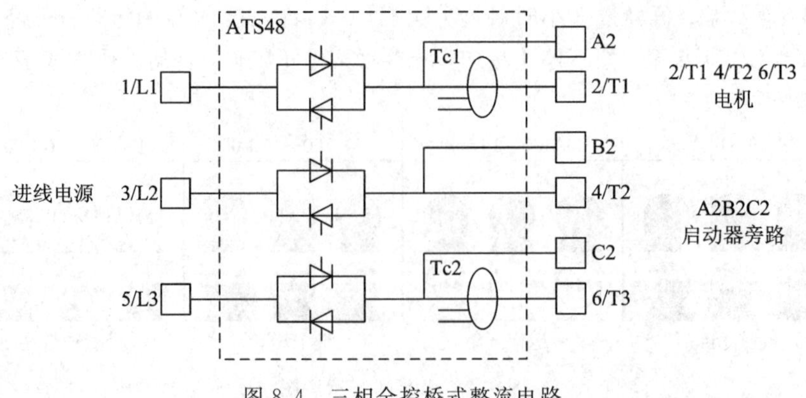

图8.4 三相全控桥式整流电路

使用软启动器启动电动机时，晶闸管的输出电压逐渐增大，电动机逐渐加速，直到晶闸管完全导通，电动机在额定电压的机械特性模式下工作，实现平滑启动，降低了启动电流，避免了启动过流跳闸。待电机达到额定转速时，启动过程结束，软启动器自动用旁路接触器取代已完成任务的晶闸管，为电动机正常运转提供额定电压，以降低晶闸管的热损耗，延长软启动器的使用寿命，提高其工作效率，又使电网避免了谐波污染。软启动器同时还提供软停车功能，软停车与软启动的过程相反，电压逐渐降低，转速逐渐下降到零，避免了自由停车引起的转矩冲击。

本项目中，除了要求电动机降压启动外，对电机的停车方式、制动及调速等并无特殊要求。电机的负载是水泵，运行过程中负荷基本平稳，电机启动后连续运行，一般软启动器的标准应用均可满足该项目的控制要求，因此软启动器的选型范围广，只要满足电机额定电流 In<软启动器的额定值 ICL 即可。本项目选用施耐德（Schneider)系列的软启动器，应用时选型参数如表 8.1 所示。

表 8.1　施耐德（Schneider)系列的软启动器参数

230 V 电机额定功率/kW	400 V 电机额定功率/kW	10 级最大允许电流/A	ICL 额定值/A	启动器型号
4	7.5	17	17	ATS48D17Q
5.5	11	22	22	ATS48D22Q
7.5	15	32	32	ATS48D32Q
9	18.5	38	38	ATS48D38Q
11	22	47	47	ATS48D47Q
15	30	62	62	ATS48D62Q
18.5	37	75	75	ATS48D75Q
22	45	88	88	ATS48D88Q
30	55	110	110	ATS48C11Q
37	75	140	140	ATS48C14Q
45	90	170	170	ATS48C17Q
55	110	210	210	ATS48C21Q
75	132	250	250	ATS48C25Q
90	160	320	320	ATS48C32Q
110	220	410	410	ATS48C41Q
132	250	480	480	ATS48C48Q
160	315	590	590	ATS48C59Q
(1)	355	660	660	ATS48C66Q
220	400	790	790	ATS48C79Q
250	500	1000	1000	ATS48M17Q
355	630	1200	1200	ATS48M17Q

注:(1)值不显示表示没有相应的标准化电机。

本项目水泵电机额定电压为 380 V，额定功率为 90 kW，对照表 8.1，选定型号为 ATS48C17Q 的软启动器，其控制端子如图 8.5 所示。

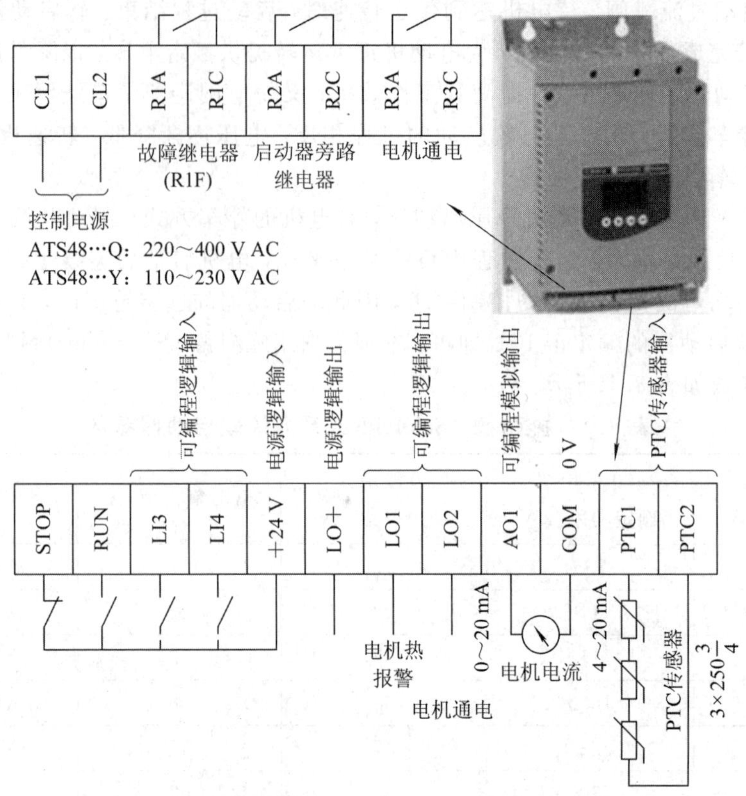

图 8.5 ATS48C17Q 的软启动器控制端子

控制端子使用单向插入式接头连接。其参数如下：

最大接线能力：2.5 mm^2(12 AWG)

最大紧固力矩：0.4 N·m (3.5 lb·in)

控制端子的电气特性如表 8.2 所示。

表 8.2 控制端子的电气特性

端子	功 能	功 能 特 性
CL1 CL2	ATS 控制电源	ATS 48·Q：(220～415)×[1±(10%～15%)]V，50/60 Hz ATS 48·Y：(110～230)×[1±(10%～15%)]V，50/60 Hz
R1A R1C	可编程继电器 r1 的常开(N/O)触点	最小开关能力： · 直流 6 V 时为 10 mA 对感性负载的最大开关能力 (cosϕ=0.5，L/R=20 ms)： · 对交流 230 V 和直流 30 V 为 1.8 A， 最大电压为 400 V
R2A R2C	启动结束继电器 r2 的常开(N/O)触点	
R3A R3C	可编程继电器 r3 的常开(N/O)触点	

续表

端子	功　能	功 能 特 性
STOP RUN LI3 LI4	启动器停机(状态 0 为停机) 启动器运行(如果 STOP 为 1，则状态 1 为运行) 可编程输入 可编程输入	4×24 V 逻辑输入，阻抗为 4.3k¾ Umax ＝ 30 V，Imax ＝ 8 mA 状态 1：U ＞ 11 V - I ＞ 5 mA 状态 0：U ＜ 5 V - I ＜ 2 mA
＋24V	电源逻辑输入	＋24×(1±25％)V 隔离并保护以防短路和过载，最大电流为 200 mA
LO＋	电源逻辑输出	连接至 24 V 或外部电源
LO1 LO2	可编程逻辑输出	2 个集电极开路输出端，与 1 级 PLC 兼容，符合 IEC65A - 68 标准 · 电源为＋24 V (最低为 12 V，最高为 30 V) · 带有外接电源的每个输出端最大电流为 200 mA
AO1	可编程模拟输出	输出可配置为 0～20 mA 或 4～20 mA。 精度为最大值的±5％，最大阻抗为 500 Ω
COM	I/O 公共端	0 V
PTC1 PTC2	PTC 传感器输入	25℃ 时传感器回路的总电阻为 750 Ω (例如，3×250 Ω 传感器串联)
RJ45	接头用于 · 远程操作盘 · PowerSuite · 通信总线	RS 485 Modbus

二、输入单元

输入单元主要包括启动按钮、停止按钮、手动/自动转换开关、急停按钮以及反馈信号。

按钮是一种手动且可以自动复位的主令元件，其结构简单、控制方便。在电气自动控制电路中，按钮可用于手动发出控制信号用以控制接触器、继电器、电磁启动器等。按钮在低压控制电路中得到了广泛应用。

按钮开关的结构种类包括很多，可分为普通掀钮式、蘑菇头式、自锁式、自复位式、旋柄式、带指示灯式、带灯符号式及钥匙式等。其外观图如图 8.6 所示。

图 8.6　按钮外观图

按钮由按钮帽、复位弹簧、桥式触点和外壳等组成，其结构如图 8.7 所示。触点采用桥式触点，触点额定电流在 5 A 以下，分常开触点和常闭触点两种。在外力作用下，常闭触点先断开，然后常开触点再闭合；复位时，常开触点先断开，然后常闭触点再闭合。

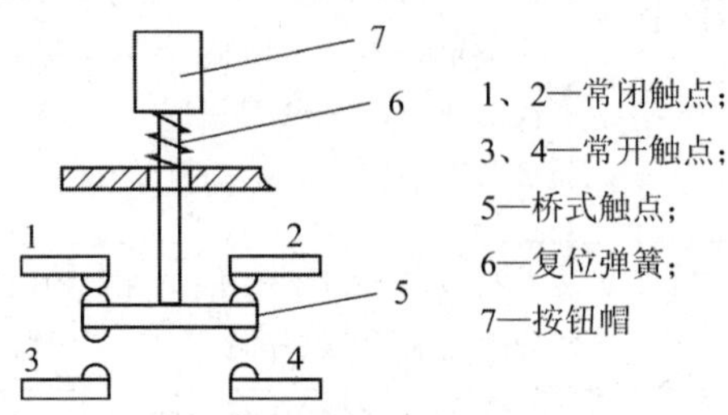

图 8.7　按钮结构示意图

按使用场合、作用不同，通常将按钮帽制成红、绿、黑、黄、蓝、白、灰等颜色。国标 GB5226.1—2008/IEC 60204 1，2005 第 10.2.1 条规定：按钮操动器的颜色代码应符合表 8.3 的规定。

表 8.3　按钮操动器的颜色代码

颜色	含义	说　明	应用示例
红	紧急	危险或紧急情况时操作	急停
黄	异常	异常情况时操作	干预制止异常情况
绿	正常	正常情况时操作	
蓝	强制性的	要求强制动作的情况时操作	复位功能
白			启动/接通(优先) 停止/断开
灰		除急停以外一般功能的启动	启动/接通(优先) 停止/断开
黑			启动/接通 停止/断开(优先)
注：如果使用代码的辅助手段(如形状、位置、标记)来识别按钮操动器，则白、灰、黑同一颜色可用于各种不同功能(如白色可用于启动/接通和停止/断开)。			

启动/接通按钮的颜色应为白、灰、黑或绿色，优先选用白色，不允许使用红色。

紧急断开和急停按钮应使用红色。

停止/断开按钮应使用黑、灰或白色，优先使用黑色，不允许使用绿色。允许选用红色，但靠近紧急操作器件不建议选用红色。

作为启动/接通与停止/断开交替操作的按钮优选颜色为白、灰或黑色，不允许使用红、黄或绿色。

对于按动即引起运转而松开则停止运转(点动)的按钮操动器，优选颜色为白、灰或黑色，不允许使用红、黄或绿色。

复位按钮应为蓝、白、灰或黑色。如果该复位按钮还用作停止/断开按钮，最好使用白、灰或黑色，优先选用黑色，但不允许使用绿色。

对于不同功能使用相同颜色（白、灰或黑）的场合，如启动/接通与停止/断开操动器都使用白色，应使用辅助编码方法（如形状、位置、符号）以识别按钮操动器。按钮符号标记如表 8.4 所示。

表 8.4　按钮符号标记

启动或接通	停止或断开	启动或停止和接通或断开交替动作的按钮	按动即运转而松开则停止运转的按钮（点动）
GB/T 5465.2—2008 中 5007	GB/T 5465.2—2008 中 5008	GB/T 5465.2—2008 中 5010	GB/T 5465.2—2008 中 5011

在机床电气设备中，常用的按钮有 LA18、LA19、LA20、LA25 和 LAY3 等系列。按钮型号标志组成及其含义如图 8.8 所示。

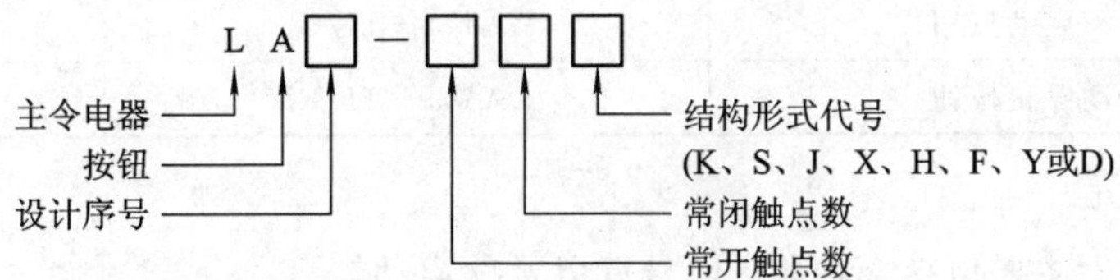

图 8.8　按钮型号标志组成及其含义

其中，结构形式代号的含义包括：K 为开启式，S 为防水式，J 为紧急式，X 为旋钮式，H 为保护式，F 为防腐式，Y 为钥匙式，D 为带灯按钮。按钮的图形符号及文字符号如图 8.9 所示。

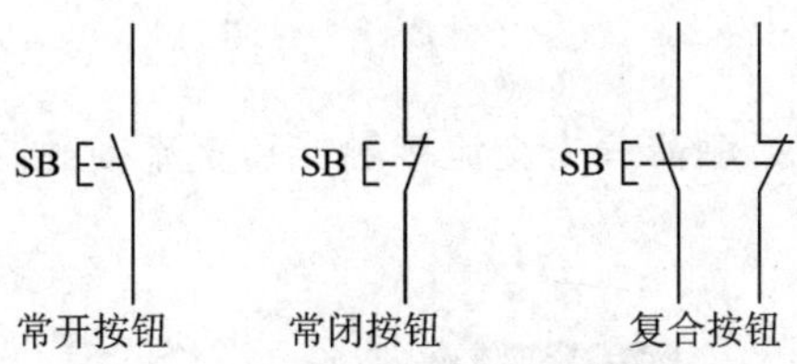

图 8.9　按钮的图形符号及文字符号

本项目选用 LAY39 系列按钮，其参数如表 8.5 所示。

表 8.5　LAY39 系列按钮

名　　称	规格型号	数量
通电按钮	LAY39－11/GS	1 个
断电按钮	LAY39－11/RS	1 个
自动/手动转换开关	LAY39－20X/3	1 个
急停按钮	LAY39－11ZM	1 个
自动运行启动按钮	LAY39－11/GS	1 个
自动运行停止按钮	LAY39－11/RS	1 个

续表

名　　称	规格型号	数量
1#手动启动按钮	LAY39-11/GS	1个
1#手动停止按钮	LAY39-11/RS	1个
2#手动启动按钮	LAY39-11/GS	1个
2#手动停止按钮	LAY39-11/RS	1个
3#手动启动按钮	LAY39-11/GS	1个
3#手动停止按钮	LAY39-11/RS	1个
4#手动启动按钮	LAY39-11/GS	1个
4#手动停止按钮	LAY39-11/RS	1个
5#手动启动按钮	LAY39-11/GS	1个
5#手动停止按钮	LAY39-11/RS	1个
6#手动启动按钮	LAY39-11/GS	1个
6#手动停止按钮	LAY39-11/RS	1个

三、输出单元

执行输出单元主要包括接触器、信号灯以及软启动器。

接触器是一种用于远距离频繁地接通和切断交直流主电路及大容量控制电路的自动控制电器。其主要控制对象是电动机，也可用于控制其他电力负载、电热器、电照明、电焊机与电容器组等。接触器具有操作频率高、使用寿命长、工作可靠、性能稳定、维护方便等优点，同时还具有低压释放保护功能。因此，在电力拖动和自动控制系统中，接触器是运用最广泛的控制电器之一。

1. 接触器的分类

按控制电流性质不同，接触器分为交流接触器和直流接触器两大类。如图8.10所示为几款接触器外形图。

(a) CZ0直流接触器

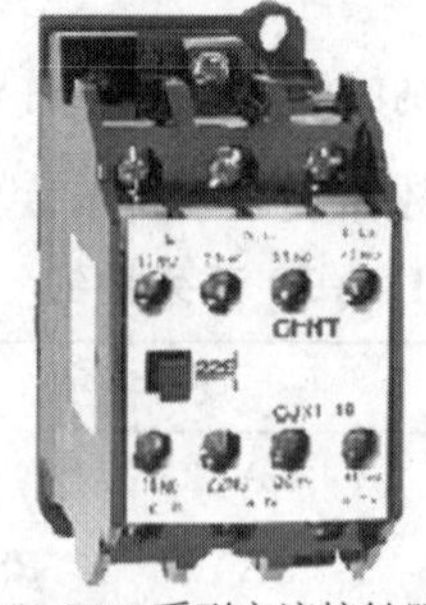

(b) CJX1系列交流接触器

(c) CJX2-N系列可逆交流接触器

图8.10　接触器外形图

直流接触器一般用于控制直流电器设备，直流电器设备的线圈中通以直流电。直流接触器的动作原理和结构基本上与交流接触器是相同的。

交流接触器主要由电磁系统、触点系统、灭弧系统及其他部分组成。常用的交流接触器包括 CJ10、CJ12、CJ12B 等系列。其结构示意图如图 8.11 所示。

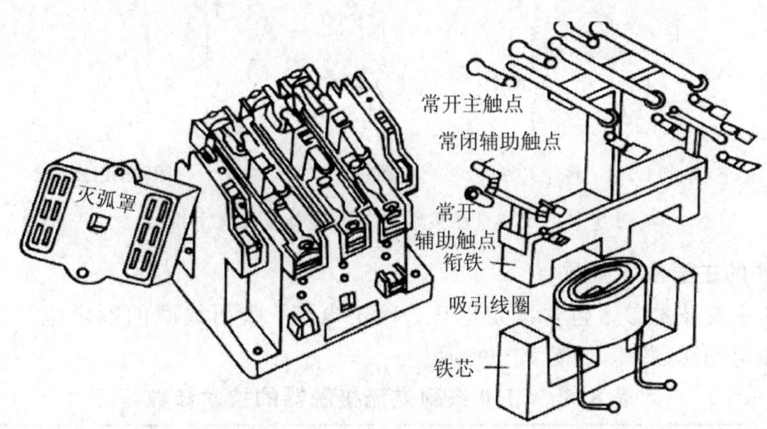

图 8.11　交流接触器结构示意图

电磁系统：电磁系统包括电磁线圈和铁心，是接触器的重要组成部分，接触器主要依靠电磁系统带动触点的闭合与断开。

触点系统：触点是接触器的执行部分，包括主触点和辅助触点。主触点的作用是接通和分断主回路，控制较大的电流；而辅助触点位于控制回路中，可满足各种控制方式的要求。

灭弧系统：灭弧装置可用来保证触点断开电路时，产生的电弧可靠熄灭，减少电弧对触点的损伤。为了迅速熄灭断开时的电弧，通常接触器都装有灭弧装置，一般采用半封式纵缝陶土灭弧罩，并配有强磁吹弧回路。

其他部分：包括绝缘外壳、弹簧、短路环、传动机构等。

交流接触器工作时，一般当施加在线圈上的交流电压大于线圈额定电压值的 85%时，铁芯中磁通对衔铁产生的电磁吸力克服复位弹簧拉力，使衔铁带动触点动作。触点动作时，常闭触点先断开，常开触点后闭合，主触点和辅助触点是同时动作的。当线圈中的电压值降到某一数值时，铁心中的磁通下降，吸力减小到不足以克服复位弹簧的拉力时，衔铁复位，进而使主触点和辅助触点复位。

2. 接触器的表示方式

(1) 型号：接触器的标志组成及其含义如图 8.12 所示。

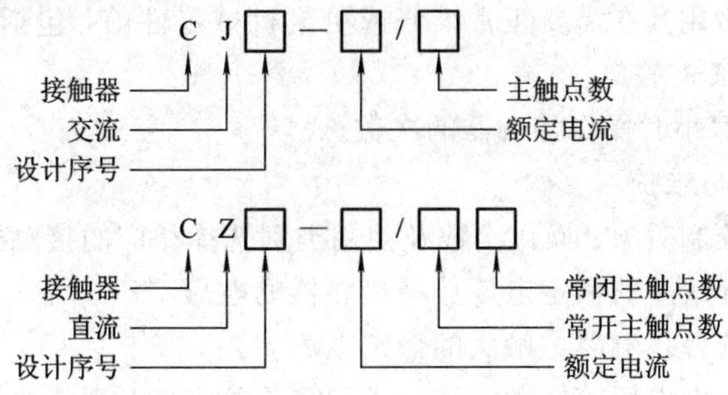

图 8.12　接触器的标志组成及其含义

(2) 电气符号：交、直流接触器的图形符号及文字符号如图 8.13 所示。

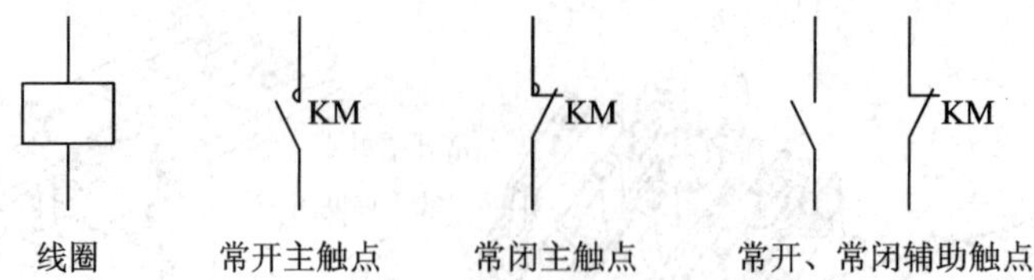

图 8.13 交、直流接触器的图形符号及文字符号

3. 接触器的主要技术参数

接触器的主要技术参数包含额定电压、额定电流、吸引线圈的额定电压、电气寿命、机械寿命和额定操作频率，如表 8.6 所示。

表 8.6 CJ10 系列交流接触器的技术参数

<table>
<tr><th rowspan="2">型 号</th><th rowspan="2">额定电压/V</th><th rowspan="2">额定电流/A</th><th colspan="3">可控制的三相异步电动机的最大功率/kW</th><th rowspan="2">额定操作频率/(次/h)</th><th colspan="2">线圈消耗功率/(V·A)</th><th rowspan="2">机械寿命/万次</th><th rowspan="2">电寿命/万次</th></tr>
<tr><th>220 V</th><th>380 V</th><th>550 V</th><th>启动</th><th>吸持</th></tr>
<tr><td>CJ10 - 5</td><td rowspan="7">380/500</td><td>5</td><td>1.2</td><td>2.2</td><td>2.2</td><td rowspan="7">600</td><td>35</td><td>6</td><td rowspan="7">300</td><td rowspan="7">60</td></tr>
<tr><td>CJ10 - 10</td><td>10</td><td>2.2</td><td>4</td><td>4</td><td>65</td><td>11</td></tr>
<tr><td>CJ10 - 20</td><td>20</td><td>5.5</td><td>10</td><td>10</td><td>140</td><td>22</td></tr>
<tr><td>CJ10 - 40</td><td>40</td><td>11</td><td>20</td><td>20</td><td>230</td><td>32</td></tr>
<tr><td>CJ10 - 60</td><td>60</td><td>17</td><td>30</td><td>30</td><td>485</td><td>95</td></tr>
<tr><td>CJ10 - 100</td><td>100</td><td>30</td><td>50</td><td>50</td><td>760</td><td>105</td></tr>
<tr><td>CJ10 - 150</td><td>150</td><td>43</td><td>75</td><td>75</td><td>950</td><td>110</td></tr>
</table>

接触器铭牌上的额定电压指主触点的额定电压，交流电压有 127 V、220 V、380 V、500 V 等挡；直流电压有 110 V、220 V、440 V 等挡。

接触器铭牌上的额定电流指主触点的额定电流，包含 5 A、10 A、20 A、40 A、60 A、100 A、150 A、250 A、400 A 和 600 A 等挡。

接触器吸引线圈的额定电压交流包含 36 V、110 V、127 V、220 V、380 V 等挡；直流包含 24 V、48 V、220 V、440 V 等挡。

接触器的电气寿命用其在不同使用条件下无需修理或更换零件的负载操作次数来表示。接触器的机械寿命用其在需要正常维修或更换机械零件前，包括更换触点，所能承受的无载操作循环次数来表示。

额定操作频率指每小时操作接触器的次数。

4. 接触器的选用与维护

(1) 按接触器的控制对象、操作次数及使用类别选择相应的接触器。

(2) 按使用位置处线路的额定电压选择接触器的电压。

(3) 按负载容量选择接触器主触头的额定电流。

(4) 对于吸引线圈的电压等级和电流种类，应考虑控制电源的要求。

(5) 对于辅助接点的容量选择，应按联锁回路的需求数量及所连接触头的遮断电流大小考虑。

(6) 对于接触器的接通与断开能力，选用时应注意使用元件的负载，如电容器、钨丝灯等照明器，其接通时电流数值大，通断时间也较长，选用时应留有余量。

(7) 对于接触器的电寿命及机械寿命，可由已知每小时平均操作次数和机器的使用寿命年限，计算所需的电寿命，若不能满足要求则应降容使用。

(8) 选用时应考虑环境温度、湿度，使用场所的振动、尘埃、化学腐蚀等，应按相应环境选用不同类型的接触器。

(9) 对于照明装置适用的接触器，还应考虑照明器的类型、启动电流大小、启动时间长短及长期工作电流，接触器的电流选择应不大于用电设备(线路)额定电流的 90%。对于钨丝灯及有电容补偿的照明装置，应考虑其接通电流值。

本项目选用施耐德交流接触器，电机额定功率 90 kW，额定电流 164 A，型号为 LC1D170，具体数量如表 8.7 所示。

表 8.7　选用的交流接触器型号及数量

名　称	规格型号	数　量
软启动器主回路接触器	LC1D170	1 个
1＃水泵降压启动(软启动)交流接触器	LC1D170	1 个
1＃水泵全压运行(旁路)交流接触器	LC1D170	1 个
2＃水泵降压启动(软启动)交流接触器	LC1D170	1 个
2＃水泵全压运行(旁路)交流接触器	LC1D170	1 个
3＃水泵降压启动(软启动)交流接触器	LC1D170	1 个
3＃水泵全压运行(旁路)交流接触器	LC1D170	1 个
4＃水泵降压启动(软启动)交流接触器	LC1D170	1 个
4＃水泵全压运行(旁路)交流接触器	LC1D170	1 个
5＃水泵降压启动(软启动)交流接触器	LC1D170	1 个
5＃水泵全压运行(旁路)交流接触器	LC1D170	1 个
6＃水泵降压启动(软启动)交流接触器	LC1D170	1 个
6＃水泵全压运行(旁路)交流接触器	LC1D170	1 个

四、PLC 的选择

选择 PLC 时主要应从 PLC 的机型、容量、I/O 模块、电源等几个方面考虑。

目前市场上可编程控制器的种类繁多，同一品牌的可编程控制器也有多种类型，仅三菱电机的 FX 系列就有 FX1S、FX1N、FX2N、FX2NC 四个分系列，对于初学者，如何选择合适的可编程控制器是一个难题。选型时既要满足控制系统的功能要求，还要考虑控制系统工艺改进后系统升级的需要，更要兼顾控制系统的制造成本。

1. 可编程控制器结构选择

可编程控制器的基本结构分为整体式和模块式。多数小型 PLC 为整体式，具有体积小、价格便宜等优点，适于工艺过程比较稳定、控制要求比较简单的系统。模块式结构的PLC采用主机模块与输入模块、功能模块组合使用的方法，比整体式方便灵活，维修更换模块、判断与处理故障快速方便，适用于工艺变化较多、控制要求复杂的系统，价格比整体机高。

三菱的FX可编程控制器吸取了整体式和模块式可编程控制器的优点，未采用基板而仅用扁平电缆连接，紧密拼装后组成一个整齐的长方体，输入/输出点数的配置也相当灵活。

三菱FX1S系列可编程控制器的体积与卡片相似，适合在小型环境中进行控制。它具有卓越的性能、串行通信功能以及紧凑的尺寸，可用于常规可编程控制器无法安装的地方。

三菱FX1N系列可编程控制器是一种常用的PLC，最多可达128点控制。由于FX1N系列具有对于输入/输出、逻辑控制以及通信/链接功能的可扩展性，因此它对于普遍的顺控解决方案有广泛的适用范围，并且能增加特殊功能模块或扩展板。

三菱FX2N系列可编程控制器是FX系列中最高级的模块。它拥有无可匹敌的速度、高级的功能、逻辑选件以及定位控制等特点。FX2N提供从16到256路输入/输出的多种应用的选择方案。

三菱FX2NC系列可编程控制器在保留其原有的强大功能的前提下，实现了极为可观的规模缩小，I/O型连接口降低了接线成本并节省了连接时间。对于开关量控制的系统，当控制速度要求不高时，一般的小型整体机FX1S就可以满足要求，如对小型泵的顺序控制、单台机械的自动控制等；对于以开关量控制为主，带有部分模拟量控制的应用系统，如工业生产中经常遇到的温度、压力、流量、液位等连续量的控制，应选择具有所需功能的可编程控制器主机，如FX1N或FX2N型整体机。另外还应根据需要选择相应的模块，例如开关量的输入/输出模块、模拟量输入/输出模块、相应的传感器、变速器和驱动装置等。

2. I/O点数的确定

一般来讲，可编程控制器控制系统的规模大小是由输入、输出的点数来衡量的。在设计系统时，应准确统计被控对象的输入信号和输出信号的总点数，并考虑今后调整和工艺改进的需要。在实际统计I/O点数基础上，一般应增加10%～20%的备用量。

对于整体式的基本单元，输入/输出点数是固定的。三菱FX系列不同型号机型的输入/输出点数的比例不同。根据输入/输出点数的比例情况，可以选用同时具有输入/输出点的扩展单元或模块，也可以选用只有输入(输出)点的扩展单元或模块。

3. 存储器容量的估算

应用程序占用内存的多少与许多因素有关，如I/O点数、控制要求、运算处理量、程序结构等。因此，在程序设计之前只能粗略地估算所占内存。根据经验，对于开关量控制系统，用户程序所需存储器的容量等于I/O信号总数乘以8。对于有模拟量输入/输出的系统，每一路模拟量信号大约需100B存储器容量；如果使用通信接口，每个接口则需300B存储器容量。一般估算时应在存储器的总字数上增加一个备用量作为总容量。可编程控制器的程序存储器容量通常以字或步为单位，如1K字、2K步等。程序由字构成的，每个程序步占一个存储器单元，每个存储单元为两个字节。不同类型的可编程控制器表示方法可能不同，在选用时一定要注意存储器容量的单位。

大多数可编程控制器的存储器采用模块式存储器卡盒，同一型号可以选配不同容量的存储器卡盒，以实现多种用户存储器的容量。FX 系列可编程控制器可选择 2K 步、8K 步等容量。此外，还应根据用户程序的使用特点选择存储器的类型。当程序需要频繁修改时，应选用 CMOS - RAM；当程序长期不变或需长期保存时，应选用 EEPROM 或 EPROM。

可编程控制器的处理速度应满足实时控制的要求。因为可编程控制器采用顺序扫描的工作方式，从输入信号到输出控制存在着滞后现象，即输入量的变化一般要在 1～2 个扫描周期之后才能反映到输出端，这对于大多数应用场合是允许的。响应时间包括输入滤波时间、输出滤波时间和扫描周期。可编程控制器的顺序扫描工作方式使其不能可靠地接收持续时间小于 1 个扫描周期的输入信号。因此，对于快速反应的信号需要选取扫描速度高的机型，例如三菱 FX2N 基本指令的运行处理时间为 0.08 μs/步指令。另外，在编程时还应优化应用软件，缩短扫描周期。

4. 开关量输入/输出模块及扩展的选择

三菱 FX 系列的可编程控制器包括基本单元、扩展单元和模块。在选型时，尽量不要使用基本单元加扩展单元的模式，例如经计算系统需要配置 128 点 I/O，可直接选用一台 128 点的基本单元，不建议选择一台 64 点基本单元加一台 64 点扩展单元，后者的配置造价一般要比前者高。

开关量 I/O 模块按外部接线方式分为隔离式、分组式和汇点式。隔离式模块每点平均价格较高，如果信号之间不需要隔离，应选用后两种模块。当前 FX 的输入模块一般都是分组式和汇点式，输出模块则是隔离式和分组式的组合。

开关量输入模块的输入电压一般包含 DC24V 和 AC220V 两种。直流输入可以直接与接近开关、光电开关等电子输入装置连接。三菱 FX 系列直流输入模块的公用端已经接在内部电源的 0 V 处，因此直流输入不需要外接直流电源。有些类型的可编程控制器的输入公用端需另接电源，初学者应该多加注意。交流输入方式的触点接触可靠，适合于在有油雾、粉尘的恶劣环境下使用。在实际生产中，最常用的是直流输入模块。

开关量输出模块包括继电器输出、晶体管输出及可控硅输出。继电器型输出模块的触点工作电压范围广，导通压降小，承受瞬时过电压和过电流的能力较强，但是动作速度较慢，寿命(动作次数)有一定的限制。一般控制系统的输出信号变化并不频繁，可优先选用继电器型，且继电器输出型价格最低，容易购买。晶体管型与双向可控硅型输出模块分别用于直流负载和交流负载，其可靠性高，反应速度快，寿命长，但是过载能力稍差。选择时应考虑负载电压的种类和大小、系统对延迟时间的要求、负载状态变化是否频繁等因素，还应注意同一输出模块对电阻性负载、电感性负载和白炽灯的驱动能力的差异。

可编程控制器的选型还应考虑其联网通信功能、价格等因素，系统可靠性也是考虑的重要因素。

根据控制要求及 I/O 的特性、数量，本项目选用 FX2N - 48MR 型号的可编程控制器。

五、I/O 分配及 PLC 外围硬件线路设计

1. I/O 分配

根据本项目的控制要求，分配 I/O 点，如表 8.8 所示。

表 8.8 I/O 分配表

输入设备	输入编号	输出设备	输出编号
急停按钮 SB1	X0	软启动器启动信号 RUN	Y0
软启动器旁路接通信号 R2	X1	软启动器停止信号 STOP	Y1
自动运行开关 SA1	X2	1#降压启动接触器 KM11	Y2
自动运行启动按钮 SB2	X3	1#全压运行接触器 KM12	Y3
自动运行停止按钮 SB3	X4	2#降压启动接触器 KM21	Y4
手动运行开关 SA2	X5	2#全压运行接触器 KM22	Y5
1#手动启动按钮 SB4	X11	3#降压启动接触器 KM31	Y6
1#手动停止按钮 SB5	X12	3#全压运行接触器 KM32	Y7
2#手动启动按钮 SB6	X13	4#降压启动接触器 KM41	Y10
2#手动停止按钮 SB7	X14	4#全压运行接触器 KM42	Y11
3#手动启动按钮 SB8	X15	5#降压启动接触器 KM51	Y12
3#手动停止按钮 SB9	X16	5#全压运行接触器 KM52	Y13
4#手动启动按钮 SB10	X17	6#降压启动接触器 KM61	Y14
4#手动停止按钮 SB11	X21	6#全压运行接触器 KM62	Y15
5#手动启动按钮 SB12	X22		
5#手动停止按钮 SB13	X23		
6#手动启动按钮 SB14	X24		
6#手动停止按钮 SB15	X25		

2. 设计 PLC 外围硬件线路

根据本项目的控制要求，画出系统其他部分的电气线路图，包括主电路和未进入 PLC 的控制电路等。

(1) 水泵电机控制系统主回路的电气控制原理图如图 8.14 所示。

正常工作时，先闭合断路器 QF1、QF11、QF21、QF31、QF41、QF51 及 QF61，接触器 KM1 得电闭合后，软启动器 ATS 通电准备启动。

手动工作方式下，按下某台水泵的启动按钮，该电机软启动接触器 KM1 得电闭合，软启动 ATS 同时也得到启动信号，开始按照预先设定的降压(或限电流)方式向该水泵电动机输出启动电压，该水泵电机 M 开始软启动。当转速(电压或电流)达到额定值时，ATS 发出启动结束信号，使旁路接触器 KM2 得电闭合，电机全压运行，然后软启动接触器 KM1 失电断开，该水泵启动完毕。

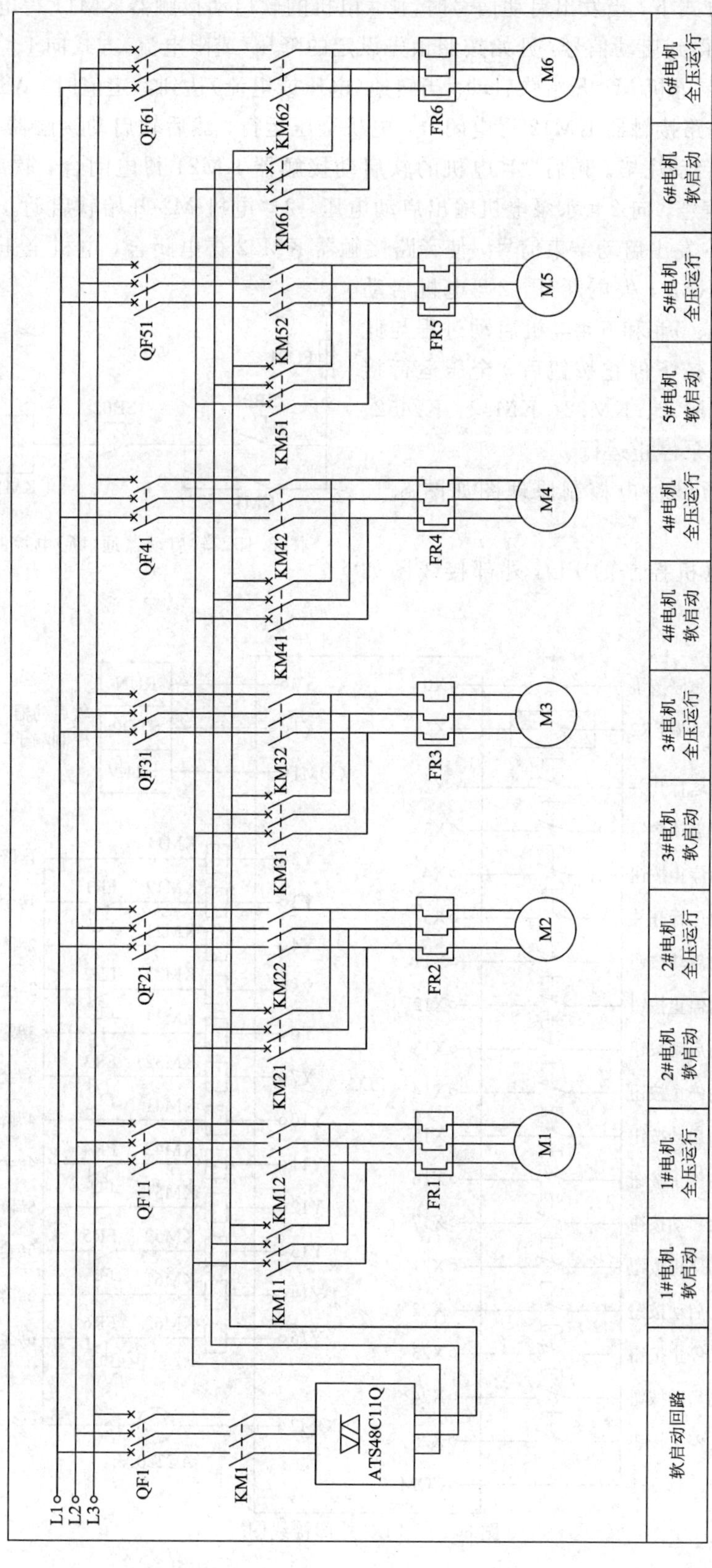

图8.14　主回路的电气控制原理图

自动工作方式下，当发出启动信号时，1＃电机的软启动接触器KM11得电闭合，软启动器ATS同时得到启动信号，开始按照预先设定的降压(或限电流)方式向1＃电机输出启动电压，1＃水泵电机M1开始软启动。当转速(电压或电流)达到额定值时，ATS发出启动结束信号，使旁路接触器KM12得电闭合，电机全压运行，然后软启动接触器KM11失电断开，1＃水泵启动完毕。稍后2＃电机的软启动接触器KM21得电闭合，软启动器ATS再次得到启动信号，向2＃水泵电机输出启动电压，2＃电机M2开始软启动。当转速达到额定值时，ATS发出启动结束信号，使旁路接触器KM22得电闭合，电机全压运行，然后软启动接触器KM21失电断开，2＃电机启动完毕。3＃、4＃、5＃和6＃电机启动过程与此相同。停止时，按下停止按钮后，全压运行接触器KM12、KM22、KM32、KM42、KM52、KM62断电，水泵停止运行。

软启动器通(断)电控制原理图如图8.15所示。

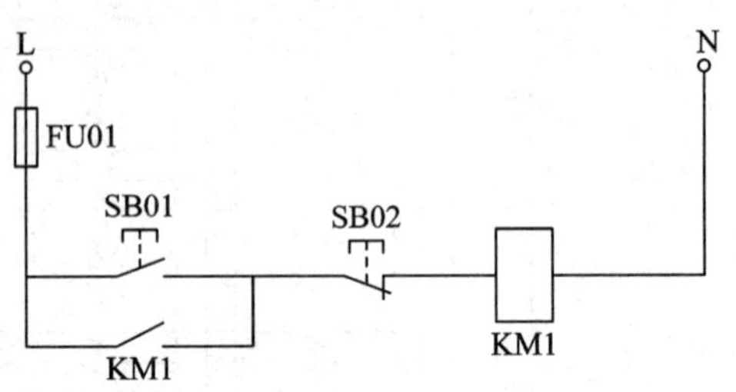

图8.15　软启动器通(断)电控制原理图

(2) 水泵电机控制的PLC外部接线图如图8.16所示。

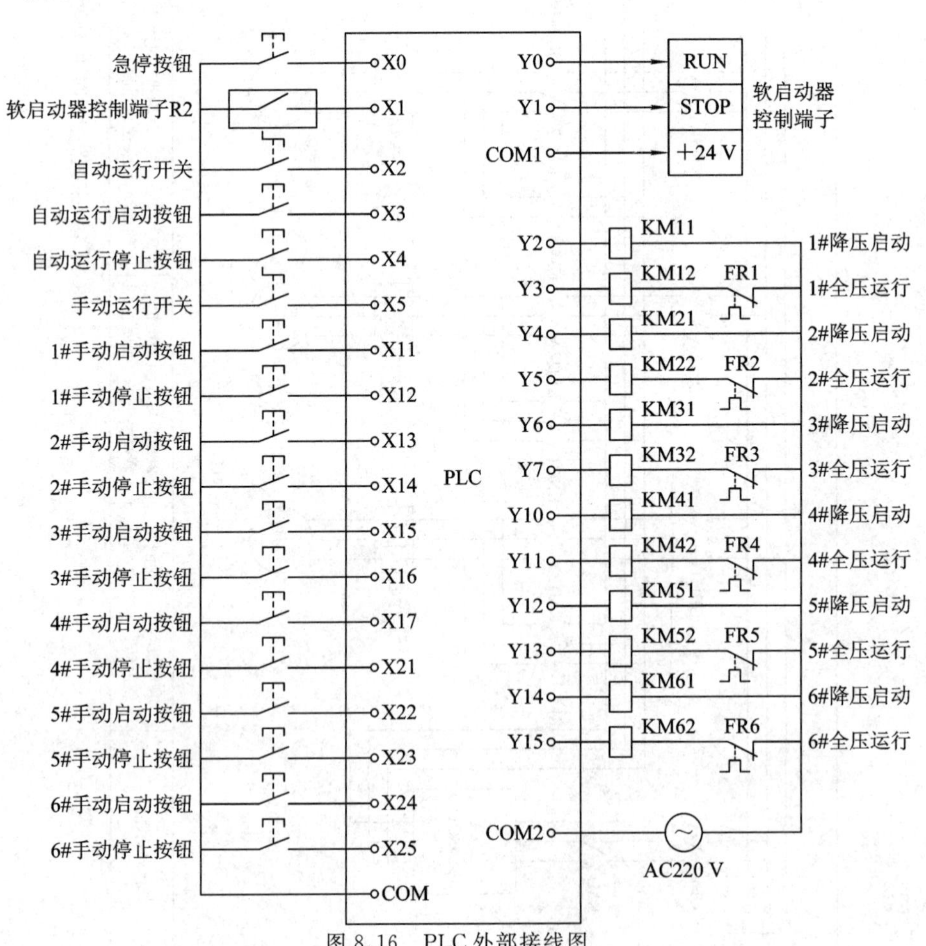

图8.16　PLC外部接线图

8.3.2　软件设计

根据系统的控制要求，设计 PLC 程序梯形图如图 8.17 所示。

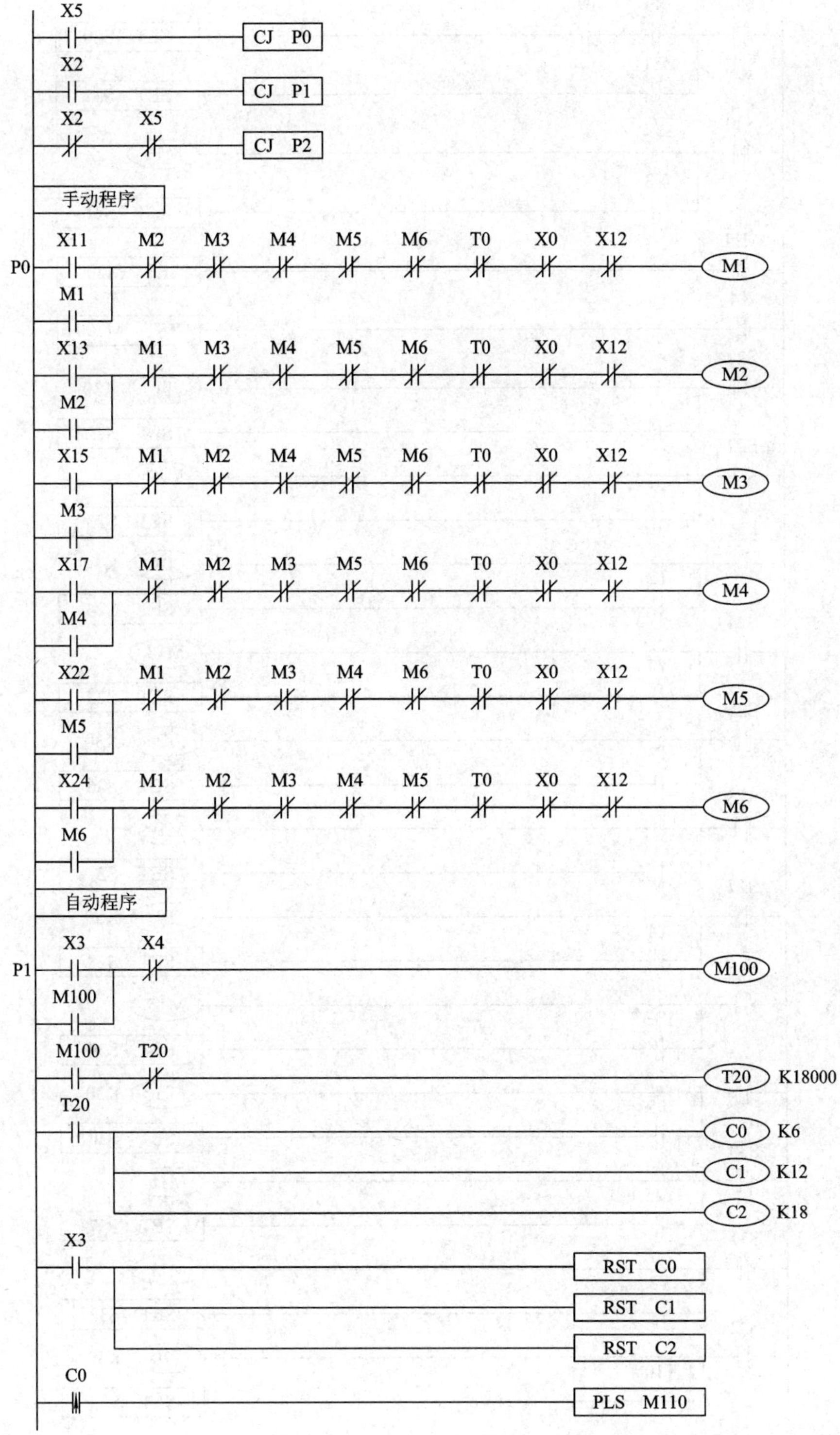

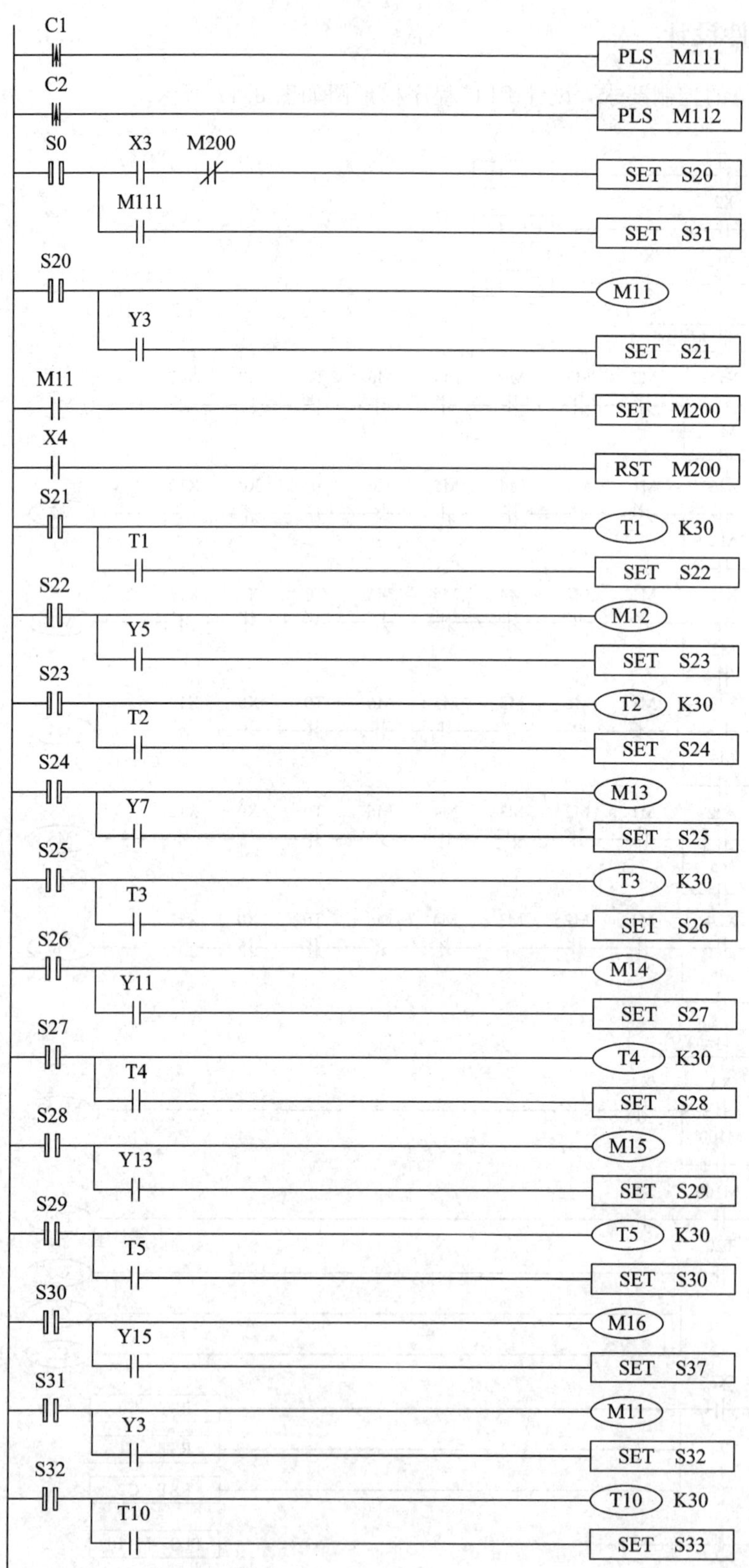
C1
PLS M111
C2
PLS M112
S0
X3
M200
SET S20
M111
SET S31
S20
M11
Y3
SET S21
M11
SET M200
X4
RST M200
S21
T1
K30
T1
SET S22
S22
M12
Y5
SET S23
S23
T2
K30
T2
SET S24
S24
M13
Y7
SET S25
S25
T3
K30
T3
SET S26
S26
M14
Y11
SET S27
S27
T4
K30
T4
SET S28
S28
M15
Y13
SET S29
S29
T5
K30
T5
SET S30
S30
M16
Y15
SET S37
S31
M11
Y3
SET S32
S32
T10
K30
T10
SET S33

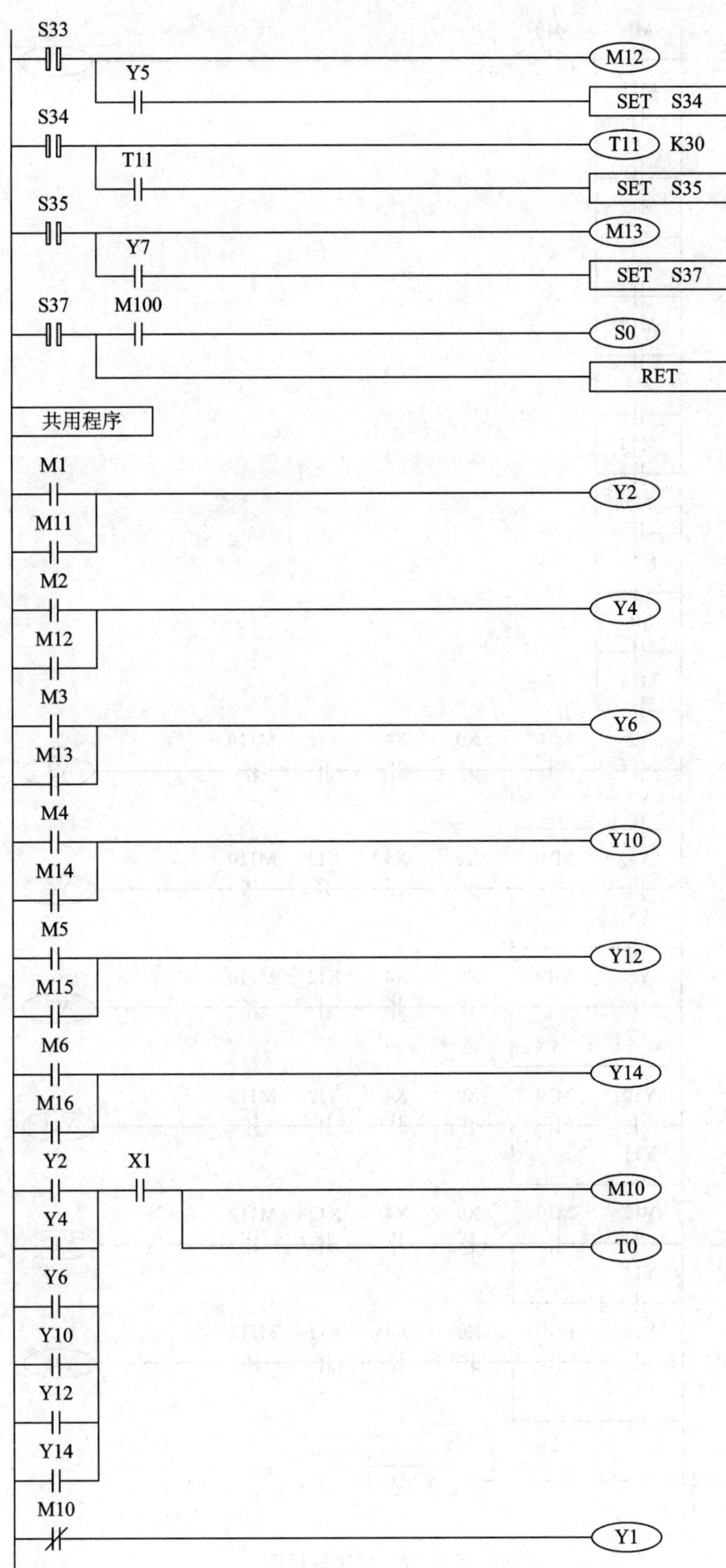
S33
M12
Y5
SET S34
S34
T11 K30
T11
SET S35
S35
M13
Y7
SET S37
S37
M100
S0
RET
共用程序
M1
Y2
M11
M2
Y4
M12
M3
Y6
M13
M4
Y10
M14
M5
Y12
M15
M6
Y14
M16
Y2
X1
M10
Y4
T0
Y6
Y10
Y12
Y14
M10
Y1

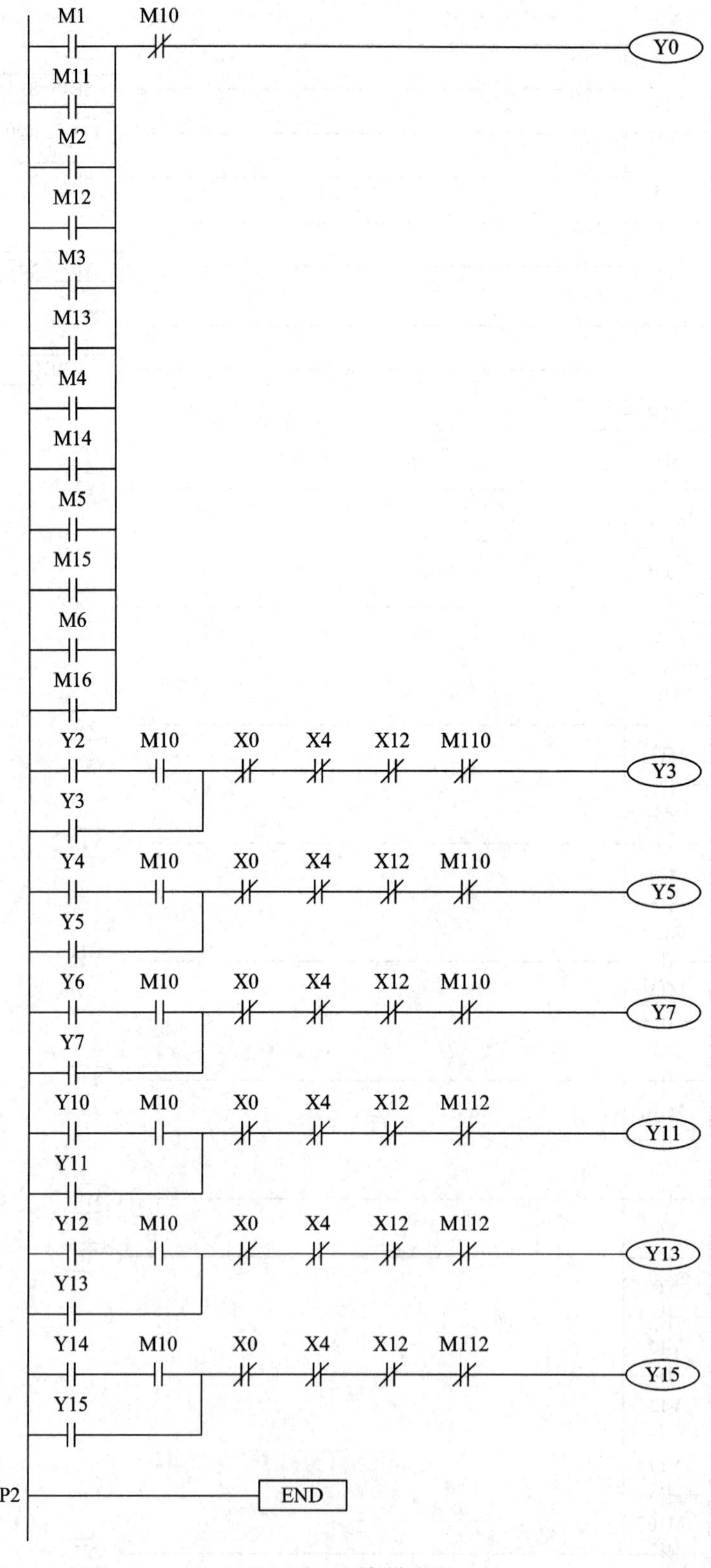
M1
M10
Y0
M11
M2
M12
M3
M13
M4
M14
M5
M15
M6
M16
Y2
M10
X0
X4
X12
M110
Y3
Y3
Y4
M10
X0
X4
X12
M110
Y5
Y5
Y6
M10
X0
X4
X12
M110
Y7
Y7
Y10
M10
X0
X4
X12
M112
Y11
Y11
Y12
M10
X0
X4
X12
M112
Y13
Y13
Y14
M10
X0
X4
X12
M112
Y15
Y15
P2
END

图 8.17　程序梯形图

8.3.3　项目实施

在完成程序设计后，应进行控制柜(台)等硬件的设计及现场施工，主要内容有：

(1) 设计控制柜和操作台等部分的电器布置图及安装接线图。

(2) 根据施工图纸进行现场接线，并详细检查完成情况。

8.3.4　联机调试

联机调试是将通过模拟调试的程序进一步进行在线统调的操作。联机调试过程应循序渐进，按照 PLC 只连接输入设备、再连接输出设备、再接上实际负载等步骤逐步进行调试。如不符合要求，则应对硬件和程序进行调整。通常只需修改少量分程序即可。

系统全部调试完毕后，即可交付试运行。经过一段时间的运行，如果工作正常、程序不需要修改，应将程序固化到 EPROM 中，以防止程序丢失。

8.3.5　整理和编写技术文件

在完成系统调试及交付运行后，应及时交付技术文件。技术文件包括设计说明书、硬件原理图、安装接线图、电气元件明细表、PLC 程序以及使用说明书等。

8.4　评估检测

在设计并检测项目后，应对本项目的完成效果进行评估检测。

(1) 可按表 8.9 所示的内容，对本项目进行评分。

表 8.9　项目评分表

项目评分表(以三人为一组)						
项目八：供水系统的 PLC 控制系统设计与实现			班级：	姓名：		
考核方面	评分细则	分数	评分			
			个人自评	学生互评 1	学生互评 2	教师评分
子任务(60 分)	电气设计方案完整	10 分				
	电器元件选择正确	10 分				
	I/O 分配合理，无遗漏	10 分				
	外部接线图正确无误	10 分				
	具有必要的电气保护和电气联锁	5 分				
	控制柜内元器件布局合理	5 分				
	绘制电气安装接线图	10 分				
系统调试(20 分)	正确进行程序输入、编辑及传送	5 分				
	外部接线正确	5 分				
	不断修改完善程序，满足控制要求	10 分				

续表

考核方面	评分细则	分数	评分			
			个人自评	学生互评 1	学生互评 2	教师评分
素质养成（20 分）	不断修改完善程序，满足控制要求	3 分				
	按要求搜集相关资料，资料针对性强	5 分				
	与团队成员分工协作，有良好的沟通交流能力及团队合作能力	3 分				
	项目实施过程中，表现积极主动，责任心强	3 分				
	勤于思考，善于发现问题、分析问题、解决问题，有创新精神	3 分				
	有良好的安全意识，能够按照实验实训操作规程进行安全文明生产	3 分				
总　　分						
本项目平均得分（个人自评占 10%，团队互评占 30%，教师评分占 60%）						

（2）要求学生总结通过本项目的学习，在设定目标、达成目标过程中，提高不断克服困难的勇气和决心方面有何心得体会。

8.5　项目拓展

自拟题目完成一个控制系统的设计，如洗衣机、电梯、自动门、液体混合、自动装卸料系统等，在进行以本课程所学知识为主的毕业设计时，可以参考本项目的设计与实现步骤完成毕业设计。

参 考 文 献

[1] 孙振强.可编程控制器原理与应用.北京：清华大学出版社，2005.

[2] 吴建强.可编程控制器原理及应用教程.北京：高等教育出版社，2003.

[3] 宫淑贞.可编程控制器原理及应用.北京：人民邮电出版社，2002.

[4] 李建兴.可编程控制器原理及应用.北京：机械工业出版社，2004.

[5] 李稳贤.可编程控制器应用技术.北京：冶金工业出版社，2008.